實用家庭電器修護(上)

蔡朝洋、陳嘉良　編著

全華圖書股份有限公司　印行

作者序

近二、三十年來，我國國民生活水準不斷提高，一般家庭已進入電化階段，各電器製造廠商亦不斷地推出各種新穎實用的電器，以供大眾需求。

在生活已脫離不了電化製品的今天，各種電器的構造、原理及使用上的注意事項等，已成了現代國民的必備知識。編者深感家庭電器類技術書籍之缺乏，乃貿然將歷年收集之資料與個人研究所得編輯完成此書。

本書將各種家庭電器分門別類的按其原理、構造、安裝要領、故障檢修等順序，以淺明的文字加以詳述，並附有極豐富的插圖，以幫助讀者了解。本書內容之最大特色爲著重實際；理論部份深入淺出，而實作部份詳盡透徹。研讀本書不必具有高深的電學基礎，蓋本書說理絕無艱澀深奧之處，解說亦無繁雜難懂之弊。本書不僅適用於高級工業職業學校，亦可供科大有關科系及電工從業人員進修或參考之用。

第一章及附錄，是專爲初學者而寫的，相信對初學者進入電器檢修的領域有不少的幫助。

本書編著時，承蒙彰化高工電工科主任林繁勝先生之熱誠指導與精心校訂，謹此由衷的致謝。苟或本書對您有所助益，亦得謝謝吾弟朝滄在繪圖方面的協助。

編者才疏學淺，經驗見識有限，疏漏之處或在所難免，尚祈電機界先進及讀者諸君惠予指正是幸。

蔡朝洋　謹誌
於省立彰化高工

再版序

科技日新月異、突飛猛進，在家庭電器方面，無論是外觀造型、實用性及製造技術更是一日千里。

筆者將電器修護工作的數年經驗，救國團嘉義技藝研習中心家庭電器修護教學經歷，以及過去所累積之資料，完成新增之電器單元。家庭電器修護是一項非常重要、且生活化的實用技術，希望能對於有興趣從事家庭電器修護之讀者有所助益，進而能自己動手檢修。

此次參與實用家庭電器修護（上/下）之修訂工作，筆者十分感謝蔡朝洋老師的指導，且承蒙國立新營高工王主任啓雄所給予之協助，並感謝全華圖書編輯部的鼎力相助，尚祈讀者不吝給予指教。

陳嘉良 謹誌

編輯部序

「系統編輯」是我們的編輯方針，我們所提供給您的，絕不只是一本書，而是關於這門學問的所有知識，它們由淺入深，且循序漸進。

本書將各種家庭電器分門別類地按其原理、構造、安裝要領、故障檢修等順序，以淺明的文字加以詳述，並附有極豐富的插圖，以幫助讀者了解。本書內容之最大特色為著重實際；理論部份深入淺出，而實作部份詳盡透徹。研讀本書不必具有高深的電學基礎，蓋本書說理絕無艱澀深奧之處，解說亦無繁雜難懂之弊。本書適用於科大電機系「家電修護」及家電從業人員或有興趣之讀者使用。

同時，為了使您能有系統且循序漸進研習相關方面的叢書，我們以流程圖方式，列出各有關圖書的閱讀順序，以減少您研習此門學問的摸索時間，並能對這門學問有完整的知識。若您在這方面有任何問題，歡迎來函聯繫，我們將竭誠為您服務。

相關叢書介紹

書號：00183
書名：實用家庭電器修護(下)
編著：蔡朝洋.陳嘉良

書號：03797
書名：電工法規(附參考資料光碟)
編著：黃文良.楊源誠.蕭盈璋

書號：03782
書名：家庭水電安裝修護 DIY
編著：簡詔群.呂文生.楊文明

書號：04883
書名：丙級變壓器裝修技能檢定學術科題庫解析(附學科測驗卷)
編著：楊正祥

書號：03469
書名：冷凍空調概論(含丙級學術科解析)
編著：李居芳

書號：04844
書名：丙級電器修護學術科分章題庫解析(附學科測驗卷)
編著：陳煥卿

流程圖

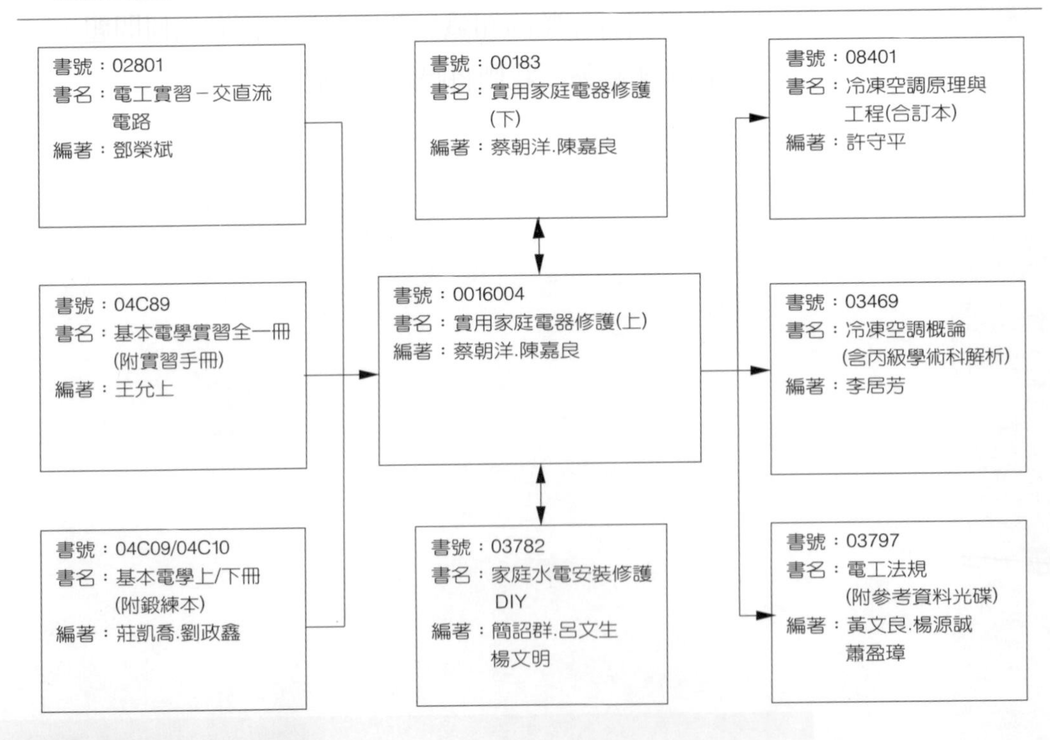

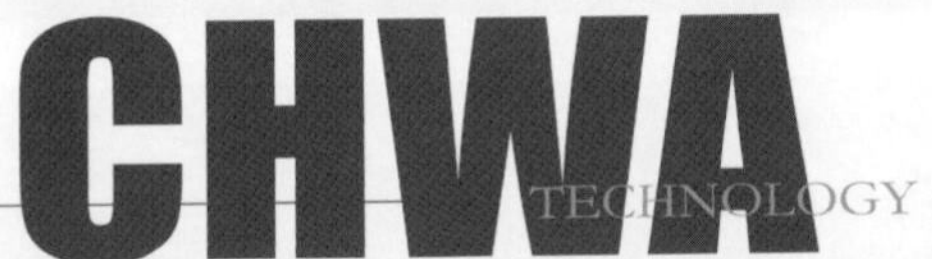

目錄

第一章　電的認識

1-1　電是什麼？ 1-2
1-2　KWH 表之利用 1-17
1-3　驗電起子 1-19
1-4　三用電表 1-19
1-5　電器的檢修原則 1-41
1-6　你可能忽略的小問題 1-42
　1-6-1　電器的身份證(額定) 1-42
　1-6-2　燈光突暗 1-43
　1-6-3　保險絲應裝在火線或地線 1-44
　1-6-4　AC 乾電池(三用電表的誤用) 1-45
1-7　第一章實力測驗 1-46

第二章　電熱類電器

2-1　電爐 2-6
2-2　料理鍋 2-8
2-3　電暖器 2-9
　2-3-1　普及型電暖器 2-9
　2-3-2　陶瓷電暖器 2-11
2-4　電熨斗 2-15
　2-4-1　構造及原理 2-15
　2-4-2　使用上的注意事項 2-20
　2-4-3　故障及處理 2-20
2-5　泡茶機 2-21
2-6　電烤箱 2-23
2-7　電鍋 2-25
　2-7-1　電鍋的種類 2-26
　2-7-2　電鍋的構造 2-27

2-7-3 自動電鍋 2-31
2-7-4 保溫電鍋 2-32
2-7-5 煮飯煮菜兩用電鍋 2-33
2-7-6 電子保溫鍋 2-34
2-7-7 電鍋的使用 2-36
2-7-8 電鍋的保養 2-38
2-7-9 電鍋的故障檢修 2-38
2-8 烤麵包機 2-40
2-8-1 自動烤麵包機 2-40
2-8-2 全自動烤麵包機 2-44
2-8-3 烤麵包機之使用與保養 2-46
2-8-4 烤麵包機的故障檢修 2-47
2-9 電毯 2-49
2-10 電烙鐵 2-51
2-11 電磁爐 2-53
2-11-1 電磁爐的工作原理 2-55
2-11-2 適用於電磁爐的器皿 2-57
2-11-3 使用電磁爐應注意之事項 2-57
2-11-4 電磁爐的故障檢修 2-59
2-12 烘碗機 2-60
2-13 微波爐 2-61
2-13-1 微波爐之工作原理 2-61
2-13-2 使用微波爐應注意之事項 2-66
2-13-3 微波爐的故障檢修 2-66
2-14 開飲機 2-69
2-15 瞬熱式電熱水器 2-71
2-16 第二章實力測驗 2-72

第三章　照明類電器

3-1　發光原理 3-2
　3-1-1　光的本質 3-2
　3-1-2　光的產生 3-3
　3-1-3　光學名詞及定律 3-5
3-2　電照的種類 3-11
3-3　白熾燈 3-12
　3-3-1　原理構造種類及用途 3-12
　3-3-2　白熾燈系統的故障檢修 3-14
3-4　調光檯燈 3-15
3-5　緊急照明燈 3-21
3-6　日光燈 3-25
　3-6-1　日光燈的原理及構造 3-25
　3-6-2　日光燈的特性 3-31
　3-6-3　日光燈的使用 3-33
　3-6-4　附小燈的單只按鈕壓按型檯燈 3-33
　3-6-5　日光燈之故障判斷與處理 3-34
　3-6-6　省電型日光燈 3-39
　3-6-7　燈管規格表 3-39
3-7　瞬時起動日光燈 3-41
　3-7-1　瞬時起動日光燈之構造、原理 3-41
　3-7-2　瞬時起動日光燈之優點 3-44
　3-7-3　瞬時起動日光燈之故障檢修 3-44
3-8　直流日光燈 3-45
3-9　電子閃光燈 3-46
3-10　燈光自動點滅器 3-49
3-11　省電燈泡 3-53
3-12　T5 新型省電日光燈 3-54
3-13　紅外線自動感應燈 3-56

3-13-1 紅外線自動感應燈的工作原理........... 3-57
3-13-2 紅外線自動感應燈的電路圖 3-59
3-14 捕蚊燈.. 3-62
3-15 LED 燈泡 3-65
3-16 LED 燈管 3-69
3-17 日光燈的改裝 3-70
3-18 水銀燈.. 3-72
3-19 護眼 LED 檯燈 3-72
3-20 第三章實力測驗 3-74

第四章 電磁類電器

4-1 直流電鈴 4-2
4-2 交流電鈴 4-3
4-3 音樂電鈴 4-4
4-4 電蟬(蜂鳴器) 4-5
4-4-1 電蟬之構造及原理............................... 4-5
4-4-2 電蟬之簡易設計 4-5
4-5 按摩器.. 4-7
4-6 電鐘 4-10
4-6-1 交流電鐘.. 4-10
4-6-2 直流電鐘.. 4-10
4-7 繼電器.. 4-14
4-7-1 繼電器概述 4-14
4-7-2 交流繼電器與直流繼電器的差異 4-15
4-7-3 繼電器之規格...................................... 4-16
4-8 水位自動控制器.. 4-17
4-9 電鎖對講機 4-19
4-9-1 動作原理.. 4-20

4-9-2 電鎖對講機的測試與安裝 4-23
4-10 第四章實力測驗 4-28

第五章 變壓器類電器

5-1 變壓器的用途 5-2
5-2 變壓器的原理 5-2
5-3 變壓器的應用 5-5
5-3-1 升壓 5-5
5-3-2 直流電源供應器 5-6
5-3-3 電焊槍 5-6
5-3-4 自動充電器 5-7
5-4 變壓器之設計 5-9
5-4-1 小型電源變壓器之設計 5-9
5-4-2 小型電源變壓器重繞之設計 5-14
5-4-3 輸出變壓器(OPT)之設計 5-17
5-5 第五章實力測驗 5-20

附錄

附錄一 電工基本名詞及定律釋要 附-2
附錄二 半導體元件的認識 附-4
附錄三 日光燈特性實驗 附-17
附錄四 電器常用符號 附-21

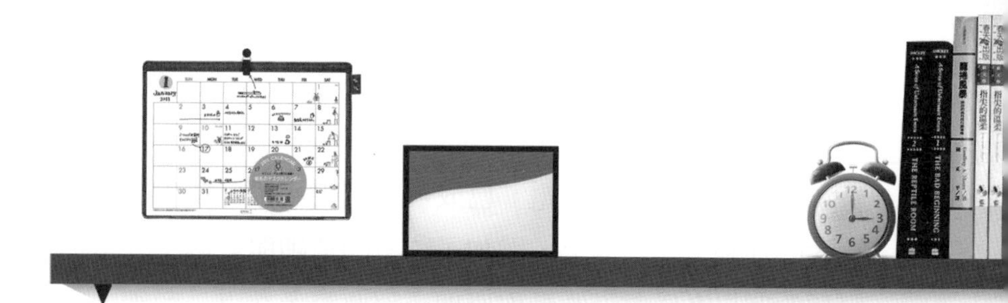

chapter **1**

電的認識

1-1　電是什麼？

1-2　KWH 表之利用

1-3　驗電起子

1-4　三用電表

1-5　電器的檢修原則

1-6　你可能忽略的小問題

1-7　第一章實力測驗

在近代的社會裡「電」已成爲文明生活不可缺少的，電，在工作上，給我們帶來莫大的便利，在生活上，增加了許多的情趣與舒適。要是你不瞭解電，你就沒有辦法很快的明白各種電器的動作原理。因此筆者在這一章裡，與讀者們共同來研究電的基本知識。

1-1　電是什麼？

電是什麼？什麼是電？電壓？電流？電功率？電能又到底是什麼？爲什麼它們均和電有關？也許這一連串的疑問困擾了很多人，很多人想知道，但看了一些書籍後，仍覺得茫茫不知其所以然。然而在日常生活上，我們的確一天也少不了電，如電燈、電鍋、電風扇、電視、電冰箱、洗衣機、收音機等等，無一不是藉電力來完成工作的。

電是什麼？爲什麼它能完成如此多種的作用？本節主要針對一般初學者及社會普通人士，提供簡明的解釋，俾使人人能懂得電是什麼。以揭開它的神秘，期能更妥善的運用它，促使人類向前更邁進一大步。在本節中全以最常接觸的正弦波舉例說明。

一、電壓、電流及電阻

設有如圖 1-1-1 (a) 兩個高度不同之水槽 A、B，以水管將 AB 兩水槽連接，則高水位的 A 槽之水即經由水管而流向低水位的 B 槽，而造成水流。相同的，電之相當於水位差者，稱爲電位差。若如圖 1-1-1 (b)，把乾電他與燈泡連接起來，則電(荷)會從電位高的正端向電位低的負端移動而形成電流。易言之，電壓就是使電(電荷或電子)流動的力量，電流就是電的流動。

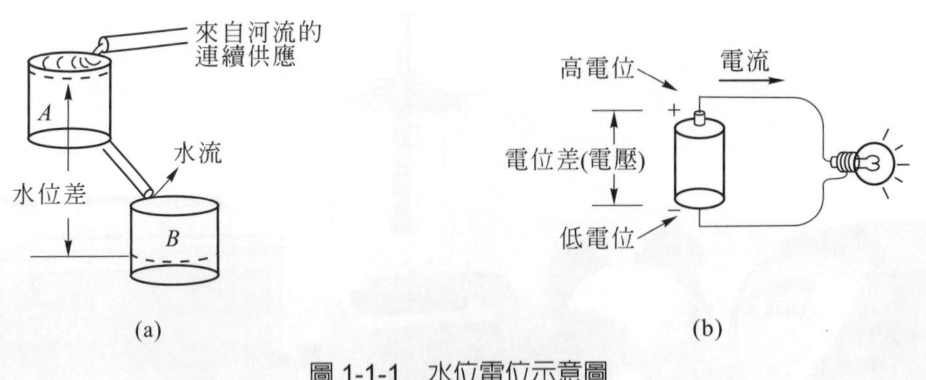

圖 1-1-1　水位電位示意圖

水流經水管時會受到摩擦阻力，相同的，電子在導體中流動也會遇到阻力，這種阻力即稱之爲電阻。開力(電阻)越小，電流就越大，阻力越大，電流就越小。電阻通常以 R 表之。電阻値的大小，除了和物質結構有關外，由實驗得知「電阻與導體的截面積成反比，與導體的長度成正比」。

二、電要繞一週

圖 1-1-1(a)只是描寫了水的流動之一部份，細思一下，當知 B 水槽的水滿後會溢出而注入水溝，流至河裡，復從河裡被引回來。同樣的，電也有這種現象，如圖 1-1-1(b)所示利用乾電池點亮燈泡時，從正端流出的電(荷)經過燈泡後將回到電池的負端，再由電池內部經過而後從正端輸出。換句話說，電的流動狀態是包括電源而環繞一週的。

我們家庭的電是由電桿上的變壓器送來的，因此它是經由家庭裡的電器及變壓器的次級圈而環繞一週的。

電流環饒一週所經過的部份就稱爲電路。

三、直流．交流

電流的方向一定，大小不變者，即爲直流。以圖畫起來，只有一條直線(如果你有示波器，則可以使「電」原形畢露的展示在你的眼前)。至於交流則以一定的速度(週期)改變其方向(及大小)。家裡插座上的交流電是正弦波的，如圖 1-1-1(b)所示。

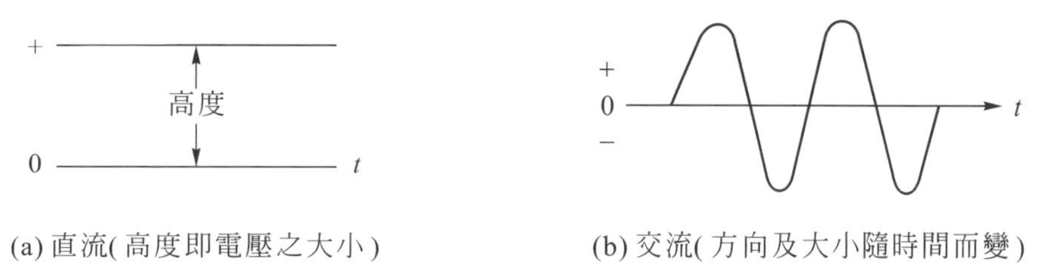

(a) 直流(高度即電壓之大小)　　(b) 交流(方向及大小隨時間而變)

圖 1-1-2　直流與交流

雖然家庭用電是交流的，它有電壓降至零的時候，照理講電燈應該是一閃一閃的，然而由於反復的速度太快了，再加上人的視覺暫留與發絲本身的熱情性，所以你將感到燈泡一直是在亮著。

其次，有一種方向不變，但是它的大小卻會改變的電流，此即爲脈動電流。脈動流是交流加直流而成的。如圖 1-1-3 所示。因此我們可以從裡面僅取出直流或交流成份。電視及收音機這些日常所使用的電子裝備，大部份是屬於脈動電流。脈動電流與脈動電壓統稱爲脈動直流。

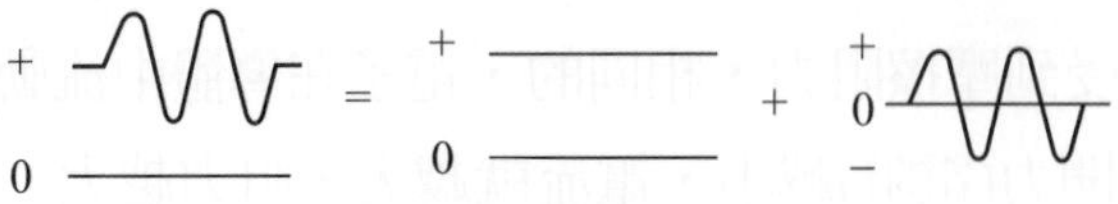

震動直流=直流+交流

圖 1-1-3　脈動直流

四、正？負？

我們常在電路中看見標有正或負的電壓，其實正與負乃是相對的，譬如我們以乾電池的負端作基準，那麼正端對負端而言即爲正，但是我們假如以正端爲基準，當然負端對正端而言是負。如圖 1-1-4。

那麼交流的方向隨著時間一直在改變，到底那一端是正那一端是負呢？其實交流不管取那一端爲基準都是一樣的。(同相的)另一端在每一瞬時都保持著相反的極性。如圖 1-1-5。

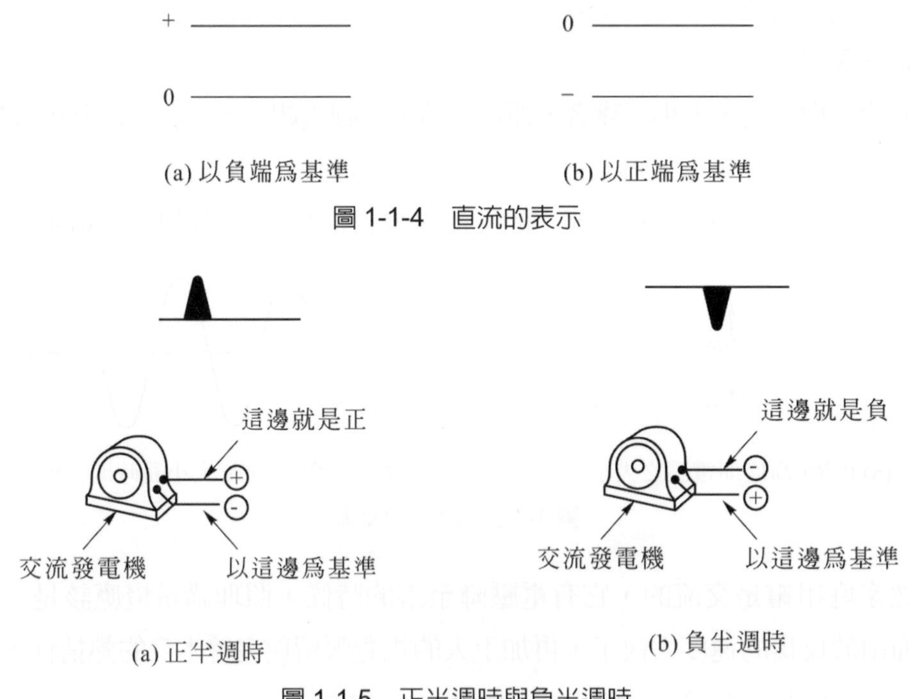

(a) 以負端爲基準　(b) 以正端爲基準

圖 1-1-4　直流的表示

(a) 正半週時　(b) 負半週時

圖 1-1-5　正半週時與負半週時

五、交流的瞬時值、最大值和有效值

交流電之值是隨時間而變的，故於每一瞬間必有一相當之值，稱爲瞬時值或瞬間值。在圖 1-1-6 中的時間軸上任一點作一垂直線，與正弦波形會有一交點，此點與時間軸之高度即爲此瞬間之瞬時值。

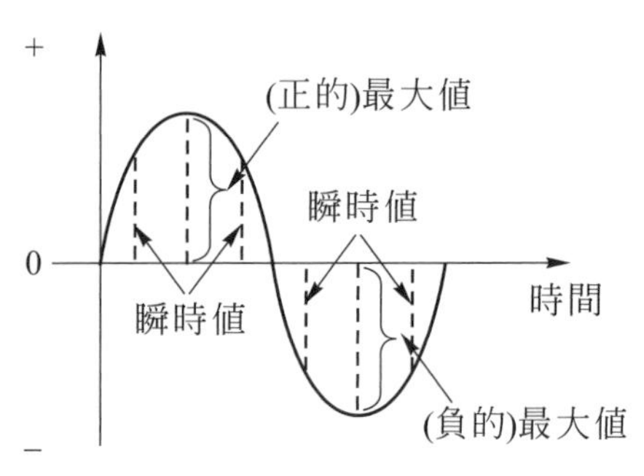

圖 1-1-6 交流的瞬時值

於一週中最大之瞬時值，即爲最大值。

在等時間內，一交流通過一固定的電阻，其所產生的熱量與一直流電流 I 通過同一個電阻所產生的熱量相同，則此交流有著和直流電流 I 相同的效用，我們稱此交流的有效值爲 I。在正弦波，最大值是有效值的 1.414 倍。在沒有特別註明的場合，所說的都是有效值，譬如家庭用電爲 110V，這就是說有效值爲 110V。

六、交流的週期和頻率

一波形，每隔一定時間重複顯現者謂之週期性波形。週期性波形的前後兩波形對應點所隔的時間(即某正瞬時值到下一個相同大小的正瞬時值之間或某負瞬時值到下一個相同大小的負瞬時值之間)謂之一週。如圖 1-1-7 所示。波形一週所經過的時間即稱之爲週期，通常以 T 表之，單位爲秒。

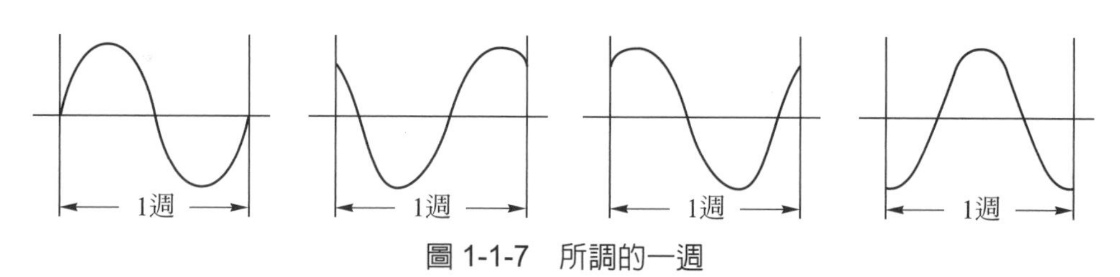

圖 1-1-7 所謂的一週

1 秒之內所發生的週數，稱爲頻率，以 f 表之。使用單位本來以週／秒(符號：C/S)表示，但最近已改用「赫」(Hertz，符號：Hz)表示。目前台灣所用之交流電，頻率爲 60Hz，即每秒 60 週。很明顯的，頻率是週期的倒數，即 $f = 1/T$。圖 1-1-8 中 1 秒之內共有兩週，故每一週爲 0.5 秒，即其週期爲 0.5 秒，且頻率爲 2 赫。

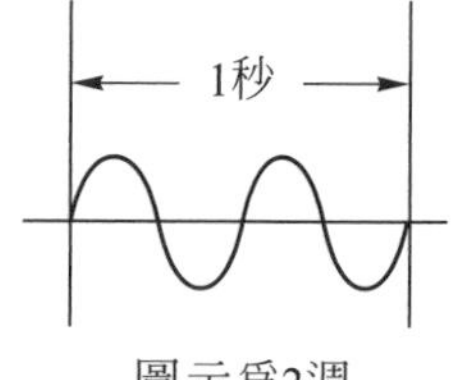

圖 1-1-8 1 秒內的週數

七、電流的效應

電子一旦受到外力而脫離原子核的軌道而流動起來，就產生了電流。一有電流就有幾種效應會產生，最明顯的爲熱效應，也就是說有電流就會產生熱。這是因爲電子流動的過程，會與別的電子相撞擊，且要擺脫原子核的吸引力，(這就是電阻)，因此它要消耗能量，產生熱量(電子的跑動，就如一個人的跑動，他一定得花費力氣，當然接著就是產生了熱量)，此爲電流的第一種效應，稱爲電流的熱效應。

電流的第二種效應爲磁效應，電子一流動，就會在其週圍產生磁力線，也就是有電流就會產生磁力線。

今日所有的電氣產品，大部份均由電流的這兩種效應直接或間接產生作用的。

八、磁生電

幾乎所有的電力，均是以磁力線作爲媒介而產生的。

當磁力線與導體有相對運動時，電子將受到一個牽引的力量，而產生動的趨勢。這種趨勢即爲感應電勢。磁力線與導體之問的相對運動愈快時，就能產生愈高的電壓。同時，此和導體作相對運動的磁力線若愈多，感應電勢亦愈高。

九、電壓、電阻、電流的關係

假如水位差一定，而使用較粗的水管(阻力較小)連接，則水流勢必較大，若水管的管徑一定，而將水位差提高，亦必可以使水流加大。同樣的，若電壓一定而電阻較小則電流必較大，電阻一定而提高電壓也能產生較大的電流。電壓、電阻、電流三者之關係，我們稱爲歐姆定律。

$$\text{電流(安培)} = \frac{\text{電壓(伏特)}}{\text{電阻(歐姆)}}$$

$$\text{或 } I\text{(安培)} = \frac{V\text{(伏特)}}{R\text{(歐姆)}}$$

由這定律，我們依數學的關係，只要知道其中任何二個，就可算出第三者的大小。

十、電功率

電功率就是單位時間所做的功，也就是電壓和電流的乘積，它的單位爲瓦特。符號爲 P。由此可知兩個使用相同電壓的電器，功率(即電功率)較大者，所需之電流必較大。電阻性負載的電功率可用公式表之：

$P\text{(瓦特)} = V\text{(伏特)} \times I\text{(安培)}$

十一、歐姆定律與電功率的關係

至此我們已知 $I=\frac{V}{R}$ 和 $P=V\times I$ 兩個最基本的公式，這兩個公式包含了電的四個基本單位，電壓(伏特)、電流(安培)、電阻(歡姆)、電功率(瓦特)。細思之下，當知這兩個公式是互有關聯的，我們只要稍用點心，即可將其演變成下列 12 個公式：

$V=I\cdot R$	$I=\frac{V}{R}$	$R=\frac{V}{I}$
$P=V\cdot I$	$I=\frac{P}{V}$	$V=\frac{P}{I}$
$V=\sqrt{P\cdot R}$	$P=I^2R$	$P=\frac{V^2}{R}$
$P=\frac{P}{I^2}$	$R=\frac{V^2}{P}$	$I=\sqrt{\frac{P}{R}}$

例一

有一個 750W 之電爐，使用 110V 之電源，則該電爐之消耗電流爲 $I=\frac{P}{V}=\frac{750}{110}=6.8$ 安培，而該電爐之負荷電阻 $R=\frac{V}{I}=\frac{110}{6.8}=16.2$ 歐姆。

例二

有一電鍋，使用 110V 之電源，消耗 6 安培的電流，則該電鍋之消耗功率 $P=V\cdot I=110\times 6=660\text{W}$。而其內電阻 $R=\frac{110}{6}=18.3$ 歐姆(以 Q 表之)。

例三

有一 4000 Ω 之電蚊香，使用 110V 之電源，則該電蚊香之消耗電流爲 $I=\frac{110}{4000}=0.0275$ 安培，而其消耗功率爲 $P=V\cdot I=110\times 0.0275=3.025$ W。

例四

有一個 100 Ω 10 W 之電阻，它可通過之電流 $I=\sqrt{\frac{P}{R}}=32A$。

以上四個例題你定可自己演算求得了，是嗎？兩個基本公式 $I=\frac{V}{R}$ 及 $P=V\cdot I$ 均為電工上重要的定律，請初學者熟記之。上述 12 個公式只不過是這兩個基本公式的演變。

十二、電能

電功率是單位時間電壓和電流所做的功。而電能為電功率在一段時間所累積的能。它就是我們常常說的用電多少度。一度就是一仟瓦小時(KWH)或寫為瓩時。而計算電能的表叫做電度表(俗稱電表)或仟瓦小時計，它是以仟瓦特小時 KWH 為單位。這個電度表，電力公司在每個家庭都裝有一個，計算每個家庭每月所消耗的電能。

電能簡單的說，就是電功率與時間的乘積。例如府上有 100W 的電燈 4 盞，每盞每日平均開亮 3 小時．另有 100 W 之電冰箱，每日平均用電 6 小時，尚有一具 60 W 之電視機，每日平均開 5 小時，及一其 800 W 之電鍋，每日平均用電 1 小時，則府上每月(以 30 天計)耗電度將為$(100\times4\times3+100\times6+60\times5+800\times1)\times30=87000$ 瓦特小時= 87 仟瓦小時，87 度。也就是 87KWH。

十三、功率因數

以上敘述均假定負載是純電阻，因此 $P=V\cdot I$。但是在其有電感性的負載，如變壓器，馬達等時，因為電流需流過線圈，而線圈具有「當你要通以電流時，它會化止電流通過，當你想停止電流時它不讓你停止」的特性，亦即線圈會反對電流變化，因此電流的變化總比電壓的變化遲緩，也就是電流會落後電壓一個角度(時相)，由於有這個相位差 θ，故須在電壓與電流相乘之後，再乘以相位差之值 $\cos\theta$ 才是實際消耗的功率。$\cos\theta$ 這個係數就是功率因數。純電阻負載時 $\cos\theta=1$。

在交流中電壓與電流之乘積叫伏安(VA)，即是視在功率。若將視在功率乘以功率因數才是真正的消耗功率。但在電阻性負載，視在功率的伏安數是等於真正消耗功率(即有效功率)的瓦特數(W)。

十四、單相三線式

一般家庭使用的皆為單相二線式，即進來 2 條線的伏電方式。如房屋較大或使用較多電器時，則以採用單相三線式為佳。單相三線式就是如圖 1-1-8 (b)所示，採用 3

條電線供電。其優點如圖 1-1-8-1 所示，可以同時使用 110V 及 220V 二項電壓，且全部電線之使用量較經濟，將要興建之房屋，考慮將來要高度電氣化時，採用單相三線式供電較經濟、方便。

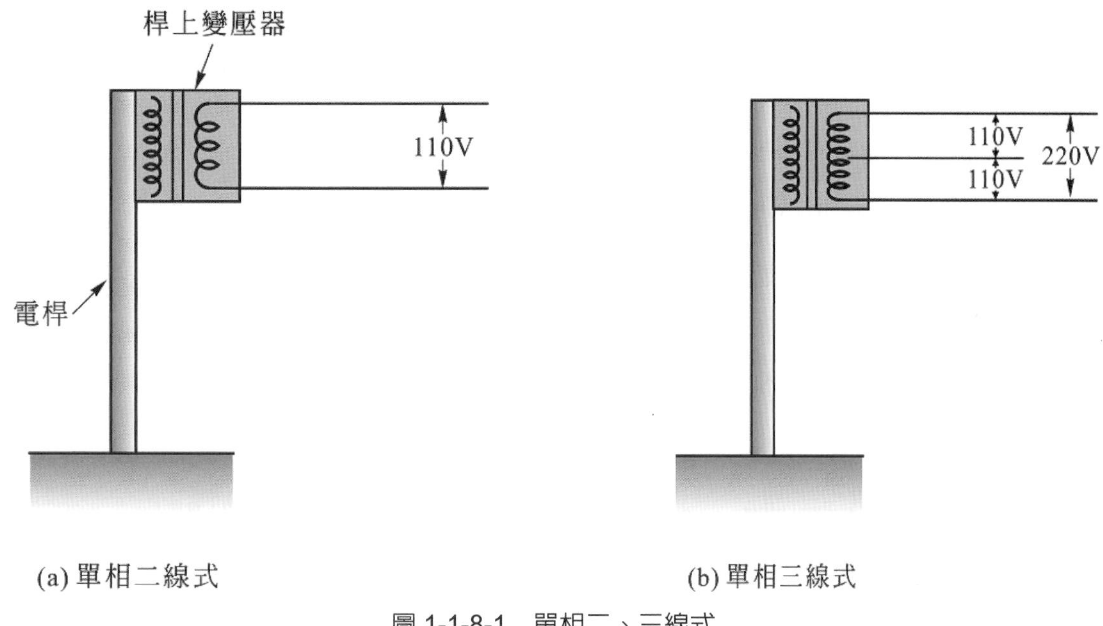

(a) 單相二線式　　(b) 單相三線式

圖 1-1-8-1　單相二、三線式

圖 1-1-8-2　埋入型 T 型 220V 插座

自屋外引到屋內分電盤之間的三條線是屬於電力公司的裝配範圍，屋內的配線則爲二線式，110V 的配線使用一般的插座，220V 的插座則需使用 T 型插座，以防止 110V 的電器誤接 220V 的電源而燒毀。

凡是 1000W 以上的電器最好購買使用電壓(額定電壓)爲 220V 者。

十五、觸電

鳥兒停在數仟伏特的高壓輸電線上，猶喃喃自語的說：「歇在這兒好舒服喔！」。圖 1-1-8-3 中的赤腳大仙，只摸到 110V 的家中用電，即被「電」的毛髮直豎，這是爲什麼呢？

對鳥而言，它只站在一條輸電線上，電(流)並不經鳥兒身上通電。然而圖 1-1-8-3 的赤腳大仙，雖然手也只是摸著一條在桿上變壓器處沒有接地的那條火線，但雙腳卻站立在地面上，電流恰可如圖中虛線所示的經由人體，通過接地線「包括電源(桿上變壓器的次級圈)而環繞一週(成封閉迴路)」，這時候手和腳等於各自接在火線和地線，好比是電器接在插座上一樣，電流一通過人體當然就會使人觸電。

這條火線與大地間有
110V的電位差，會電人。
這條地線與大地同電位，
不會電人。
接地電極
大地(地球)

圖 1-1-8-3　觸電示意圖

觸電有甚輕微者以至相當危險者，視通過吾人身體之電流大小而定。其大小與人體觸電的程度如表 1-1。

表 1-1 電流大小與觸電程度

電流之大小	觸電的程度	備註
1 mA	感覺麻痺	1mA 等於千分之一安培。
5 mA	感覺相當痛	
10 mA	感覺到無法忍受之痛苦	
20 mA	肌肉收縮不能動彈	
30 mA	相當的危險	
100 mA	已有致命的程度	

一般都設人體之電阻值，在乾燥場所爲 2000 Ω，潮濕場所爲 500 Ω。

例五

假設某人手觸及 110V 的電燈線，其觸電情形如下：

人體之電阻值 2000 Ω

腳與靴類間 1500 Ω

靴類與地面間 1000 Ω

解 通過人體之電流由歐姆定律可算出：

$$I=\frac{110}{2000+1500+1000}=0.024\ \text{A}=24\ \text{mA}$$

由上可知對生命雖無影響，但已到了失去身體自由之程度。

例六

假設上例這位仁兄，不穿鞋子而「腳踏實地」的站在地上，且處於潮濕場所，則通過人體的電流有

解 $I=\dfrac{110}{500}=0.22\ \text{A}=220\ \text{mA}$

除非觸電時間極短，否則將因心臟麻痺、神經系統失常、皮膚或肌肉燒傷等現象而死亡。由以上兩例當知，在做電器檢修時，注意雙腳與地間的絕緣而穿上膠鞋，乃是必須的，如能戴上手套那就更好。

防止觸電的唯一方法是將吾人接觸到的設備，均予以成爲同電位．爲了保持同電位，設備的外殼接地爲最簡便的方法。當然不可能把每一種電器的外殼接地，但對於處於潮濕場所且外般爲金屬的一些觸電程度較高的電器，如洗衣機，裝地線是絕對必要的。接地線必須使用綠色絕緣皮的導線爲之，以資識別。

十六、電阻的串並聯

兩個元件間若有一個共點，則此兩個元件是成串聯。兩個元件若有兩個共點，則此用個元件是並聯在一起。如圖 1-1-9 所示。

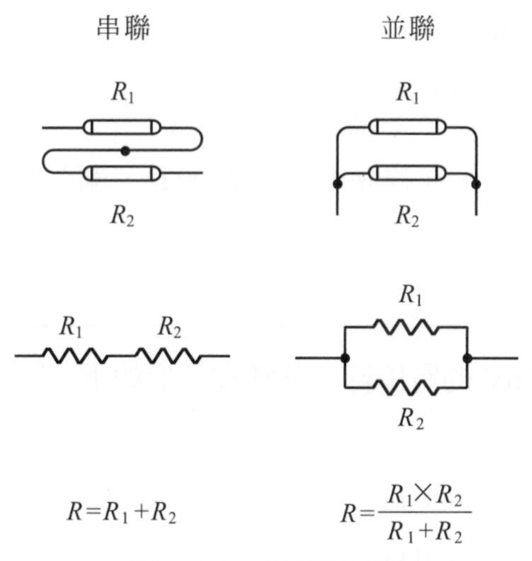

圖 1-1-9　串聯與並聯

在前面我們已學得「電阻與導體的截面積成反比，與導體的長度成正比」並且和物質的結構有關，這種關係我們若以公式表之即爲

$$R=\rho\frac{L}{A}=\text{電阻係數}\cdot\frac{\text{導體長度}}{\text{導體之截面積(電流通過的面積)}}$$

在串聯接續裡，無疑的，電流必須通過的長度已被加長，因此總電阻一定比任一個元件的電阻大。在並聯接續裡，電流所通行的面積已經加大，當然總電阻會比任一個元件的電阻小。讓我們以公式來表明它們的關係吧。

串聯時 $R=R_1+R_2+R_3+\cdots+R_n$

並聯時 $R=\dfrac{1}{\dfrac{1}{R_1}+\dfrac{1}{R_2}+\dfrac{1}{R_3}+\cdots+\dfrac{1}{R_n}}$

在僅有兩個電阻作串聯或並聯接續時，公式可簡化成圖 1-1-9 中的公式。

十七、電壓的分配

電阻作串聯連接的時候：流經每一個元件的電流都相等，但電壓卻不一定相同，在此種連接下，電壓的大小是與電阻的大小成正比分配的。

如圖 1-1-10 有兩個電阻 R_1 和 R_2 串聯相接的時候，電流由歐姆定律為

$$I = \frac{V}{R_1 + R_2}$$

因此個別的電壓由 $V = IR$ 可知

$$V_1 = I \cdot R_1 = \frac{V}{R_1 + R_2} \cdot R_1 = V \cdot \frac{R_1}{R_1 + R_2}$$
$$V_2 = I \cdot R_2 = \frac{V}{R_1 + R_2} \cdot R_2 = V \cdot \frac{R_2}{R_1 + R_2}$$

這兩個公式是在利用電阻降壓的時候所採用，稱為電壓分配定則。

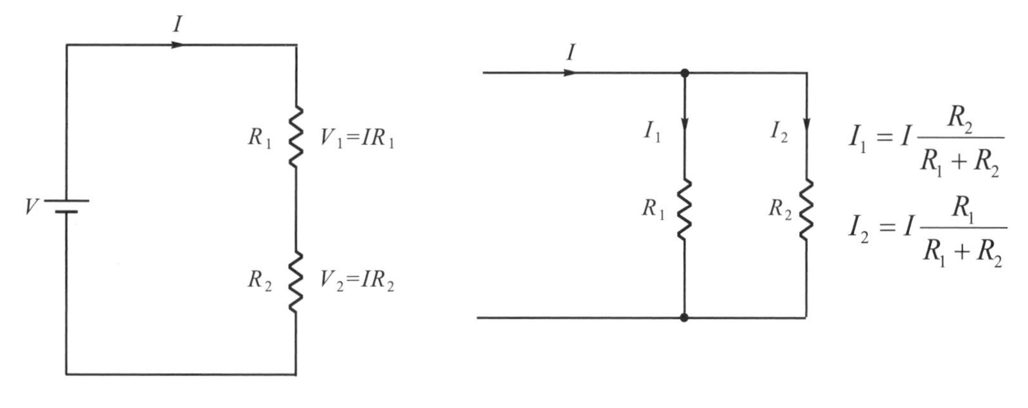

圖 1-1-10　電壓的分配　　圖 1-1-11　電流的分配

十八、電流的分配

並聯連接的時候，雖然每一個並聯元件兩端的電壓相同，但個別的電流不一定相同，如圖 1-1-11 所示，個別的電流是和電阻值成反比的。電阻值愈大的，電流愈小，電阻值愈小的，電流愈大。

我們應該記住：串聯連接時 → 電流相等 → 電壓和電阻成正比。並聯連接時 → 電壓相等一電流和電阻成反比。

在這裡筆者讓你作個例題，以練習本節中所述各公式的運用。那就是「如圖 1-1-12 所示把 110V 30W 的燈泡與 110V 100W 的燈泡串聯後加在 110V 之電源，究竟那個燈泡較亮？」

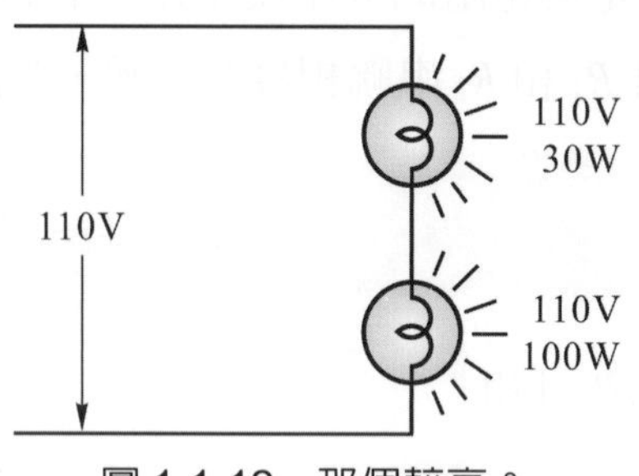

圖 1-1-12　那個較亮？

你的答案若是 100W 的燈泡較亮，那麼請先複習前述各公式。若你的答案是 30W 的燈泡較亮，那麼恭喜你，你已經會運用公式了，假如你答對了，但卻沒有自信，不妨實際拿兩個燈泡(以最常見的 110V 5W 和 110V 60W 的)串聯起來，接上電源實驗，以增強你的信心。本題應該是這樣算的：

(1) 已知燈泡爲 110V 30W 則可求出其電阻

$$R_1 = \frac{V_1^2}{P_1} = \frac{110^2}{30} = 403.3\ \Omega$$

同理，亦可求得 110V 100W 燈泡的電阻爲

$$R_2 = \frac{110^2}{100} = 121\ \Omega$$

(2) 應用電壓分配定則可求得

$$V_1 = \frac{V}{R_1 + R_2} \cdot R_1 = \frac{110}{403.3 + 121} \cdot 403.3 = 84.7 \text{ 伏持}$$

$$V_2 = \frac{V}{R_1 + R_2} \cdot R_2 = \frac{110}{403.3 + 121} \cdot 121 = 25.4 \text{ 伏特}$$

(3) 各燈泡在這種情形的功率爲

$$P_1 = \frac{V_1^2}{R_1} = \frac{84.7^2}{403.3} = 17.8\ \text{W}$$

$$P_2 = \frac{V_2^2}{R_2} = \frac{25.4^2}{121} = 5.3\ \text{W}$$

顯然 $P_1 > P_2$ 許多，當然 30W 的燈泡較亮了。

十九、短路

短路(short circuit)是指電源的導線不經負載而直接連通。此時由於導線的電阻極低，將發生甚大的電流，該電流可能使導線或電源供應設備燒毀，甚而由於導線外皮(絕緣體)的燃燒而引起火災。

二十、導體與絕緣體

在我們周圍的東西有容易通電的，也有不容易通電的。容易通過電流的物體我們稱之為導體。金屬中以銀的導電性能最好，其次才是銅，但銀之價格頗昂且機械強度又不及銅強，故電線皆以銅為材料。地球也是導體，這你必須知道。

不易通過電流的物質便稱為絕緣體。絕緣體有空氣、雲母、玻璃、橡皮、電木……等。但"絕緣"僅指某電壓值之下而言，加上過高的電壓時絕緣體也會變成導體的。記住，絕緣體乃指某電壓之下而言，稱為絕緣體者，並非在任何場合皆可作"絕緣"用。

絕緣體雖然電流不易通過，但其外面及裡面均有極微小的電流通過，因此等於是非常大的電阻，這種電阻稱為絕緣電阻。

另外有些物質，在常溫下，其導電性介於導體和絕緣體之間，是謂半導體。製造電晶體的原料鍺(Ge)矽(Si)等即是半導體。

二十一、電的速度

當我們一把開關閉合，電燈馬上就亮了，這麼看來電的速度實在非常驚人，是的，電的速度媲美光速，約為每秒三萬萬公尺(3×10^8 公尺，合每秒 186000 哩)。但電子並非真以此驚人的速度流動，電子在導體中實際移動的速度非常低，每秒僅數吋而已。

若圖 1-1-13 這個充滿乒乓球的管子，再從左邊塞進一個乒乓球，管子的右邊馬上會掉下一個乒乓球來，綜觀起來球的流動速度非常快，球從左邊進馬上由右邊出，但是你是否往意到，從左塞進去的是甲球，而由右邊掉下來的卻是乙球，甲球實際上只前進(移動)了一點點距離。相同的，若圖 1-1-13 是一段充滿電予的導體，則左邊進去一個電子，右邊馬上會跑出一們電子，因此電流的速度非常快；然這電流是因為電子一個一個往後推，將在導體最末端的電子乙擠出而形成的，電子甲僅前進了一點點的距離，由此可知電子本身在移動的速度非常低。

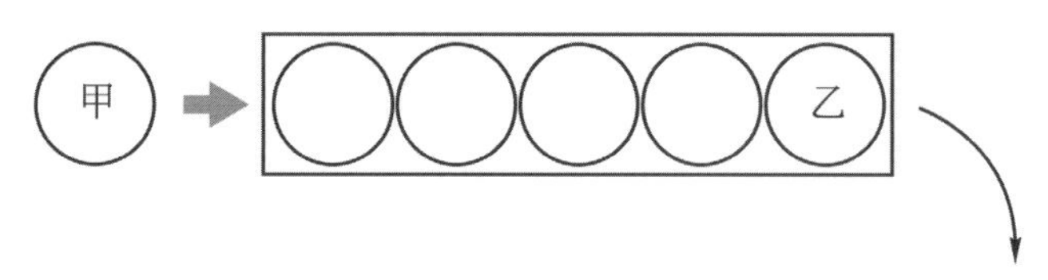

圖 1-1-13　電的速度表示圖

二十二、電流與電子流

電流應該是如圖 1-1-14(a) 由電源的正端(高電位)往電源的負端(低電位)流動。在前面我們已學得電流乃是電子的流動所形成的，可是電子是帶負電的，那麼電子應該是如圖 1-1-14(b) 所示由負端(低電位)往正端(高電位)流動才對，蓋異性相吸同性相斥也。換句話說電(流)的流動方向恰和電子的流動方向相反。

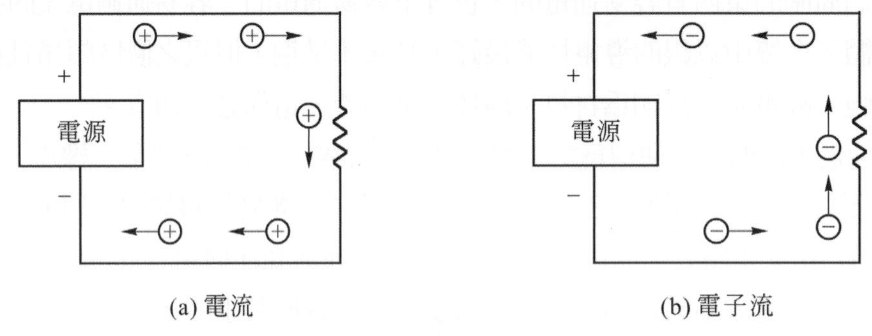

圖 1-1-14 電流與電子流

為什麼會如此呢？蓋老祖宗們當初發現電時，並不知有電子的存在，於是假設有一種「正電荷」由正極往負極流動而形成電流，所以就把它定為「電流是由正往負」。到了後來雖然知道電流是帶有負電的「電子」的流動所形成，但已經稍嫌晚了一點，所有文獻的記載，電流是「由正流向負」的理論已在人們的腦海中根深蒂固。因此，近代為了使兩者不相混淆，是以定下電子流動的方向為電子流。亦即電流由正往負流，電子流由負往正流。

二十三、靜電

由於人們所利用的大部份是電子流動所形成的動電，因此另有一種電子靜止不動所形成的「靜電」很少為人注意。

圖 1-1-15 靜電的現象

小時候你也玩過這種遊戲吧：將墊板或尺等塑膠製品加以摩擦，即能吸引小紙片。你可能更有這種經驗：在冬天脫去身上的尼龍等人造纖維製成的衣衫時，有時候會發現啪！啪！的聲音，甚而在黑暗的地方，將同時看到有小火花產生。此乃因物體互相摩擦造成了物體帶有正電或負電，此時所產生的電大部份爲靜止狀態故稱爲靜電。

冬天比夏天容易產生靜電，因冬季溫度低：空氣乾燥。夏季則空氣潮濕又容易流汗，水份一多，電荷即容易逸出，經由人體而流散入地。又棉製襯衫因易於吸收水份，不易貯藏電荷，故不會產生啪！啪！的聲響。

此外，我們在馬路上常可看到運送汽油的卡車，在其尾部拖著一條鐵鏈垂在地面跑，這是因爲槽內汽油隨著汽車的行駛，會摩擦而產生靜電，靜電累積多了會使汽油燃燒起來，故將此靜電經由鐵鏈通至大地，以免發生危險。

打雷亦是靜電現象之一。當雲層中帶正電與帶負電的雲團產生放電時，正負電荷急速中和，即會雷聲隆隆，並伴以閃光。若帶正電的雲團對高大的建築物或樹放電，即形成落雷。20 公尺以上的建築物必須裝置避雷針，使帶正電的雲團向避雷針放電，而不向建築物放電，以策安全。

至此，相信你已對「電」有了一個概念。如果想對電機方面的名詞多加認識，那麼你就看附錄一吧。

1-2 KWH 表之利用

KWH 表即爲瓩小時計，俗稱電度表。

電度表是作何用途的？它只能作爲電力公司收費的依據嗎？不。絕對不是。它的功用可還多著呢。

對於未標明功率的負荷，你怎麼知道它的消耗功率多大？電度表可以告訴你。若因爲家庭電器的功率因數不怎麼低而將其當做 1 的話，它還可作爲一個交流電流表。此外它更可當作漏電檢查計。

一、消耗功率的測量

因爲每個電度表的銘牌上均有註明多少回轉爲 1 KWH，而表上的鋁圓盤亦均有一記號，如此，我們只要算出鋁圓盤每轉一轉所需之時間，即可算出負載的消耗功率之多寡。

例一

設有一電風扇，並未註明消耗功率，則只需將其他的所有負載切掉(OFF)，而以手錶去計量電度表轉一轉之時間，即可由比較法則得消耗功率。設電度表上每1 KWH 需轉 1000 轉，則將可在銘牌上找到 1000 Revs/KWH。若量得此時鋁圓盤轉一轉需時 60 秒，則

$$\frac{1000\text{轉}}{1000\text{瓦}\cdot 3600\text{秒}}=\frac{1\text{轉}}{x\cdot 60\text{秒}}$$

$x=60$ 瓦

例二

設有一強力之電熱水器，亦未標明消耗功率爲多少瓦特，則只需照例一即可測得。似如此時電度表的鋁盤每轉 10 轉共需 20 秒鐘，則其瓦特數應爲：

$$\frac{1000\text{轉}}{1000\text{瓦}\cdot 3600\text{秒}}=\frac{10\text{轉}}{x\cdot 20\text{秒}}$$

$x=1800$ 瓦特

以上兩例若以公式表之即爲

$$x(\text{瓦特})=\frac{3600000}{\text{轉一轉需多少秒}\cdot\text{多少轉／每度}}=\frac{3600000\cdot\text{轉多少轉}}{\text{共轉多少秒}\cdot\text{多少轉／每度}}$$

式中多少轉／每度即爲電表銘牌上之 Revs/KWH 數。

由以上公式，你就可加上一已知瓦特數之負載，例如 100W 的電燈。而用來判斷府上的電度表是否已嚴重的失靈。

二、線路漏電的檢查

檢查線路是否漏電，只需將所有負載切斷，再投入總開關即可。此時電度表的鋁圓盤應該是靜止不動的，或者僅轉動一點點就靜止下來，否則就是線路有漏電。

三、家庭電器是否有漏電之檢查

要檢查所有的家庭電器是否有漏電時，得先取下總開關地線的保險(以驗電筆驗之，不亮的那邊即爲地線，若是線路裝置正確，地線應該是在左邊)，並將所有電器接上(開關置於 ON)，觀察電度表，鋁圓盤應完全不動，否則電器即有漏電，應加以檢修。如何檢修？以後各章會告訴你。

1-3 驗電起子

欲測知電源是否正常或電器是否有漏電，除了用電表以外，另有一個非常簡便的方法，就是利用驗電起子。

驗電起子的結構如圖 1-3 所示。係由一個小氖燈(Neon Lamp)串聯一個電阻器而成，小氖燈通常是 70V $\frac{1}{25}$ W 者，電阻器則多爲 1 MΩ 的。人手按在末端，若電器有漏電，則前端接觸到電器外殼時氖燈就會發亮。若以前端接觸插座，則會亮的一條是火線，不會亮的一條是地線，兩條都不會亮就表示電源電路發生故障。

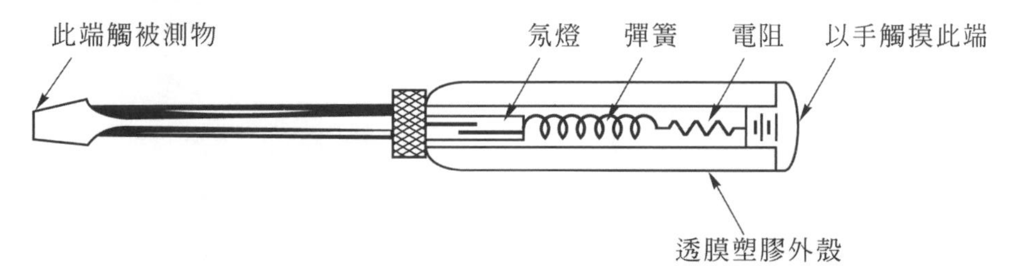

圖 1-3 驗電起子

目前最常見的驗電起子，其所能承受的電壓大部份在 300V 以下，若以之測量較高的電壓，有觸電之虞，宜注意之。

若將氖燈及電阻置於鋼筆型的外殼裡，即成爲驗電筆，驗電起子與驗電筆的功能是完全一樣的。

1-4 三用電表

三用電表又稱爲複用電表或萬用電表，是一種非常有用的裝置，它既能測試電壓、電流、電阻，亦能測試其他的電機、電子裝置。其測試對象包括了極低電流至極高電壓的測試。

雖然它的用途極廣，但卻非笨重的儀器，而是一部非常輕巧，方便於攜帶使用的裝置。誠爲初學者至高級技術人員們不可或缺的必備工具。

三用電表的使用雖然極其容易，但是卻必須極小心的使用，以防發生危險或損壞了電表；尤其是在測試大電力裝置時更不可掉以輕心，以致出了任何運用上的錯誤。範圍選擇開關撥至歐姆檔，卻用來量電壓(例如 AC 110V)以致內部分流電阻燒掉者時有所聞，現將三用電表之選購、使用等注意事項敘述如下，以作初學者之參考。

一、三用電表的選購

市面上的三用電表，型式繁多，在國內以日製者居多，美國製品甚為少見。近年來國內的電表製造業已大為發展，因此國內製三用電表已如雨後春筍般大量的推出市場，價格頗為相宜。

科技日新月異，三用電表也從過去只有指針型三用電表，而加入了數字型三用電表，目前市面上有如圖 1-4 所示這二種三用電表，各有愛好使用。

指針型三用電表

數字型三用電表

圖 1-4　三用電表

由於電子工業的發展已達巔峰狀態，電晶體、特種晶體的使用日趨普遍，舉凡燈光控制、風扇無段變速、安全電子扇等皆為固態化裝置(solid state)，故選購時需加以顧及。

1. 直流電壓範圍需有 0.5V(或更小)滿刻度的一檔

   這一檔在電晶體電路的測量頗為重要，試想，鍺質電晶體在正常運用時其偏壓約為 0.2 伏特左右，若你買了一個最低直流電壓測試檔為 DC 10V 的三用電表，應用起來會方便嗎？若遇到要測量 0.1V 或更低之電壓的場合(在本書的“國際牌安全電子扇檢修”中，你將會遇到)，用最低檔為 DC 10V 之三用電表去測量，其情形更可想而知了。

   可測低電壓之三用電表，毫無疑問的，亦具備了測量微小電流的能力，它的最低電流檔當在 1mA 或以下。因為，唯有靈敏度高的表頭，它所能測試的最低電壓才能降至極低。

2. 新購時需選擇內阻較大者

一般三用電表，其電壓測試檔的靈敏度以 Ω/V 表之，此值越大越佳，準確度越高。一般使用上 DCZ 20kΩ/V AC 8kΩ/V 者已算不錯，更大者當然更佳，唯價格自然會隨著提高。

一個靈敏度爲 20kΩ/V 之三用電表，當其撥至 10V 檔時，內阻有 20kΩ/V × 10 = 200kΩ，(撥至 250V 時內阻爲 20kΩ/V × 250V = 5000kΩ，其餘各檔類推)，然而一個靈敏度爲 20kΩ/V 的三用電表，撥於 10V 檔時卻僅有 2kΩ/V × 10V = 20kΩ，由此可見，靈敏度越高者內阻亦越大，換句話說，靈敏度高之三用電表就是內阻較大的三用電表。靈敏度通常註明在刻度盤的左下角。

3. 需具有範圍選擇開關

一些較低價的三用電表，量程的變換不用範圍選擇開關，而改用多個針孔插口來供測試棒的插入。這雖然在生產上可使成本降低，但在量程變換時卻極不方便，而更嚴重的，劣質的針孔插口會因使用日久而鬆動，且針孔插口一多．容易藏入塵屑，使電表造成錯誤的指示。

這三個最切實際的基本要求，一定要具備，萬萬不能等閒視之。當然，若具有不同顏色的刻度、防止視差的反射鏡及 OUT 插口則更佳。其他的附屬裝備，如高壓測試棒，則不一定要強求，因其甚少使用到。

以上三個重點從電表的「外表」即可一目了然，但你將發現外表一模一樣的兩個電表，隨著廠牌的不同，其價格可能相差兩三百元，這就牽涉到它的內涵：軸承的優良與否與範圍選擇開關的好壞了。

假如(1)拿著電表向左右搖一下，指針能回至原位，試驗數次皆同。(2)將電表平放(正規的放置方法)、立起來、向右倒、向左倒、倒置，指針每一次偏動後能回到同一位置上(電壓電流刻度的「零」)或偏差甚少。(3)範圍選擇開關置於歐姆檔，將兩枝試棒短路並作 0Ω adj，放開試棒再次使試棒相碰，指針能指示在 0Ω 處。則無疑的，此電表的軸承頗爲優良。至於範圍選擇開關，則可打開電表之外殼而視之，若是使用薄銅片在印刷底板上作接觸，而非使用牢固堅實的開關者，最好勿購之，免得日後毛病叢生。另外，在打開三用電表外殼時，順便看看所用的電阻是誤差幾%的，若是有標明 1%或色碼電阻的第四圈是紅色的(誤差 2%)則可，若使用誤差 10%的銀帶電阻，那就偷工減料的太離譜了。針孔插口在掉入試棒時應鬆緊適度，否則寧可稍緊，也不要太鬆的。

二、三用電表的使用

茲將三用電表的基本使用方法及其應用詳述於下，以作初學讀者之參考，至於如何將三用電表的功能發揮的更淋漓盡致，則有待讀者們的努力了，蓋熟能生巧也。

在談到三用電表的使用方法之前，請讀者諸君先確認圖 1-4-1 所示之三用電表各部份名稱。

1. 零位調整

任何電流表和電壓表皆設有一個零位調整器，其位置大都在此刻度盤略低之正中央，三用電表亦不例外。電表剛買來時第一件要辦的事，此是慢慢以小起子旋動它．使指針停在最左端之線上。調整好後，除非發現指針有偏移，否則雖長期間使用，亦不必屢作調整。

2. 測試範圍的切換

要測量交流電壓(ACV)、電阻(OHM)或直流電壓(DCV)直流電流(DC mA)，其範園之切換係以大型的波段開關(即圖 1-4-1 中的範圍選擇開關)爲之。此種波段開開可以作 360° 的旋轉，欲用何檔測試時就將其旋至該檔即可。

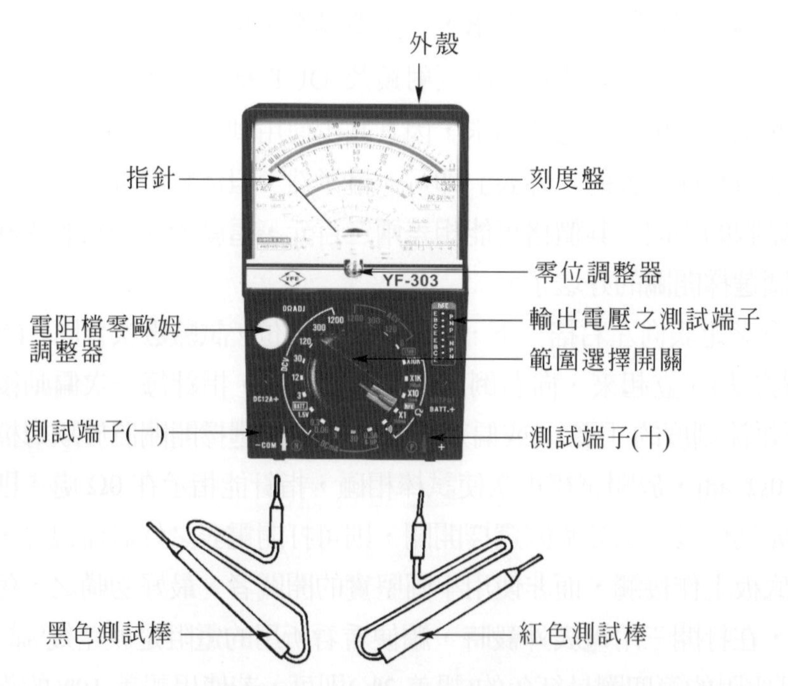

圖 1-4-1 三用電表各部份名稱設明(測試端子又稱為針孔插口)

3. 測試棒與測試端子之聯結

通常紅色測試棒插入測試端子(+)，黑色測試棒插入測試端子(−)。

測試輸出電壓時，將紅色測試棒改插入輸出電壓之測試端子 OUT(+)即可，此插口有的三用電表以 OUTPUT 表之，平常多不使用。

4. 電池的更換

三用電表在測量電阻時是以其內部電池作電源。當三用電表無法作零歐姆調整時(參看下節)，即表示必須更換電池了。更換電池時，若遇到的是 1.5V 的 UM-3 號小電池，則將螺絲鬆脫更換之，若遇到的是 22.5V 或 9V 之乾電池，則直接將其拔出加以更換即可。三用電表內部之電池到底是使用幾伏者，依三用電表型式之不同而異。

5. 0Ω 調整(0Ω adj)

三用電表在測量電阻時以內部電池供給電力已如上述。在經過消耗後所測得之電阻值必會發生誤差，為了得到正確的讀數，我們就得調指示器的靈敏度，以配合電池的供應電壓，由於我們所要校準的是使指針指示在最右端的 0Ω 處，因此稱之為零歐姆調整(0Ω adj)。

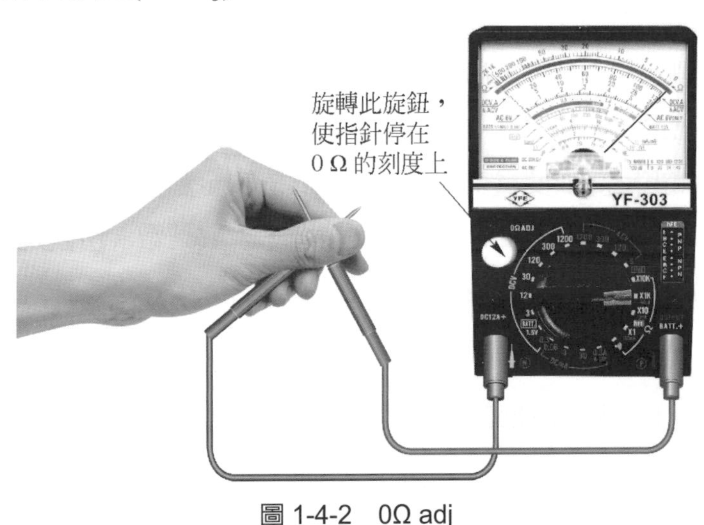
旋轉此旋鈕，
使指針停在
0 Ω 的刻度上
YF-303
0ΩADJ

圖 1-4-2 0Ω adj

作零歐姆調整時，如圖 1-4-2 所示，將兩枝測試棒相碰在一起，然後旋轉「電阻檔零歐姆調整器」(0Ω adj)使指針恰好正確的停在 Ω 刻度般右端的 0Ω 處。

在使用一段時日後，電池之供電能力將減弱，以致無法作零歐姆調整，此時宜立即更換電池，若長久置放不加更換，將使乾電池之外殼因腐蝕而破裂，內部酸液會外流而劣化電池箱或電池夾。

每當變換測試範圍時都應再次作零歐姆調整，如此始能保持測試值的準確性，此點非常重要，請初學者牢記之。再重述一次，無論使用那一電阻測試檔，在測量之前均需作零歐姆調整，以保精確。

6. 電阻之測試(Ω；OHM)

在測試電阻之前，請別忘了，應先作零歐姆調整。

刻度以刻度盤上標有 Ω 的專用刻度(通常是最上面一行)爲準。測試時要選用適當的範圍，亦即使指針盡可能指示在中央部份。因爲電阻歐姆數刻度的越左端，其間隔愈窄，甚難於讀取，若再加上視差，則其誤差之大是可以預期的。

讀數的讀取甚爲簡單，若開關置於 R，則直接由刻度上讀取即可，若範圍選擇開關置於 $R \times 10$，則將刻度上指針所指之數乘以 10 即可。同理，若使用 $R \times 1k$ 檔，則刻度上之指示値乘以 1k 即可，餘類推。

在設備內部測量電阻時，必須在電源關掉(OFF)，內部無任何電壓的情形下實施。否則不但所測得的電阻值不準確，甚者，電表將遭受損壞。此點請讀者謹記在心，以免你心愛的電表受到無妄之災。

7. 直流電壓之測試(DCV)

如果欲測電壓之大約値爲已知則選用最接近被測電壓之範圍檔。例如乾電池，其電壓已預知大約等於 1.5V，則測量時以 DC 2.5V 檔測之。

如果欲測電壓之強度爲未知，爲了電表的安全起見，應從最大範圍開始測起(通常爲 1000V)，然後慢慢降低至適當範圍，讀取讀數。所謂適當範圍是指電表所指示之電壓值已大於次一範圍之最大讀數而言。

表 1-4

範圍選擇開關位置	刻度	乘數
1000V	0～10	100
500V	0～5	100
250V	0～25	10
50V	0～5	10
5V	0～5	1
2.5V	0～25	0.1
0.5V	0～5	0.1

在測試直流電壓時需注意，紅色測試棒接於正極，黑色測試棒接於負極。若反接則指針將反向偏轉，以致指針彎折。

電壓值之讀取，只要將刻度上之「指示值」乘以「乘數」即得。

8. 交流電壓之測試(ACV)

交流電壓係用氧化亞銅整流器整流器後測之，3000 週以下之交流電大致上皆可得正確之值，但頻率若過高，則將產生誤差。

測量交流電壓時，開關置於 ACV 上適當之範圍測之。讀數之讀取與「直流電壓之測試」相同。有的三用電表有一紅色的 AC 10V ONLY 刻度，此表示用 AC 10V 檔時需看此刻度，其餘各檔則與 DCV 共用同一刻度。

測量交流電壓時，紅黑兩技測試棒不受正負之限制。

9. 電壓表的靈敏度與準確性

圖 1-4-3 中的 10V 電源在 30kΩ 與 20kΩ 產生分壓作用，20kΩ 電阻之分壓，依計算可知為 4V。電壓表的測試棒接在 20kΩ 的兩端測試時，電壓表將與 20kΩ 並聯而產生分流效應。設所用之電壓表其靈敏度為 DC 20kΩ/V，則開關置於 DC 10V 檔時，其內阻等於(20kΩ/V) × 10V = 200kΩ，在 *AB* 兩端產生之分壓(亦為電壓表之指示值)將成為 3.77V，產生的誤差小於 6%。若所用之電表是較低級者，其內阻僅為 2kΩ/V，則關開同樣置於 10V 時：其內阻僅等於(2kΩ/V) × 10V = 20kΩ，和 20kΩ 的線路電阻並聯後，*AB* 兩端間之電阻只剩 10kΩ，故 *AB* 兩端的分壓將為 2.5V，其誤差高達 37.5%。由以上比較，讀者諸君當能明白，為何在「三用電表的選購」一節中筆者一再強調應選擇內阻較大者。

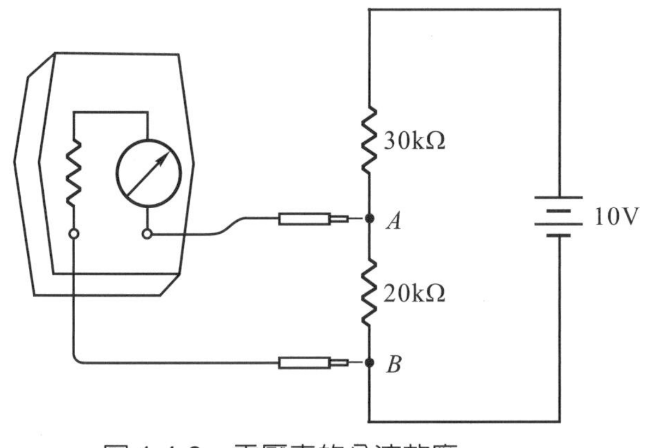

圖 1-4-3 電壓表的分流效應

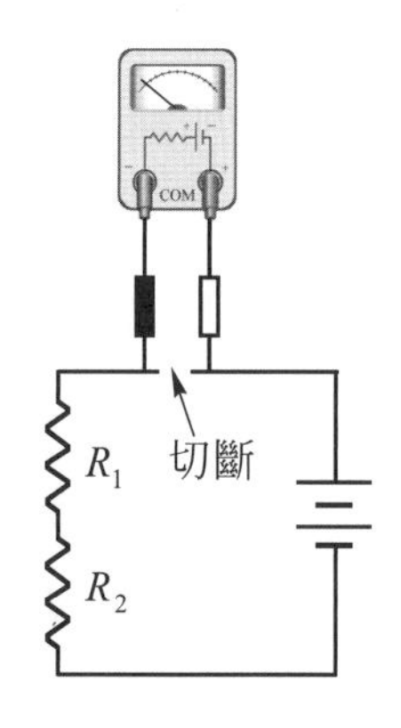

圖 1-4-4 電流的測試

10. 直流電流之測試(DC mA)

在作電壓的測試時，只需撥好範圍選擇開關，把兩枝測試棒如圖 1-4-3 所示，往欲測電位差之兩點一跨(圖 1-4-3 所示是測試 AB 兩點間電位差之情形)，即萬事 OK。但在測量電路上的電流時，可就不如此輕鬆了，作電流測試時，需如圖 1-4-4 所示，先把欲測點切斷，然後串入電表讀取讀數。

DC mA 的刻度是與 DCV 共用的，其電流值之讀取方法亦如「直流電壓之測試」一節所述。

如上所述，欲側電路上之電流著實煩了些，不過，於此讓筆者悄悄的告訴你一個妙方。若已知欲測電流所經迴路上某電阻之電阻值為 R，則測出該電阻兩端之電壓值，然後除以 R 即可求得電流值，以此種方法求電流較方便的多。以圖 1-4-4 為例，若 R_1 已知是 1kΩ，以三用電表量得其兩端之電壓值 DC 10V，則馬上可由歐姆定律求得電路電流 $I=\frac{V}{R}= 10/1k = 0.01A = 10mA$，豈不輕鬆愉快。

11. 輸出電壓之測試

脈動直流裡所含交流成份之測試，通常稱之為「輸出電壓」之測試。作輸出電壓之測試時，黑色測試棒仍然插在測試端子(－)之上，紅色測試棒則改插至 OUT (＋)或 OUTPUT 插口，測試方法與交流電壓 ACV 之測定沒有兩樣。由於測試端(＋)和輸出電壓之測試端子間接有一個 0.1μF 的電容器，因此用該插口測量電壓時，直流成分受阻，僅交流成分被指示出來。

若欲測之交流成分電壓值頗低，且頻率在 500Hz (c/s)以下，則用 OUT 插口測得之值將比實際值低，故沒有直流成分的交流電壓(例如市電電壓)千萬不要使用 OUT 插口測試，一定要用測試端子(＋)測量。

讀者所購三用電表若沒有 OUT 插口，不用急，這個插口是不常用的。偶而遇到要用時，只需在任何一枝測試棒前端接上一個 0.1μF 600V 的電容器即可，電表之使用則如測試交流電壓 ACV 時完全一樣。

12. 電感量 L 與電容量 C 之測試

有的三用電表除了有電阻、電壓、電流之刻度外，尚有電感量 L 及電容量 C 之刻度，以便利 L 及 C 的測量。L 及 C 之測量必須有變壓器之輔助始能為之，圖 1-4-5 所示即為量度 L 及 C 之接線圖。圖中之 T_1 為輸入 110V 輸出 0～130V 的自耦變壓器(時下最常用之自耦變壓器，規格幾乎全部如此)，T_2 則為眞空管收音機所使用之電源變壓器。在所需之 V_2為 AC 250V 之場合，直接利用其二次側之高壓即可(一般皆為 260～300V)，若所需之 V_2為 AC 10V，則可利用其低壓繞組(通常為 6.3V，亦有 5V 者)如下接線：(1)兩個 6.3V 串聯起來，得 $6.3\times2 = 12.6$V；(2)把 6.3V 串聯 5V 得 $6.3 + 5 = 11.3$V；(3)將兩個 5V 者串聯起來，使成為 $5\text{V}\times2 = 10$V。

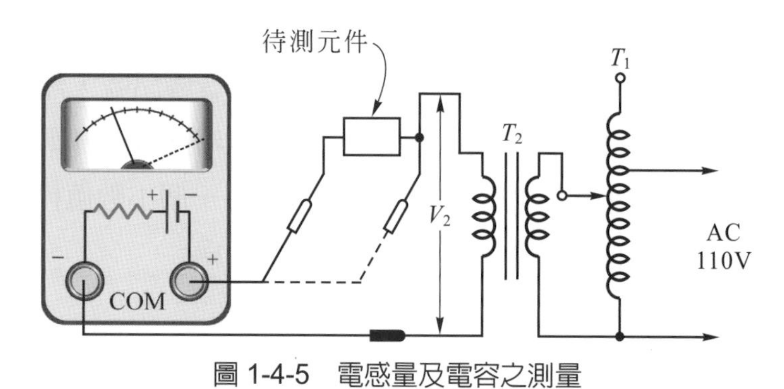

圖 1-4-5　電感量及電容之測量

使用三用電表測量電感 L 或電容量 C 時，按圖 1-4-5 所示接線(欲測量之電感器或電容器置於圖中的"待測元件"位置)，然後依照下述程序操作即可。

(1) 三用電表之"範圍選擇開關"撥至 V_2容器。

表 1-4-1

待測元件	V_2	可測範圍
電感器(L)	AC 10V	1000H 以下
電容器(C)	AC 10V	0.01～0.6μF
	AC 250V	0.0001～0.03μF

(2) 兩根測試棒如虛線連接。

(3) 自耦變壓器逆時針旋轉到底，然後加上電源。

(4) 慢慢的順時針方向旋轉自耦變壓器，令電壓指示達滿刻度(指針停於 V_2)。

(5) 正(紅色)測試棒改為實線所示連接，由專用刻度直接讀取電容量或電感量。

(6) 在 V_2為 AC 10V 之場合，將 T_2省略而直接由自耦變壓器取得亦無不可，但此時需特別注意(3)步驟。

(7) 注意！有正負極性之分的電解電容器不能以此法加以測試。其測試方法稍後述之。

13. dB 值的測試

今日，分貝 dB 的運用甚廣，在技術宣傳及工程說明，均採 dB 值加以表示，爲使讀者諸君能對當前的技術文獻運用自如，特將 dB 加以詳盡的說明，當然啦，如何以三用電表測 dB 值亦在說明之內。

(1) 功率 dB 的測試：電氣線路中，電動勢、電流及電功率，習慣上各採用伏特、安培、瓦特來表示。雖然這些單位可用來量度音響訊號，然而人的耳朵對音量的反應是成對數的(此亦爲人類的天然保護作用，否則打雷時耳朵就有得受了)，因此取對數來表示功率的比值，不但可用一個小數值代表大數字，且恰與人耳對聲響的心理反應相符。以數學式表之爲

$$N_b = \log\frac{P_2}{P_1}\ \text{貝爾}$$

以貝爾 bel 爲單位，乃爲紀念電話發明人貝爾的偉大貢獻。事實上貝爾這單位實在太大了，在實用上乃以十分之一貝爾(dB)爲單位，數學式爲

$$N_{\text{dB}} = 10\log\frac{P_2}{P_1}\ \text{分貝}$$

對於圖 1-4-6 所示之四端網路(凡具有兩個輸入端及兩個輸出端之電路，皆稱爲四端網路，不論其爲擴音機或電壓器……)的 dB 存在有

$$\begin{aligned} N_{\text{dB}} &= 10\log_{10}\frac{P_2}{P_1} = 10\log_{10}\frac{E_2^2/Z_2}{E_1^2/Z_1} \\ &= 10\log_{10}\frac{E_2^2}{E_1^2} - 10\log_{10}\frac{Z_2}{Z_1} \\ &= 10\log_{10}\frac{E_2}{E_1} - 10\log_{10}\frac{Z_2}{Z_1}\ \text{的關係} \end{aligned}$$

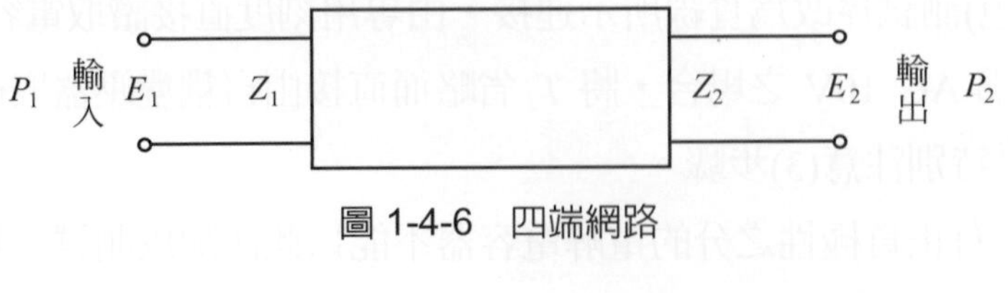

P_1 輸入 E_1 Z_1 Z_2 E_2 輸出 P_2

圖 1-4-6 四端網路

由於測量功率較為不便，因此通常皆用電壓表測得電壓值加以比較。三用電表的 dB 刻度是依照「在阻抗為 600Ω 的負載上，消耗 1mW 的能量即為 0dB」之定義加以轉換而得，由於 0dB 時 $E=\sqrt{P\times Z}=\sqrt{0.001\times 600}=0.775$ 伏特，三用電表之 dB 刻度乃將交流電壓刻度取 $20\log_{10}\dfrac{V}{0.775}$ 而成。

但

$$
\begin{aligned}
N_{\mathrm{dB}} &= 20\log_{10}\frac{E_2}{E_1}-10\log_{10}\frac{Z_2}{Z_1}\\
&= 20\log_{10}\frac{E_2/0.775}{E_1/0.775}-10\log_{10}\frac{Z_2}{Z_1}\\
&= 20\log_{10}\frac{E_2}{0.775}-20\log_{10}\frac{E_1}{0.775}-10\log_{10}\frac{Z_2}{Z_1}\cdots\cdots\cdots\text{(1-4)式}
\end{aligned}
$$

在 $Z_2=Z_1$ 時，$10\log_{10}\dfrac{Z_2}{Z_1}=0$，上式可改寫為

$$N_{\mathrm{dB}}=20\log_{10}\frac{E_2}{0.775}-20\log_{10}\frac{E_1}{0.775}$$

因此只要將用三用電表所量得的輸出端 dB 值減去輸入端之 dB 值即可。

例一

今以三用電表測得一個 600Ω：600Ω 的級間變壓器，其輸入端為 29dB，輸出端為 28dB，求其 N_{dB}。

解 由於此級間變壓器的輸入端及輸出端阻抗皆為 600Ω，故直接相減卻可。

$N_{\mathrm{dB}}=28-29=-1\mathrm{dB}$

變壓器的 $N_{\mathrm{dB}}=-1\mathrm{dB}$，表示輸出比輸入小，這是因為在變壓器內部有損失存在所致。

在 $Z_2\neq Z_1$ 時，$10\log_{10}\dfrac{Z_2}{Z_1}\neq 0$，則此項就必須加以顧及，三用電表是以阻抗為 600Ω 的負載基準，我們將(1-4)式改寫為

$$N_{dB}=20\log_{10}\frac{E_2}{0.775}-20\log_{10}\frac{E_1}{0.775}-10\log_{10}\frac{Z_2/600}{Z_1/600}$$
$$=20\log_{10}\frac{E_2}{0.775}-20\log_{10}\frac{E_1}{0.775}-(10\log_{10}\frac{Z_2}{600}-10\log_{10}\frac{Z_1}{600})$$
$$=[(20\log_{10}\frac{E_2}{0.775})+(-10\log_{10}\frac{Z_2}{600})]$$
$$=[(20\log_{10}\frac{E_1}{0.775})+(-10\log_{10}\frac{Z_1}{600})]$$

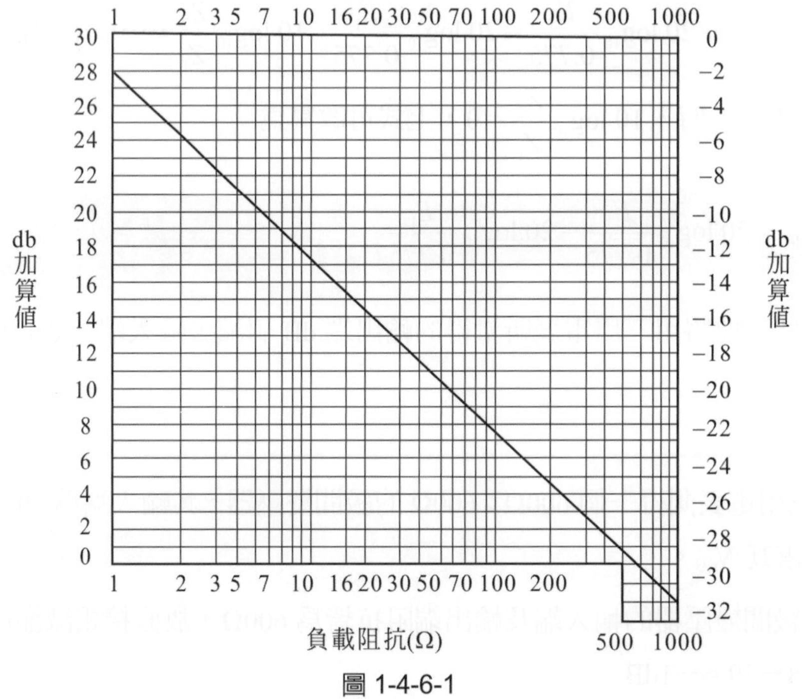

圖 1-4-6-1

式中的 $-10\log_{10}\frac{Z}{600}$ 若以筆算，需要查對數表，豈不麻煩多多，圖 1-4-6-1 就是爲解除這個麻煩而爲你準備的。圖中，kΩ 負載阻抗與右邊的負 dB 值相對應，下排的 Ω 負載阻抗與左邊的正 dB 值相對應。

例二

一真空管擴音機的輸出變壓器，其阻抗比爲 5kΩ：16kΩ，今以三用電表測得一次側爲 38.2dB，二次側爲 11.8dB，試求 N_{dB} 值。

解 (1) 一次側之阻抗為 5kΩ，由圖 1-4-1 查得 dB 加算值為 – 9.2dB，故輸入端的 dB 值=38.2 + (– 9.2) = 29dB

(2) 二次側之阻抗為 16Ω，由表 1-4-1 查得 dB = 11.8 + 15.7 = 27.5dB

(3) N_{dB} = 27.5 − 29 = 1.5dB

故此輸出變壓器之損失為 1.5dB

(4) 電壓 dB 的測試：不計輸入端與輸出端之阻抗，而只將三用電表測得之值相減者，即為電壓 dB。為區別起見，功率 dB 之值為正者稱為增益，N_{dB} 為負者稱為損失，電壓 dB 正者稱為放大，負者稱為衰減。一般，功率 dB 是用以測量變壓器，放大線路則由電壓 dB 的測量進行。

例三

求例二之電壓 dB 值。

解 電壓 dB 的場合

輸入端的 dB 為 38.2dB

輸出端的 dB 為 11.8dB

故，輸出變壓器的電壓 dB 值為

N_{dB} = 11.8 − 38 .2 = − 26.4dB

負值表示衰減。

(5) 如何以三用電表測 dB 值：欲以三用電表測量線路上的 dB 值，只要把範圍選擇開關撥至適當的 ACV 範圍(不要忘了 dB 刻度乃是將某 ACV 刻度以 $20\log_{10}\dfrac{V}{0.775}$ 轉換而成)，將兩枝試棒往欲測的兩點一跨(和測量電壓一樣)，就萬事 OK 了。

指示值的讀取，則除了三用電表 dB 刻度之值外，尚需加上「刻度調整差數」。同一個電壓值，指針的偏動位置會隨著範圍選擇開關所置量程的不同而改變，當然量程一變，dB 值也將隨之而變，遂有調整差數的產生。

今以 SANWA 牌為例，其 dB 刻度是以 AC 10V 刻度轉換而成，則當使用 AC 10V 量程測試時，只要讀取指示值即可，但若使用 AC 50V 量程測量時，必須加上的刻度調整差數為

$$刻度調整差數 = 20\log_{10}\frac{50}{10} = 14\text{ dB}$$

以此類推，即可求出電表之其他量程範圍的刻度調整差數。

在一些考慮得較周密的三用電表，其刻度盤的右下角，印有刻度調整差數表，然而大部份的三用電表是把它省略的，不過絕大部份的三用電表逃不出表 1-4-2，望你能善加利用。茲綜合上述，將三用電表測量 dB 值的方法摘要如下：

① 功率 dB 的測試

N_{dB} =輸出端的功率 dB 值－輸入端的功率 dB

輸出端的功率 dB =電表指示值＋表 1-4-2 之刻度調整差數＋表 1-4-1 之 dB 加算值

輸入端的功率 dB =與輸出端的功率 dB 計算方法相同

N_{dB} 正 → 增益
負 → 損失

② 電壓 dB 的測試

N_{dB} =輸出端的電壓 dB 值－輸入端出端的電壓 dB 值

輸出端的電壓 dB =電表指示值＋表 1-4-2 之刻度調整差數

輸入端的電壓 dB =電表指示值＋表 1-4-2 之刻度調整差數

N_{dB} 正 → 放大
負 → 衰減

表 1-4-2a 以 AC 10V 爲基準(dB 刻度旁註有 ON AC 10V 字樣，中、日製品大都如此。此型三用電表大部份另設有一個 ON AC 2.5V 的專用刻度。)

表 1-4-2b 以 AC 2.5V 爲基準(dB 刻度旁註有 ON AC 2.5V 字樣，美製品大都如此。電表中的 dB 刻度僅有這一個。)

表 1-4-2a

範圍選擇開關位置	應加之刻度調整差數
AC 10V	0 dB
AC 50V	14 dB
AC 250V	28 dB
AC 1000V	40 dB

表 1-4-2b

範圍選擇開關位置	應加之刻度調整差數
AC 2.5V	0 dB
AC 10V	12 dB
AC 50V	26 dB
AC 250V	40 dB

例四

一擴音機，以 AC 2.5V 量程測試輸入端時指針停在刻度上的－10dB 處，以 AC 50V 量程測試輸出端時，指針亦恰巧停在同一刻度上的同一位置，試求此擴音機之電壓 dB。(所用三用電表爲美製品)

解 輸入端之電壓 dB = − 10dB

輸出端之電壓 dB = − 10dB + 26dB = 16dB

26dB 是由表 1-4-2 右表查得。

故 N_{dB} = 16dB − (− 10dB) = 26dB

亦即此擴音機將訊號電壓放大了 26dB

14. 測量電阻時插孔的正負

將範圍選擇開關置於歐姆檔時，共內部線路如圖 1-4-7，由此圖可明顯的看出，插在負插口的黑色測試棒是通至電池的正端，插在正插口的紅色測試棒則接在內部電池的負端，因此兩測試棒的輸出極性恰與插口所標示的極性相反。你既已明白了這種關係，那麼記住它吧，在作電晶體、二極體、電解電容器的測試時，初學者常會疏忽了黑色試棒輸出正，紅色試棒輸出負，兩測試棒的眞正輸出極性，恰與插口所標示的極性相反。

圖 1-4-7 測試棒的輸出與輸入

以上所述是針對國內所能購得的中、日製品而言的，美國 RCA 的三用電表，其試棒的輸出極性是與插口標示的極性相同的。所幸這種三用電表在國內很少，僅在研究機關始可見到。

15. 電容器好壞的判斷

讀者諸君在前面已學會了以三用電表測試電容器的電容量，然而在檢修電子電路的場合，有很多時候，只需知道此電容器之良否，於此就討論這個方法。

將三用電表之範圍開關撥至 $R \times 1\text{k}$ (或 $R \times 1000$)檔，然後把試棒接在電容器兩端(若被測電容器是電解電容器則需注意試棒的輸出極性)，此時若指針在偏轉後回至∞處，則電容器良好。若指針回至距∞尚有一小段距離而這個電容器是電解電容器，那麼可算是良好。若指針偏轉至電阻值極低處就賴在那裡不往回跑了，表示電容器已打穿(兩引腳間成短路)，報銷了。若指針完全不動，除非這是個電容量很小的電容器，否則此電容器的兩腳間已成斷路，只有丟掉一途可行了。

在作以上測試時，尚可順便判斷電容量的大小，若指針偏轉很大然後往∞退，則電容量大，假如指針僅稍微震動一下馬上返回，則電容量必定頗小。

16. 電解電容器極性之測量

電解電容器除了電容量和耐壓值外，其極性亦會以"＋"或"－"標示在電容器的外表上。但遇到外表的標示脫落而無法由外觀判斷其極性之電解電容器，在運用時就得格外小心了。若極性接錯，電解電容器將在電路的電源通上後不久，膨脹、發熱，甚而爆炸。

於此讓筆者悄悄的告訴你一個秘訣。你只要

(1) 用三用電表的 $R \times 1\text{k}$ 檔測量電解電容器，待三用電表的指針逆時針方向偏回後，記下電阻值。

(2) 將電容器的兩引線以導線作短時間的短路。然後移走導線。

(3) 測試棒與(1)時對調測量電容器，並記下指針往逆時針方向偏回後之電阻值。然後依圖 1-4-8 比較電阻值，即可判斷兩引線之極性。

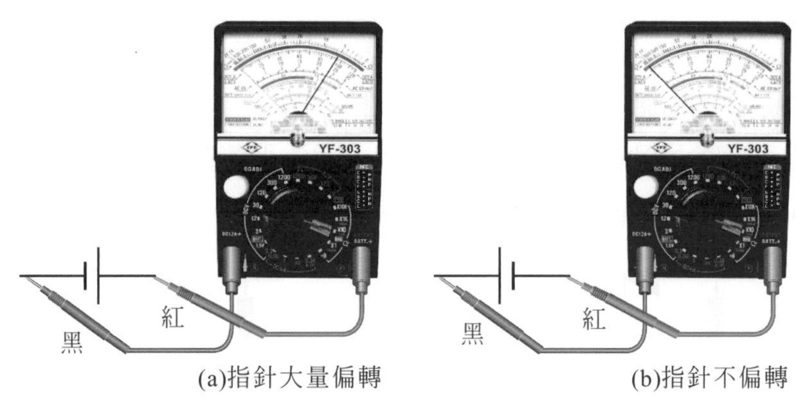

(a)指針大量偏轉　　(b)指針不偏轉

圖 1-4-8　比較電阻值

17. 電解電容器電容量的測量

　　電解電容器的電容量無法以圖 1-4-5 的方法測量，不但是因爲電解電容器具有極性(兩枝引腳有正負之分)，而且電解電容器的容量通常都遠大於三用電表上電容量刻度的最大值。欲測試電解電容器時，可如圖 1-4-9，將一個已知容量的電解電容器 C_S 與待測電容器 C_X 串聯之後跨接於電源(此電源之電壓務必小於 C_S 及 C_X 之耐壓值)，再以三用電表的 DCV 檔測出其上之電壓，若標準電容器 C_S 兩端的電壓爲 V_S，而待測電容器 C_X 之端電壓爲 V_X，則

$$C_X = \frac{V_S}{V_X} \cdot C_S$$

　　電風扇、洗衣機等電容式電動機的起動電容器雖然是無極性的電解電容器，但仍可照圖 1-4-9 求其電容器。

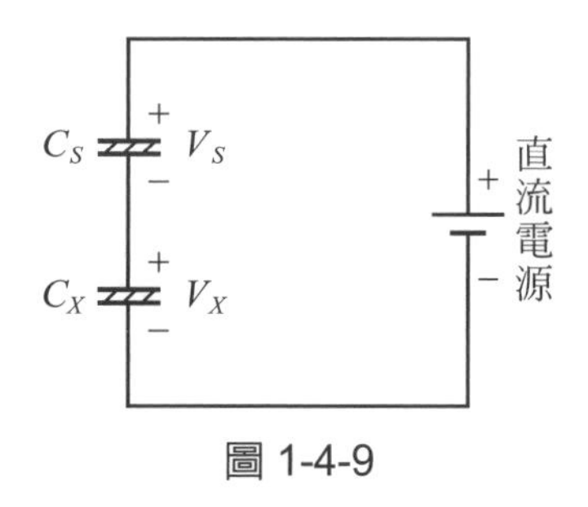

圖 1-4-9

18. 二極體良否之辨別

　　二極體通常都用圖 1-4-10 的方法辨別其(接腳的)方向。用(a)圖測量時，應使用 R×10 或 R×100 先作 0Ω 調整然後測之，此順向電阻越低越好，讀者的三用電

表若附有 *LV* 刻度，則其值在 0.2～0.4V 表示所測者爲鍺二極體，0.55V～0.9V 表示所測的是矽二極體。

使用(b)圖的方法測量時最好使用 $R\times1000$，此電阻值愈大愈好，最少要有(a)圖時的 100 倍以上，否則受測的二極體即爲不良品。

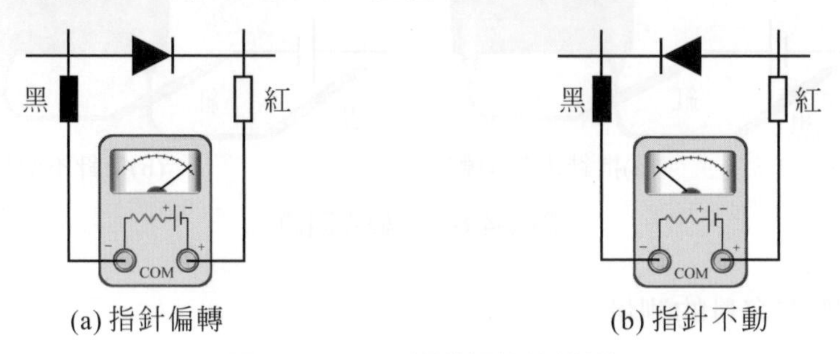

(a) 指針偏轉　　(b) 指針不動

圖 1-4-10　三極體好壞的辨別

19. 電晶體的測試

(1) 接腳的判斷：常見的電晶體，其外型及各接腳間的關係如圖 1-4-11 所示。當測試一只電晶體時，如果知道各接腳的關係當然較方便，如果不知道，也不難用三用電表將各接腳一一找出。其法如下：

① 三用電表旋至 $R\times1\text{k}$ 或 $R\times100$，然後將試棒接觸在三個接腳中的兩個接腳，使三用電表的指針產生大偏轉，此時這兩接腳中必有一爲基極(*B*)。

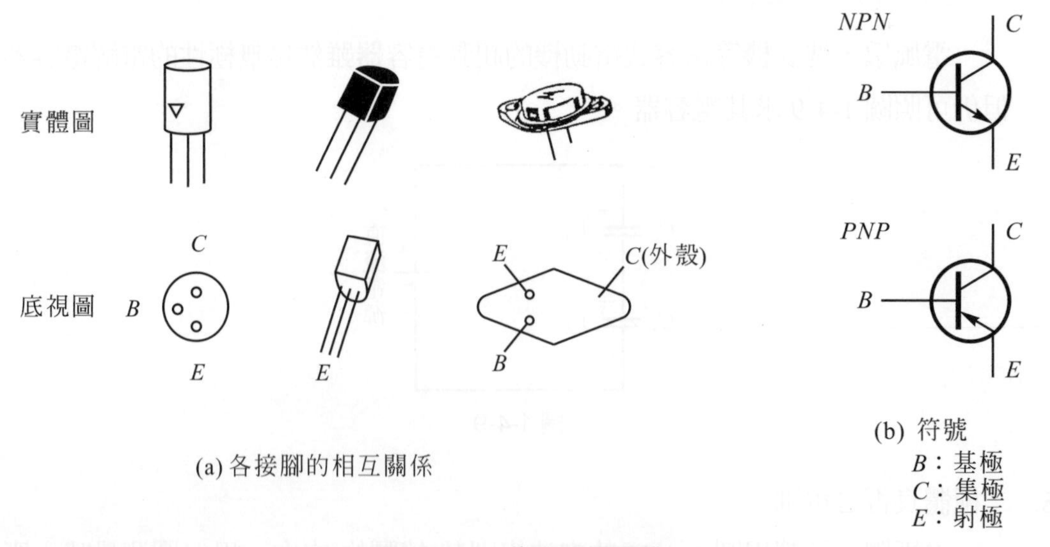

(a) 各接腳的相互關係

(b) 符號
B：基極
C：集極
E：射極

圖 1-4-11　常見的電晶體

② 任一試棒移至第三接腳(剛才空著的那個接腳)，若三用電表指針仍然產生大偏轉，用試棒沒動的那個接腳為基極 B。如果試棒移至第三接腳時，三用電表之指針偏動甚小，那麼表示試棒移開的那腳為基極。

③ 上述測試，指針偏轉很大時，若接觸在基極的是紅色測試棒，則此電晶體是 PNP 電晶體。反之，若指針偏轉很大時接觸在基極的是黑測試棒，那麼你所測的是個 NPN 電晶體。(使用 RCA 三用電表時恰巧相反)

④ 基極已找出來了，再來就是假定所剩的兩腳一為集極 C 一為射極 E，如圖 1-4-12。

⑤ 以 PNP 電晶體個為例，三用電表轉至 $R\times1\text{k}$，把紅棒(輸出負電壓)接在假定的集極 C，而黑棒接假定的射極 E，然後用手捏住基極 B 與集極 C，但不得讓 BC 兩極直接接觸。此時指針若有偏轉，則接腳的假設是正確的，若指針在手捏 BC 兩極時不產生偏轉，則你的假設恰與實際相反。為什麼這樣呢？請看圖 1-4-13 便可明白。

圖 1-4-12 電晶體接腳

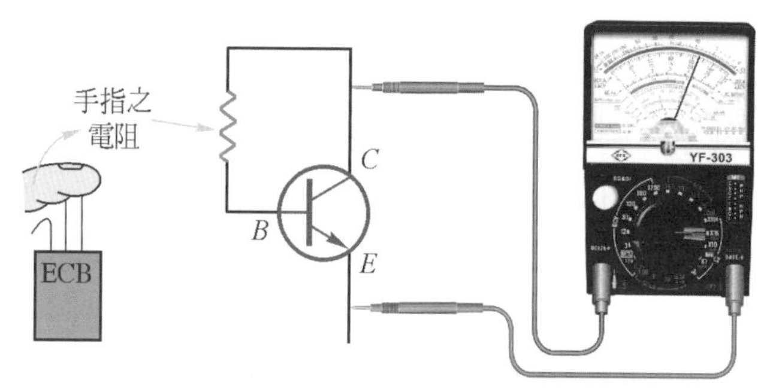

(a) 當假設正確時，電晶體由手指之電阻得到順向偏壓，指針指示低阻值

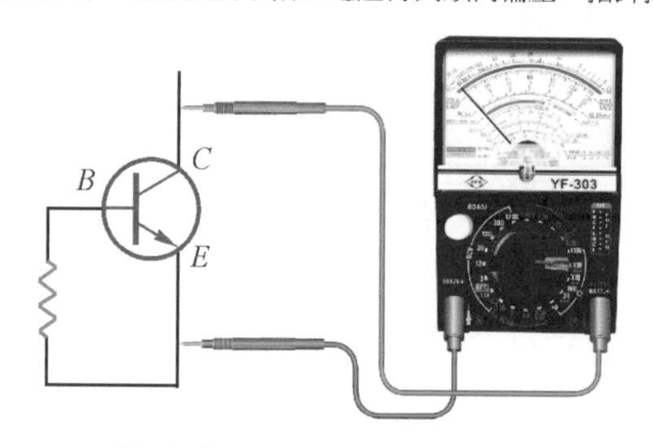

(b) 當假設錯誤時，指針指示高阻值

圖 1-4-13

⑥ 如果所測的是 *NPN* 電晶體，那麼情形恰與⑤相反，紅棒需接在假定的射極 *E*，而黑棒接假定的集極 *C*。

(2) 漏電電流的測量：I_{CBO}，射極 OPEN 時 *CB* 間的逆向漏電電流。I_{CEO}，基極 OPEN 時 *CE* 間的漏電電流。測量 *PNP* 電晶體時照圖 1-4-14 接線，然後由三用電表之 *LI* 刻度直接讀取即可。測試 *NPN* 電晶體時只需將紅黑兩試棒對調。I_{CEO} 大於 5mA 的電晶體最好棄之不用。

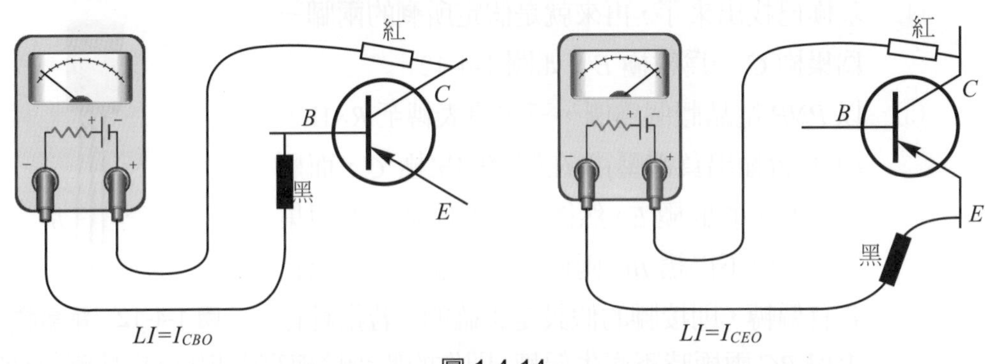

圖 1-4-14

(3) 電流增 h_{FE} 的測量：射極接地式的電流增益 $\beta = \frac{I_C}{I_B} \cong \frac{I_{CEO}}{I_{CBO}}$，$\beta$ 亦可用 h_{FE} 表之。

基極接地式的電流增益 $\alpha = \frac{I_C}{I_E} = \frac{\beta}{1+\beta}$。鍺質電晶體可將用圖 1-4-14 測得之值代入以上兩公式求得 α 及 β 值。矽質電晶體由於 I_{CBO} 值甚小，很難由三用電表測量出來，因此測量矽電晶體的電流增益要用輔助電路。圖 1-4-15 即是。

① 測量時先將可變電阻 VR 轉至最大值，三用電表撥至最低電流檔，置於 M_1 位置(需注意極性。此時 M_2 之位置以導線接起來。)

② 慢慢旋轉可變電阻器使 I_B 增至某整數值，譬如 10μA 或 20μA (取整數值可便利計算)。

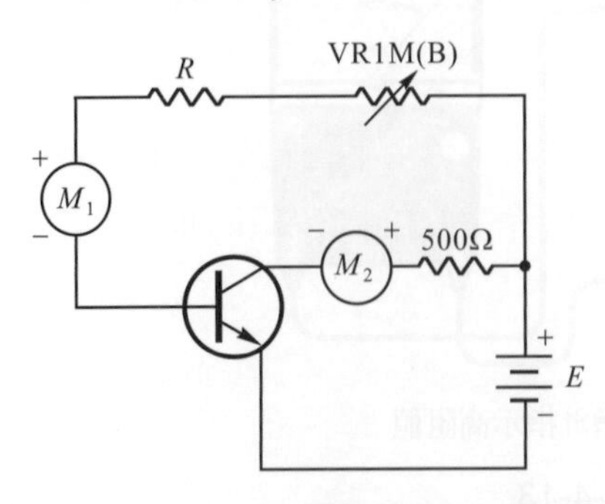

(1) *E*：3~6v皆可
(2) *R*：側矽電晶體：250K
側鍺電晶體：2M
(3) 測試*PNP*電晶體時，*E*及M_1、M_2之極佳相反即可
(4) 若M_1指示小於2.5mA，三用表改撥指2.5mA擋

圖 1-4-15 電晶體直流增益的測量

③ 然後將三用電表撥至 25mA 檔置於 M_2 位置(M_1 位置以導線連接起來)。所得之電流的即為 I_C。

④ 電晶體的電流增益可由 $\beta = \dfrac{I_C}{I_B}$，$\alpha = \dfrac{\beta}{1+\beta}$ 求出。

20. TRIAC 良否之判斷

交流矽控管 TRIAC 是美國 G.E.公司繼 SCR 之後所推出的電子式無接點開關，由於其體積小、耐震、壽命長(只要應用得當，可說永不固障)，故被廣用於各種控制回路。舉凡馬達速度的控制、燈光控制及各種過電壓過電流保護回路等，皆非 SCR 與 TRIAC 莫屬。本書中有許多電路是 TRIAC 的應用，故於此講明其各接腳關係，以及良否之判定，以利往後的檢修。

國內時下最常見的 TRIAC，其各接腳間之開係如圖 1-4-16(b)所示，最右邊的接腳為閘極 G，中間的接腳為第二陽極 T_2，所剩的一接腳即為第一陽極 T_1。電路符號則示於(c)圖。

TRIAC 只要經過下列測試即可判斷出優劣：

(1) 三用電表置於 $R\times1$。

(2) 將正(紅)測試棒接 T_2，負(黑)試棒接 T_1，其電阻值應約為無限大。若指針產生大偏轉，即為不良品，應棄之。

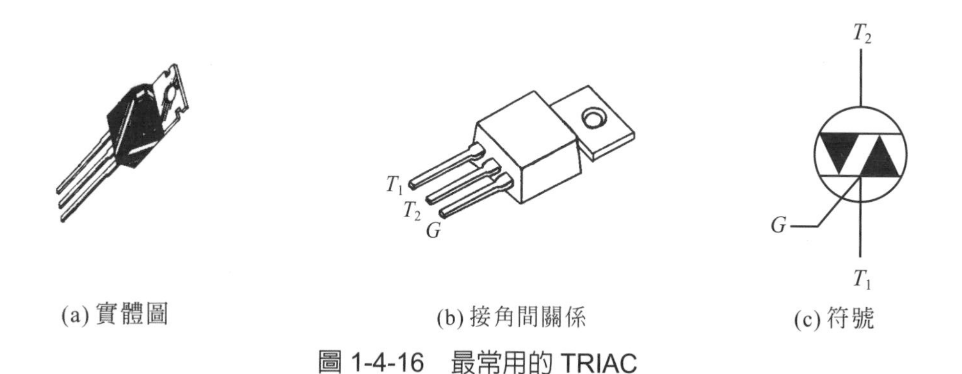

(a) 實體圖　(b) 接角間關係　(c) 符號

圖 1-4-16　最常用的 TRIAC

(3) 使用一條導線將 T_2 與 G 接觸後，即將該導線移去，則電阻應降至 20Ω 左右，且保持在該值，而不退回至無限大。若導線移去後電阻值立即由 20Ω 左右回至無限大，則為不良品，但還可使用，只是其保持電流需較大。

(4) 若將正測試棒改接至 T_1，負測試棒改接至 T_2，其電阻應為無限大。使用一條導線將 G 與 T_2 接觸後即行移去，電阻值亦應降至 20Ω 左右，且保持該值，而不退回無限大(若退回無限大，則特性較差，但仍可以使用)。

(5) 以兩測試棒測 T_1 及 G，則不論試棒如何連接，其電阻值應該約爲 30～50Ω 左右。

21. TRIAC 各接腳之判斷

拿到一個 TRIAC，在使用之前必須先知悉各接腳(引線)爲何極。遇到無法由外表看出各接腳爲何極時，只要照下列步驟調之，即可輕易找出。

(1) 不與其他引線相通者，必爲 T_2，如圖 1-4-17 所示。

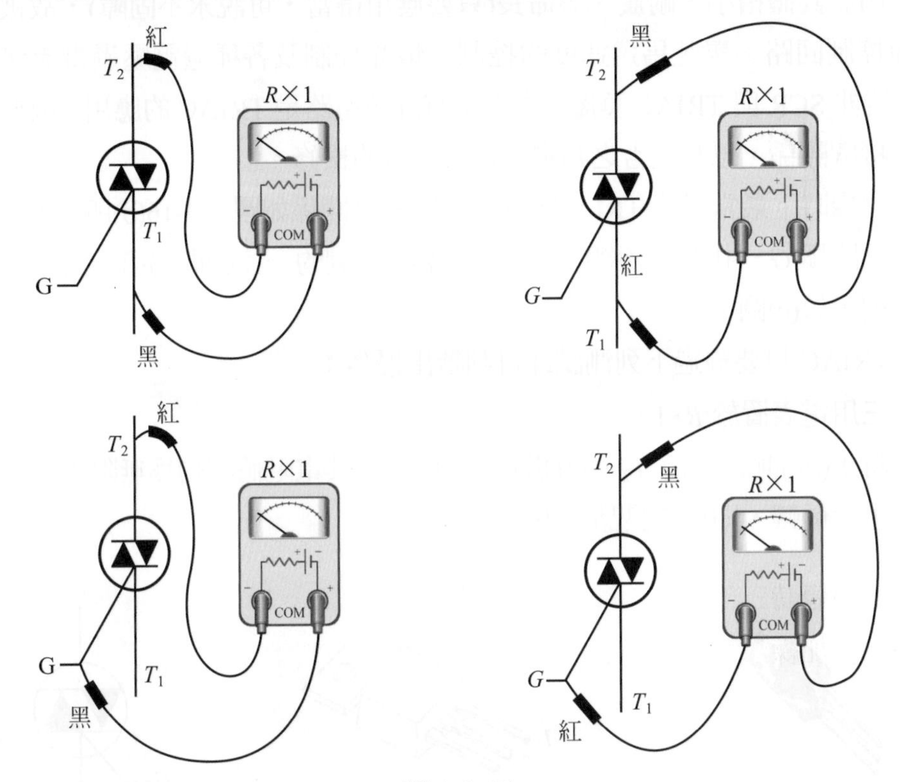

圖 1-4-17

(2) ① 所剩的兩引線，假設其一爲 T_2，另一爲 G。
② 三用電表撥至 R×1。
③ 將三用電表的黑色測試棒接至 T_2，紅棒接至假設的 T_1。
④ 以一導線將 T_2 與假設的 G 短路，然後拿開導線。
⑤ 記下三用電表所指示之電阻值。
⑥ 黑棒不動，將紅棒改接至假設的 G，並以導線短路 T_2，與假設的 T_1 後將導線移去。

⑦ 此時三用電表所指示的電阻值若大於④步驟之電阻值，則你的假設是正確的。(若④及⑥步驟時，你所測的 TRIAC 恰為保持電流較大的，用指針都將在導線移去後返回無限大，此時以導線未移去前之電阻值加以比較即可。)

⑧ 以上步驟可參閱圖 1-4-18。

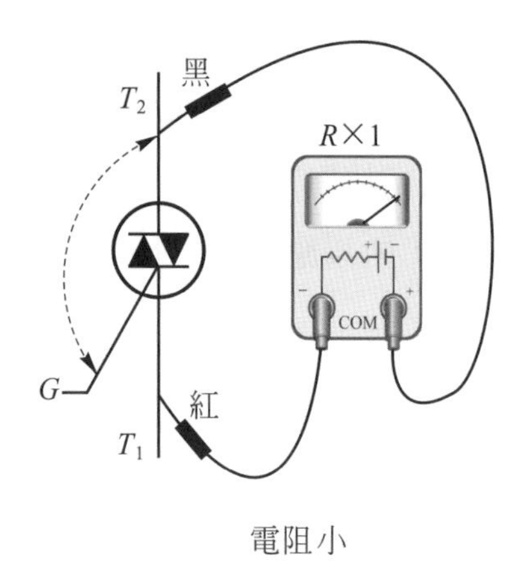

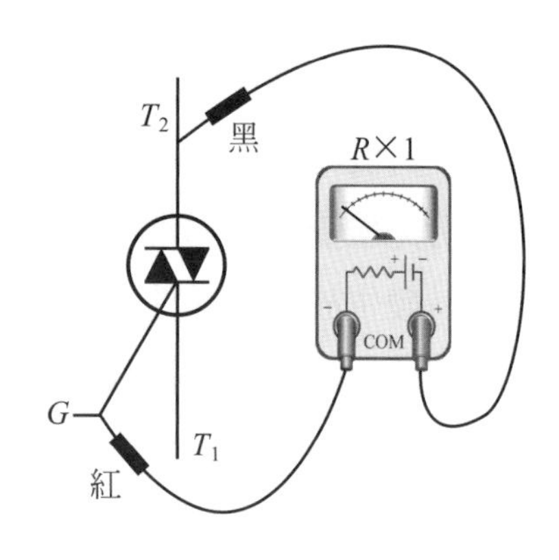

圖 1-4-18

22. SCR 良否之判斷及各接腳之判斷

SCR 的測試方法請見附錄二之圖 17。

背熟唐詩三百首，不會作詩也會吟，同樣的，三用電表的使用亦是一回生二回熟，多加練習，不強記使用方法也會用，只要有機會，就多動動手吧，相他本節所述，已足敷一般應用。

1-5 電器的檢修原則

檢修原則之正確與否，影響時效甚鉅，下列原則頗為重要，請初學者牢記之。

1. 由外而內，切忌盲目拆卸，以免徒然浪費時間。初學者可能拆了半天，最後發現故障是電源線斷線。
2. 在未確定無內部短路之前，不可貿然通電試驗。已確定無內部短路，而欲通電以測量內部電壓是否正常時，必須手握電源開關，電器一有任何異狀、音響、臭味或冒煙情形，應立即切斷電源。

3. 拆卸謹慎：拆開電器時必須小心謹慎，先看清從何處下手，移動任何元件，必須仔細記清，如何移動，如何還原。機上拆下的螺絲，不可錯亂，更不可隨便抛擲，以防散失。拆開接合處前，最好在接合處做上記號，如圖 1-5-1 所示，以利將來之結合。

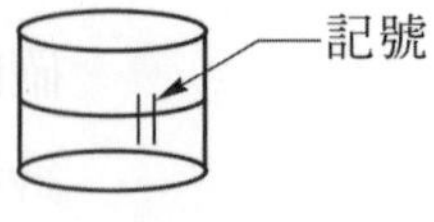

記號

圖 1-5-1

4. 整潔內部：內部污物有可能是造成故障的根源。當然連外殼也加以徹底清潔最好。機內常由於一粒鼠糞或一隻小蟲．而使絕緣電路變成半通路或通路狀態，使機件失靈，所以整潔實爲檢修電機的要務。整理清掃電器時，須注意萬不可混亂機內線路，破壞任何零件，切斷任何接點，以免造成更大的損害。
5. 運轉部份免檢查：故障常易發生在有運轉的部份，所以應該往意檢查這些地方。
6. 檢查最易發生故障之元件。
7. 根據結講及故障情形分析故障所在，並以目視配合儀表作故障的推斷。
8. 絕緣導線某處中斷，不需全換而可檢修時，可將導線折、拉、擠或以針刺入逐段測量(參照 2-20 頁圖 2-4-6)，查出斷處，剪斷接續。
9. 養成右手接觸電器的習慣。因爲心臟偏左，左手觸電危險性較大。
10. 檢修完畢後，將電器通電，以驗電筆測試電器外殼，驗電筆不亮後，須把電源插頭掉頭插入插座，再以驗電筆測試一次，以確保無漏電之虞。

1-6 你可能忽略的小問題

1-6-1 電器的身份證(額定)

如果問你圖 1-6-1 的單連插座在使用上有何限制，毫無疑問的，你一定答得出：電源電壓不得超過 250V，負載電流最大只能使用到 5A。如果換個圖 1-6-2 的三連插座，你知道上面所標註的「10A 250V」是什麼意思嗎？它是告訴你，電線電壓最高可用到 250V，若將再高的電壓接至此插座，雖然你沒有接上負荷，插座還是會損壞的，因爲插座的絕緣無法承受「限制電壓」以上的電壓。它並且告訴你，這個插座的每個插口，最高可承受 10A 的負載電流，換句話說，單獨使用一個插口時，你接上 10A 的負載絕對不成問題，但是你若同時使用兩個甚至三個插口，可得小心了，這時候 10A 是告訴你，接在這個插座的負載，其消耗電流之總和不得超過「限制電流」10A。

圖 1-6-1　單連插座

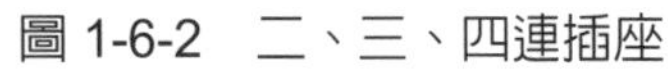

圖 1-6-2　二、三、四連插座

插座上所標註的「限制電壓」以及「限制電流」，就是插座的身份證，它已告訴你使用插座時的限制條件。同樣的，所有的電路都附有一塊銘牌，也就是這個電器的身份證，它告訴你「使用電壓」、「負載電流」、「功率因數」等等，甚或告訴你如何接線(日光燈的安定器即爲一例)，見到一個電器時不妨多看它一眼。

1-6-2　燈光突暗

安裝新購電器，如果電器通電後，燈光就暗下去而不立刻恢復的話，表示這個電器耗電量太大，已超過安全用電量，此時插座不得換上較粗的保險絲，而應另設專用插座，否則引至插座的電線，必會因超過安全電流量而發熱，時間一久電線外層的絕緣材料將老化而引起危險。

請特別注意，耗電大的電器需使用專用棒座供電，不得與其他電器共同使用一個插座。

插頭、插座需經經濟部標準檢驗局檢驗合格方可在市面上販售，如果沒有該檢驗標章擅自販售即爲「黑心商品」希望民眾認清不要購買沒有經濟部標準檢驗局檢驗標章的危險商品而造成意外發生。

選購電源延長線一定要認清有經濟部標準檢驗局檢驗標章如圖 1-6-3 和清楚標示額定電壓額定電流希望能夠購買每個插座皆附有獨立開關如圖 1-6-4，可節約電器待機時所浪費之電力，爲延長電器建議購買有內建突波吸收器抗雷擊，可吸收瞬間產生之異常電壓及異常電流可使電源呈穩定狀態進而保護電器用品之安全，附有過載自動斷電系統預防電線走火安全的使用電源延長線。

圖 1-6-3　檢驗標章　　　圖 1-6-4　附有獨立開關插座

1-6-3　保險絲應裝在火線或地線

保險絲應該裝在火線或地線？無論如何應裝在火線。茲以實例說明兩種典型的裝置法。

在使用手捺開關控制負載的接線中，毫無疑問的，手捺開關必須裝置於火線側，但是手捺開關中的保險絲，應如圖 1-6-5(a)所示，裝於負載側那麼圖 1-6-5(b)中的手捺開關不也是裝在火線側嗎，爲什麼是錯誤的裝法？請注意，此圖中的手捺開開倒裝了，保險絲恰在電源側(接火線)，當換保險絲時，縱然將關關 OFF，檢修人員卻得與火線爲伍，非戰戰兢兢的換裝不可。在圖(a)中，若要換裝保險絲，則將開關 OFF 後，電路完全與火線脫離，可以悠哉的換裝。你在故障檢修時，喜歡遇到(a)圖的接線，還是希望碰到(b)圖的接線？將心比心，在爲人配線時就留意點吧！說不定，日後檢修該電路者，就是你自己。

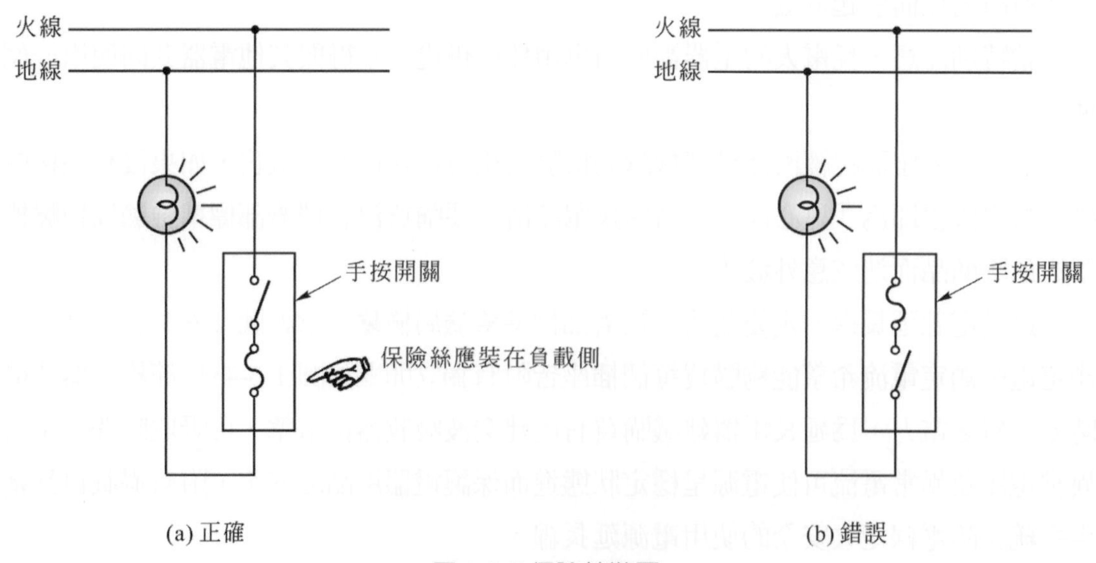

圖 1-6-5 保險絲裝置

圖 1-6-6 則是一個插座的接線，在插座中，保險絲應該裝在火線，蓋唯有如此，電器發生嚴重漏電時，保險絲才能立即熔斷，達到保護電器及電路的目的。若將保險絲裝於地線，以貪圖換裝保險絲時之方便，常易因小失大，引起無妄之災。

1-6-4 AC 乾電池(三用電表的誤用)

許多人偶而“一不小心”，以 AC 檔測試直流電源，都大吃一驚。1.5 伏的乾電池量起來竟成爲 AC 3.3 伏。怪哉！

其實，只要你對三用電表的內部電路有所了解的話，這個「問題」也就不成「問題」了。

先讓我們看看三用電表的 AC 刻度是如何畫出來的。

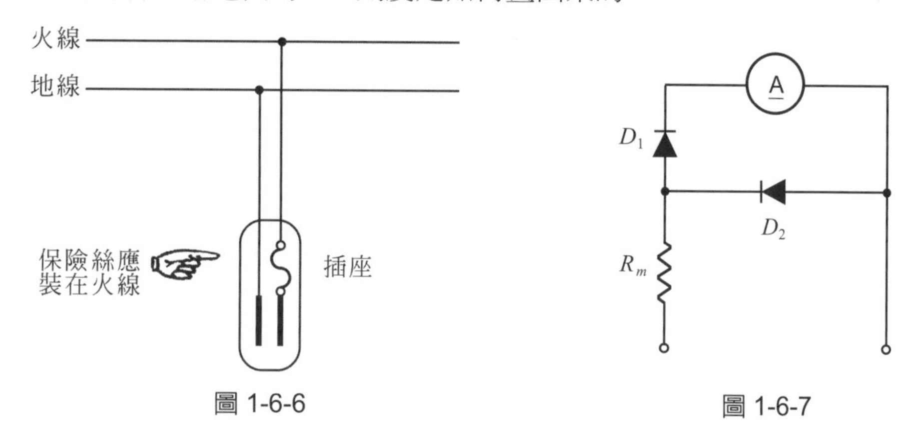

圖 1-6-6　　圖 1-6-7

圖 1-6-7 是一個三用電表測試 AC 電壓時的典型電路。D_1 擔任半波整流的任務，(D_2 在 D_1 不導電的半週導通，其目的在於避免 D_1 承受逆向電壓而產生逆向漏電電流，並藉以延長 D_1 的壽命。)，因此 A 量得的平均值僅爲交流有效值的 $\frac{1}{2.22}$。但交流電壓一般皆以有效值表之，所以三用電表將所測得的平均值(三用電表的表頭都使用動圈式電表，其指針僅依輸入訊號的平均值而動)乘以 2.22 而作成 AC 刻度。

若以三用電表的 AC 檔測量「電壓爲 V_1 的直流電源」，則因直流電的平均值爲 V_1，所以由 AC 檔讀得的電壓值將爲 $V_1 \times 2.2 = 2.22V_1$。當然 1.5 伏的乾電池用 AC 檔測試後，會得到 $1.5 \times 2.22 = 3.33$ 伏的 AC 讀數也就不足爲奇了。

因此，你當會明白，並非乾電池會產生交流電壓。錯誤的讀數乃因三用電表的用法不當所引起的。

1-7 第一章實力測驗

1. 插座上的兩條線有一條會「電」人，另一條不會「電」人，試述其原因。
2. 插座上的保險絲應裝於火線或地線？何故？
3. 手捺開關上之保險絲應裝於電源側或負戴側？何故？
4. 人體潮濕時爲何較容易觸電？
5. 石油公司的運油車都托著一條垂至地面的鐵鏈，試述其原因。
6. 將 110V 60W 之燈泡與 220V 60W 之燈泡串連起來，接於 110V 之電源，那個是泡較亮？何故？
7. 小鳥停在高壓電線上休息，爲何不會觸電？
8. 某電器通電後，室內之燈光立即昏暗，試述原因及處理方法。
9. 三用電表在選購上有何應注意之事項？
10. 使用三用電表測量電阻時，有何應注意之事項？
11. 不知欲測電壓之大約值時，如何以三用電表測量之？
12. 爲何三用電表的靈敏度愈高，所測得之電壓值愈準確？
13. 如何以三用電表判斷二極體的優劣？
14. 如何以三用電表判斷電晶體之良否？
15. 如何以三用電表判斷 SCR 的三引接線各爲何極？如何判斷 SCR 的好壞？
16. TRIAC 的三根引線如何判別？

chapter **2**

電熱類電器

2-1 電爐
2-2 料理鍋
2-3 電暖器
2-4 電熨斗
2-5 泡茶機
2-6 電烤箱
2-7 電鍋
2-8 烤麵包機
2-9 電毯
2-10 電烙鐵
2-11 電磁爐
2-12 烘碗機
2-13 微波爐
2-14 開飲機
2-15 瞬熱式電熱水器
2-16 第二章實力測驗

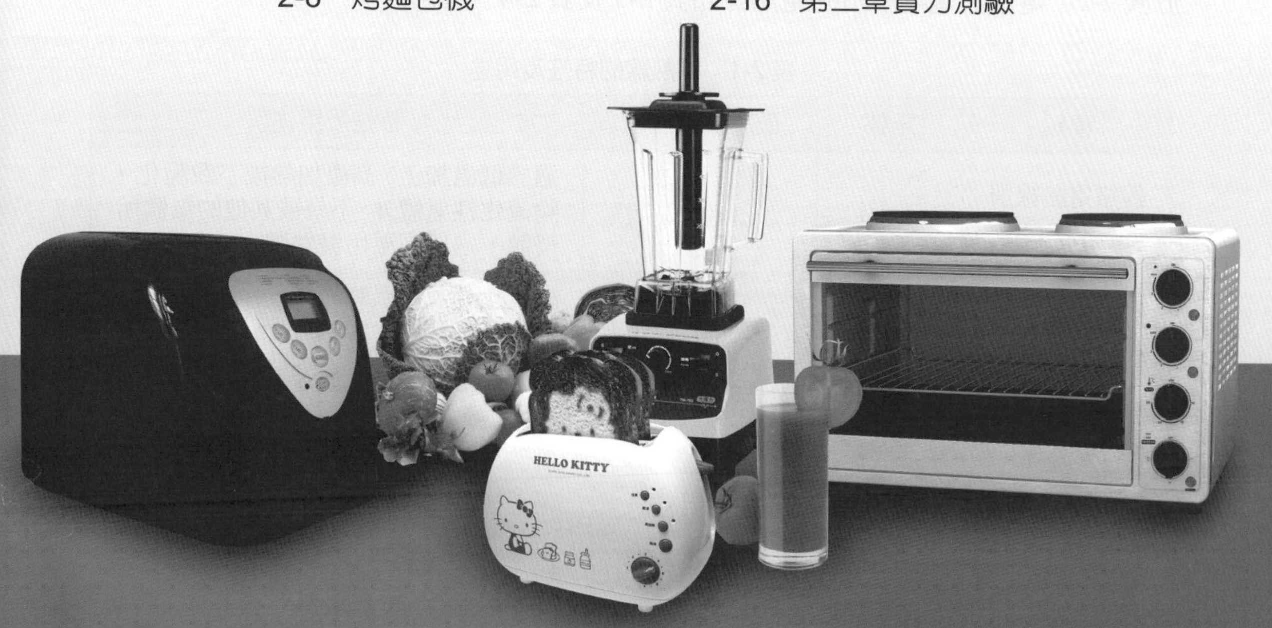

家庭中大量取熱的方法，不外使用瓦斯及電氣兩種。

採用電熱時，不但沒有發生爆炸的危險性，而且具有甚多優點，其主要者如下：

1. 使用方便，電線所及之處，只要把電熱類電器一接即可使用。
2. 溫度容易作較精確的控制與調節。
3. 不產生有害人體健康的氣體。
4. 不需氧氣助燃，在眞空中亦可加熱。
5. 容易得到高溫度。

電力(電費)與其他燃料的價格雖在伯仲之間，但因所具備之優點甚多，故在家庭、工業、農業等各方面應用日廣。

茲將電熱類電器的兩大主要元件說明於下，俾讀者們對電熱元件有所認識。

一、電熱線

用以通過電流而發熱的電阻線，稱爲電熱線。家庭電器所用之電熱線，其工作溫度常高於 650℃，因此在選用電熱線的材料時，不但要顧及電阻(係數)的大小，同時還須愼予考慮其耐熱能力。

西元 1906 年 Marsh 創製了鎳鉻合金，不但具有高的電阻係數(電阻係數一高，欲得相同的電阻值時，可用較短的電熱線，減少所佔的空間)而且在高溫時能抵抗氧化。因此工業界競相研究，在合金構化的百分比上予以增減，發展了用鎳、鉻、鐵三種合金製成的鎳鉻線。

現代常用電熱線有鎳鉻線(Nichrome wire)和鐵鉻線(Chrome1 wire)等兩種。依中國國家標準(CNS 2962 C235)按其特性與用途，可分類如表 2-1，其化學成份及性質則列於表 2-2。電熱類電器所用的電熱線如表 2-3 及表 2-4 所示。

表 2-1　電熱線的特性及用途

種類	記號	最高使用溫度	特性及用途
鎳鉻電熱線與電熱帶 1 號	NCH1	1100℃	適於低溫加工，高溫加熱後不致脆化，除硫化性氣體外，不易被其他的氣體所侵蝕，適於高溫用發熱體。
鎳鉻電熱線與電熱帶 2 號	NCH2	900℃	耐氧化性及高溫時之強度比 NCH1 爲差，故只適用於 900℃以下之發熱體及高溫用電阻體。

表 2-1 電熱線的特性及用途(續)

種類	記號	最高使用溫度	特性及用途
鐵鉻電熱線與電熱帶 1 號	FCH1	1200℃	耐氧化性頗強，特別適合於高溫度之使用。與 NCH 相比，於高溫時較易軟化。低溫加工困難，適於高溫加工；高溫度使用後不易再加工。適用於工業用之高溫電爐及發熱體。
鐵鉻電熱線與電熱帶 2 號	FCH2	1100℃	低溫加工比 FCH1 容易，高溫使用後加工困難。於高溫時宜注意其軟化現象。適用於一般電熱類電器，以及電阻體。

表 2-2 電熱線的化學成份與性質

種類	化學成分(%)							電阻係數 μΩcm (20°C)	伸長率 (%)
	碳(C)	矽(Si)	錳(Mn)	鎳(Ni)	鉻(Cr)	鋁(Al)	鐵(Fe)		
鎳鉻電熱線 1 號	0.15 以下	0.5～1.5	2.5 以下	75～79	18～20	－	1.5 以下	101～115	20 以上
鎳鉻電熱線 2 號	0.2 以下	0.5～1.5	3.0 以下	57 以上	15～18	－	剩餘	105～119	20 以上
鐵鉻電熱線 1 號	0.15 以下	－	1.0 以下	－	23～26	4～6	剩餘	132～148	7 以上
鐵鉻電熱線 2 號	0.15 以下	－	1.0 以下	－	17～21	2～4	剩餘	115～129	10 以上

表 2-3 電熱類電器用電熱線表(一)

容量 W	線徑 mm	電阻 Ω/m	全長 m	全電阻 Ω	重量 g
25	0.08	243	1.99	484.00	0.07
30	0.09	191.8	2.10	403.30	0.10
35	0.10	155.3	2.23	345.70	0.13
40	0.12	107.9	2.80	302.50	0.23
50	0.14	79.3	3.05	242.00	0.35
65	0.16	60.7	3.07	186.20	0.45
80	0.18	47.9	3.16	151.30	0.59
90	0.20	38.8	3.46	134.40	0.80
100	0.23	29.4	4.12	121.00	1.26
130	0.26	23.0	4.05	93.08	1.58
150	0.29	18.47	4.37	80.67	2.12

第二號鐵鉻線(110V 適用)

表 2-3　電熱類電器用電熱線表(一)(續)

容量 W	線徑 mm	電阻 Ω/m	全長 m	全電阻 Ω	重量 g
180	0.32	15.17	4.43	67.22	2.62
220	0.35	12.68	4.34	55.00	3.07
260	0.40	9.71	4.79	46.54	4.43
300	0.45	7.67	5.26	40.33	6.15
350	0.50	6.21	5.57	34.57	8.04
400	0.55	5.14	5.89	30.25	10.30
450	0.60	4.32	6.22	26.89	12.9
500	0.65	3.68	6.58	24.20	16.1
600	0.7	3.17	6.36	20.17	18.0
700	0.8	2.43	7.12	17.29	26.3
800	0.9	1.918	7.89	15.13	36.9
1000	1.0	1.553	7.79	12.10	45.0
1200	1.2	1.076	9.37	10.08	77.9
1500	1.4	0.793	10.20	8.07	115
1800	11.6	0.607	11.10	6.72	164
2000	1.8	0.479	12.60	6.05	236
2500	2.0	0.388	12.50	4.84	289
3000	2.3	0.294	13.70	4.03	418
3500	2.6	0.230	15.00	3.46	585
4000	2.9	0.1847	16.40	3.03	795
5000	3.2	0.1517	16.00	2.42	946

第二號鐵鉻線(110V 適用)

表 2-4　電熱類電器用電熱表(二)

容量 KW	線徑 mm	電阻 Ω/m	全長 m	全電阻 Ω	重量 g
0.5	0.40	0.71	9.97	96.80	9.21
0.6	0.45	7.67	10.52	80.67	12.3
0.7	0.50	6.21	11.13	69.14	16.1
0.75	0.55	5.14	12.55	64.53	21.9
0.8	0.55	5.14	11.77	60.50	20.6
1.0	0.65	3.68	13.15	48.40	32.1
1.2	0.7	3.17	12.72	40.33	36.0
1.5	0.85	2.15	15.01	32.27	62.6
2.0	1.0	1.553	15.58	24.20	89.9
2.5	1.2	1.706	17.99	19.36	149

第二號鐵鉻線(220V 適用)

表 2-4 電熱類電器用電熱表(二)(續)

容量 KW	線徑 mm	電阻 Ω/m	全長 m	全電阻 Ω	重量 g
2.5	1.2	1.706	17.99	19.36	149
3.0	1.4	0.793	20.34	16.13	230
3.5	1.6	0.607	22.78	13.83	337
4.0	1.8	0.479	25.26	12.10	473
4.5	1.8	0.479	22.46	110.76	420
5.0	2.0	0.388	24.95	9.68	576
5.5	2.0	0.388	22.68	8.80	524
6.0	2.3	0.294	27.45	8.07	837
7.0	2.6	0.230	30.04	6.91	1172
8.0	2.9	0.1847	32.76	6.05	1589
9.0	2.9	0.1847	29.13	5.38	1413
10.0	3.2	0.1517	31.91	4.87	1886
15.0	4.0	0.0971	33.26	3.23	3073
20.0	5.5	0.0514	47.10	2.42	8224

第二號鐵鉻線(220V 適用)

二、雙金屬片(Bimetal)

絕大部份電熱類電器，在需要作溫度控制時，皆使用由雙金屬片製成的恆溫器(Thermostat)控制電路的通斷，而達成目的。

雙金屬片係由兩種膨脹係數不同的金屬鍛接在一起而構成的。這種金屬片受熱時，由於膨脹係數大的金屬伸長較多，故會向膨脹係數小的金屬側彎曲。如圖 2-0-1 所示。溫度降回後則又能恢復到原來的位置。此種彎曲程度(偏位的大小)隨溫度而變的特性即被用於電類電器中擔任溫度控制的任務。偏位的大小爲

$$D = K(T_2 - T_1)\frac{L}{t}$$

式中：$D =$ 偏位的大小

$K =$ 由雙金屬片之性質所決定的常數

$(T_2 - T_1) =$ 溫度變化

$L =$ 雙金屬片的長度

$t =$ 雙金屬片的厚度

雙金屬片的構成材料請見表 2-5。

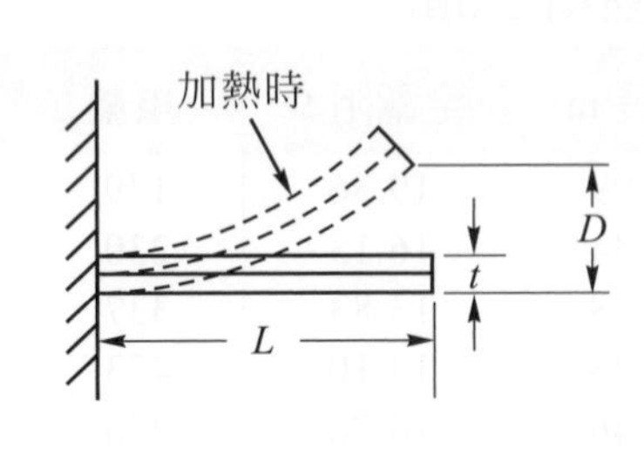

圖 2-0-1

表 2-5　雙金屬片的構成材料

構成材料		膨脹係數($\times 10^{-6}$/°C)	電阻係數(μΩ · cm)
低膨脹材料	鎳鐵合金(含鎳 36～46%)	1.1～7.0(視含鎳多寡而定，鎳的百分比愈高則膨脹係數愈大)	80～60(含鎳比率愈高則電阻係數愈小)
高膨脹材料	銅	16.5	1.7
	鎳	12.6	10.5
	70 銅 30 鋅	18	7
	30 銅 70 鎳	14	48
	20 鎳－錳－鐵	約 20	約 78
	鎳－鉻－鐵	約 18	約 85
	20 鎳－鉬－鐵	約 18	約 85
	錳－鎳－銅	約 30	約 170

2-1　電爐

電爐係在耐高溫的火磚製成的瓷盤上做螺旋形的溝，在其溝內置入由鎳鉻或鐵鉻合金線製成的螺旋狀電熱線。瓷盤由一鋁或鐵皮製成之支架支持，電熱線用接線柱與電源線連接而成，如圖 2-1-1 所示。

圖 2-1-1　電爐

電爐依其調溫方式可分爲單線，雙線及三線式電爐。單線式電爐只有一條電熱線，其溫度高低無法加以調節，電路如圖 2-1-2 所示。二線式電爐則利用串並聯的方法來控制溫度的強弱，如圖 2-1-3 所示，共有四種接法。圖 2-1-4 之三線式電爐則以並聯方式控制溫度，共可得到 A、B、C、$A+B$、$B+C$、$C+A$、$A+B+C$ 等七種不同的溫度。

(a) 電路圖　　(b) 頂視圖

圖 2-1-2 單線式電爐

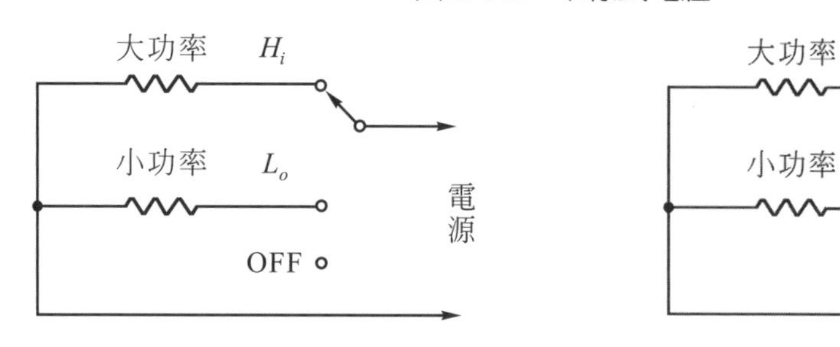

(a) 以單刀三投開關控制　　(b) 以兩個單刀單投開關控制

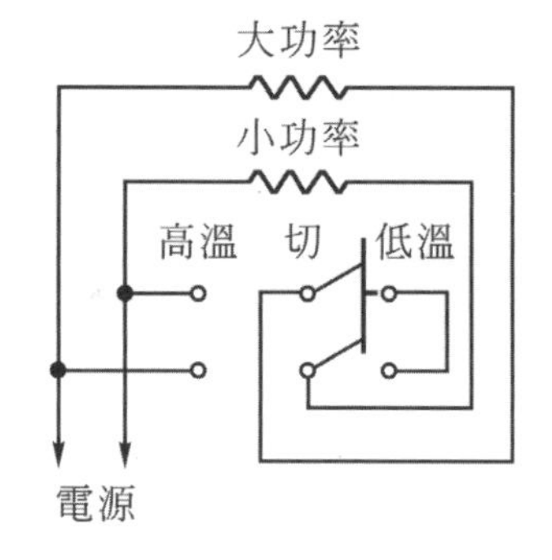

(c) 以雙刀雙投閘刀開關控制
(開關扳在中間位置即"切")

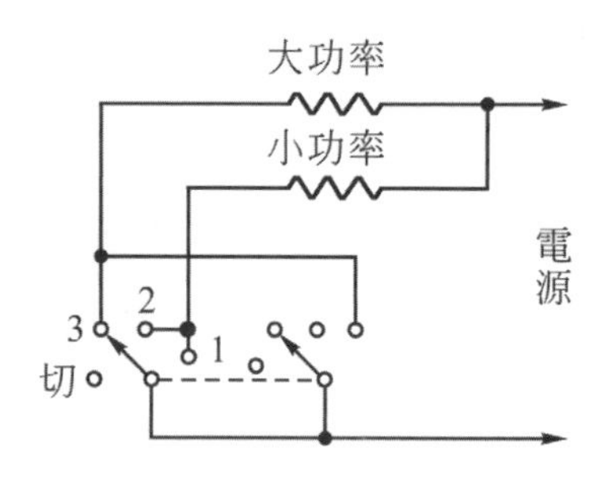

(d) 以雙刀四投開關控制

圖 2-1-3 雙線式電爐

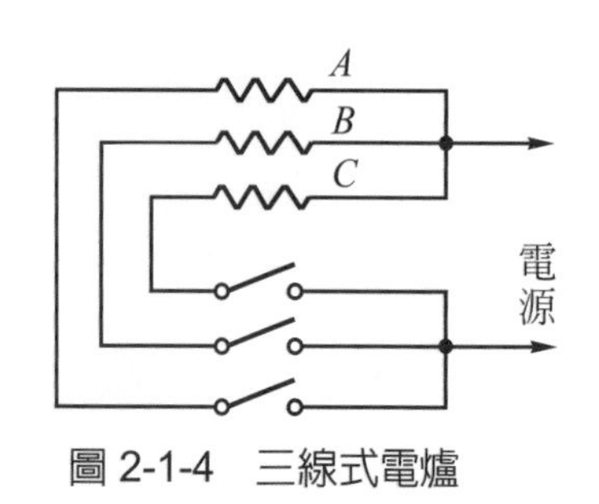

圖 2-1-4 三線式電爐

由於各廠商出品之電爐，瓷盤之螺旋溝槽，長度並不見得相同，故更換電熱線時，新購之電熱線必需適當伸長之。為使螺旋形電熱線之螺旋間隙均勻，應先將電熱線加上電源，待發熱後再拉長，拉後的長度應較瓷盤溝槽之長度略短(為佳)。

電爐的故障以接頭鬆脫，電源線斷、漏電居多，只要用三用電表逐步測試，即不難找出故障所在。若電熱線的螺旋間隙不均，則用久後密處容易燒斷。電熱線燒斷後不能以銲錫連接，應先將斷處兩末端刮乾淨，然後扭絞 1～2 匝，等通電發熱後(連接處的溫度會較高)，用碎玻璃片(最好碎成粉狀)蓋在連接處，玻璃熔化將接頭包住後，立刻將電源切掉，待玻璃冷卻後，即可使用了。

【注意】

1. 若電熱線有部份凸出瓷盤之溝槽，則金屬炊具接觸後，必發生漏電現象，造成觸電；必須在電爐通電之下，用塑膠柄的螺絲起子(與驗電起子組同材料)，將電熱線壓下。(木頭柄較怕熱)。
2. 若電熱線於通電後，其發紅不均，需用有塑膠柄之起子，調整螺旋形電熱線之螺旋間隙，使之均勻，否則，較密處，由於溫度最高，容易燒斷。

2-2 料理鍋

單身貴族最喜愛的多用途料理鍋(煮、燉、炒、火鍋)，採無段式可調溫控設計，配合耐熱透明玻璃上蓋，利用分離式內鍋設計方便清洗，附有溫度保險絲安全保護設計，具有電源指示燈，安全看的見，再加上特製電熱盤快速發熱體使食物加熱迅速均勻，好拆好洗深受單身貴族所喜愛。

圖 2-2-1 料理鍋外觀

圖 2-2-2 發熱體

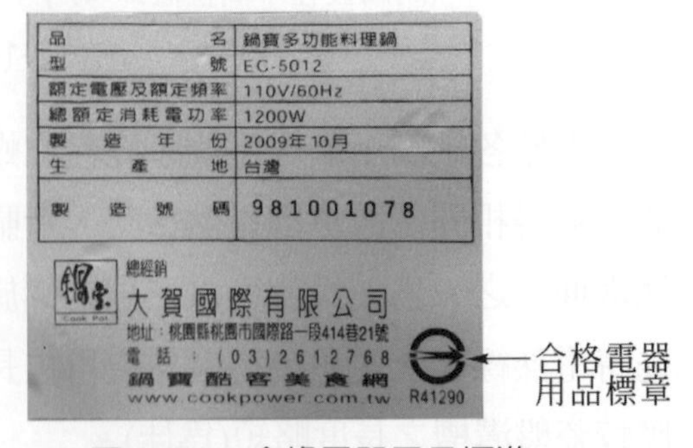

圖 2-2-3 合格電器用品標準

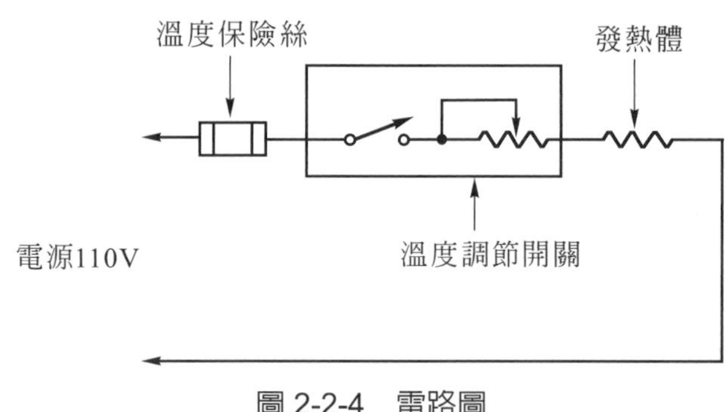

圖 2-2-4 電路圖

2-3 電暖器

2-3-1 普及型電暖器

電暖器又名電熱器。係利用電流通過電阻線產生熱量，以取暖的電器。取暖的方法雖然很多，但燃煤、木炭等取暖，頗不衛生，以蒸汽取暖則不但要注意火之大小，且需留意鍋爐內水量的多寡，甚難管理，使用電暖器最爲方便。在我國使用的最多的，首推反射式電暖器，此式電暖器係在發熱部後面裝設不銹鋼或鍍鉻的反射盤(板)，將發熱部放射出來的熱直接射向人體，由於電暖器的加熱對象非爲整個房間，而僅局限於小區域的溫暖之用，且熱的放射方向一定，取暖的效率高，故通常容量不大。

普及型的電暖器是將鎳鉻線繞在採用高級陶土煉製而成的電熱瓷筒上，然後固定於反射盤的中心部位而成，如圖 2-3-1 所示。螺旋形加熱部及其線路則示於圖 2-3-2。普及型電暖器的功率多爲 400～600 W。

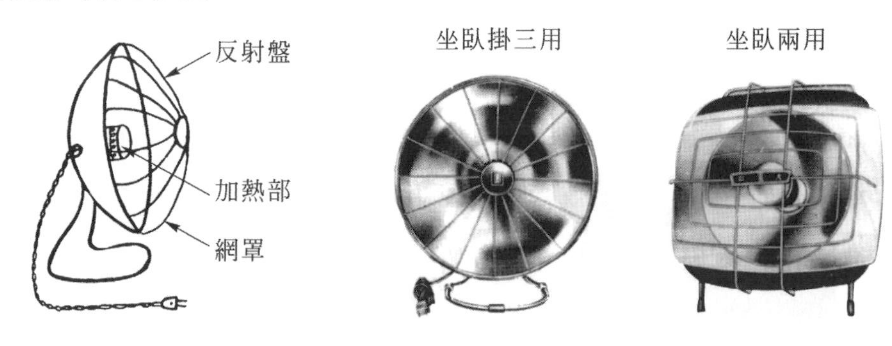

(a) 各部份名稱　　(b) 常見電暖器照相圖

圖 2-3-1 普及型電暖器

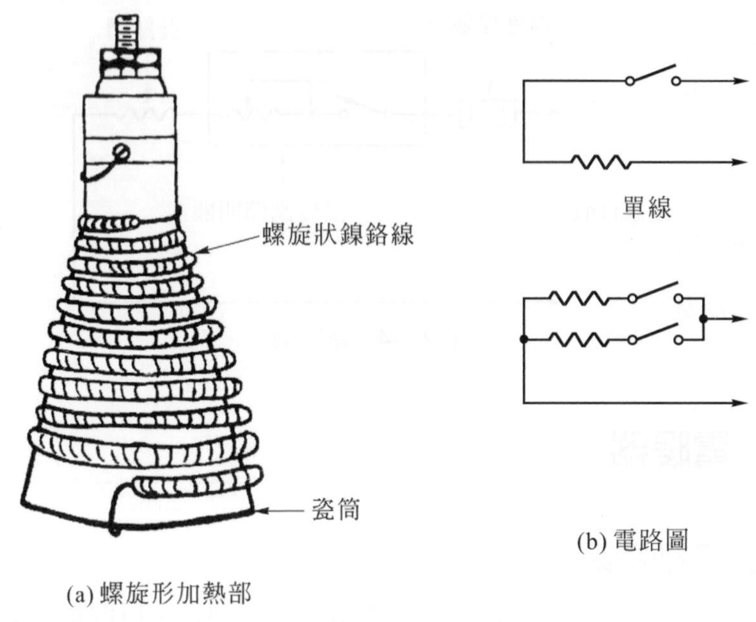

(a) 螺旋形加熱部

(b) 電路圖

圖 2-3-2

豪華型的電暖器則使用石英管代替電熱瓷筒，其熱效率既高，且螺旋狀的電熱線係密封石英管內，不易氧化，壽命較長，此外，外表整潔，配上精美的外箱更是美麗悅目。用它不但可享受無寒意的冬天，更可當作裝飾品。電熱石英管在乍看之下，你可能以爲那是日光燈管呢。豪華型電暖器的實體圖示於圖 2-3-3(a)。電熱石英管的構造如圖 2-3-3(b)所示。石英管不可以手碰觸或沾上油垢，否則除了會使石英管變質外，熱能的滲透率也會變差。大多數豪華型電暖器都採用兩支電熱石英管，並備有切換開關以變換消耗功率。每管耗電約 300 W。

(a) 照相圖

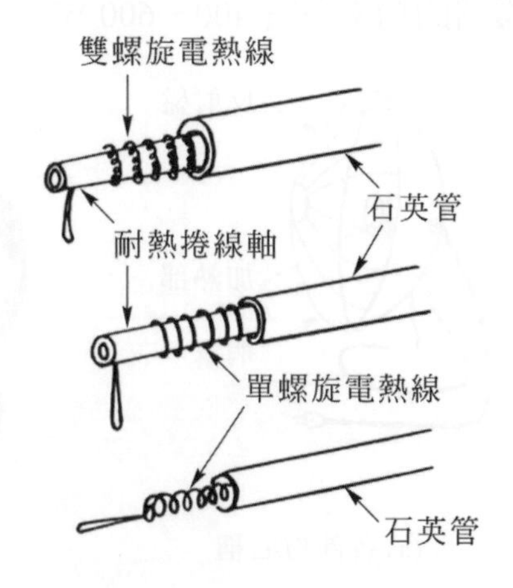

(b) 幾種不同構造的電熱石英管

圖 2-3-3

電暖氣在使用上，除了需時加擦拭，保持反射盤的清潔，以免因灰塵而減低反射效能外，尤應注意安全問題。尤其在冬天的夜晚使用，不可過於靠近衣物、棉被，以免引起火災。插座則以使用瓷質的專用插座爲佳。

2-3-2 陶瓷電暖器

陶瓷電暖器如圖 2-3-4 所示。陶磁電暖器是利用 PTC(Positive Temperature Coefficient Thermistors)發熱體產生熱量，吹出來的溫度在攝氏 75 度以下，不會有燙傷之虞，較爲安全。熱能功率輸出採 600 W / 1200 W 兩段控制，出風口採俯仰調節設計，體積輕巧、不使用時好收納，無耗氧的問題，背面有過濾網可過濾空氣中之細菌，並附有溫度過熱自動斷電設計及底部有安全開關，傾倒時可將電源自動切斷。

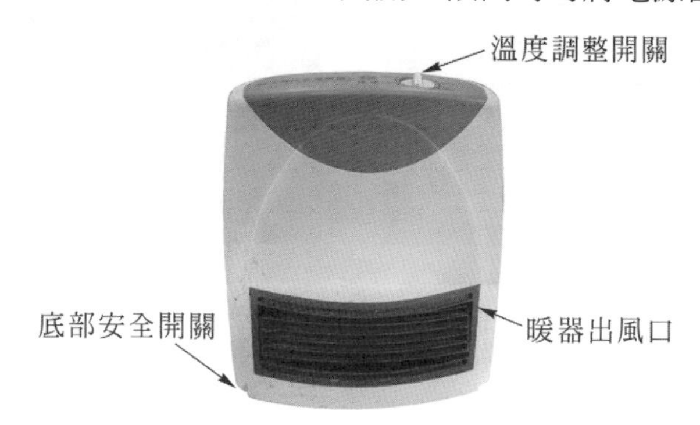

圖 2-3-4 陶瓷電暖器正面圖

陶瓷電暖器的電路如圖 2-3-5 所示。

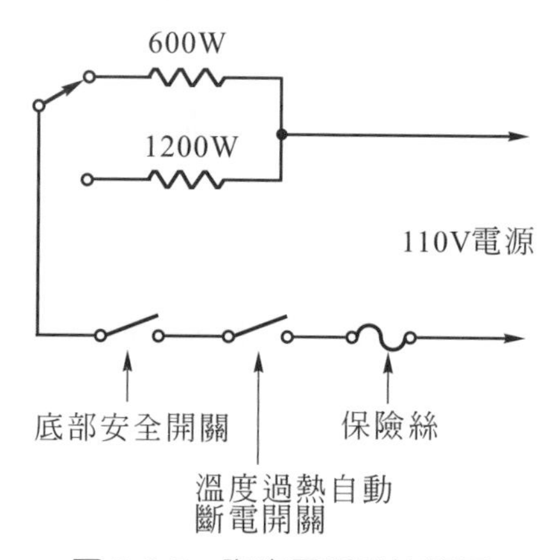

圖 2-3-5 陶瓷電暖器線路圖

陶瓷電暖器經由溫度調整開關(如圖 2-3-6 所示)將 PTC 發熱體(如圖 2-3-7 所示)加熱，再經由風扇(如圖 2-3-8 所示)將暖氣經由出風口(如圖 2-3-9 所示)送出，如果溫度過高溫度過熱開關會自動斷電(如圖 2-3-10 所示)，萬一電流過大會造成溫度保險絲(如圖 2-3-11 所示)燒毀，使用中如果被推倒則底部安全開關(如圖 2-3-12 所示)將動作而斷電以防電暖器傾倒而導致火災發生以確保使用安全。陶瓷電暖器過濾網(如圖 2-3-13 所示)須定期清洗保養。

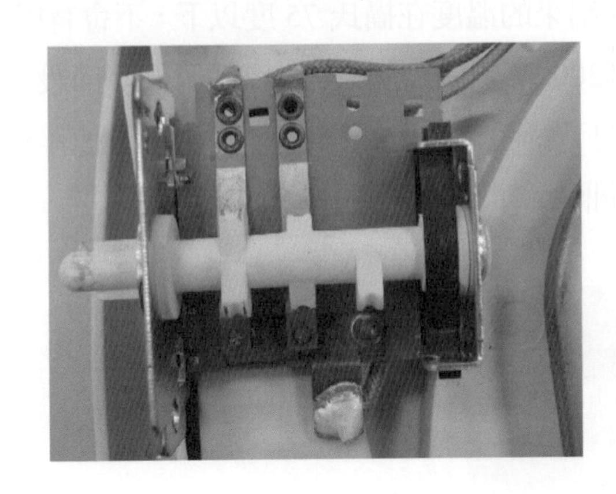

(a) 開關剖面圖

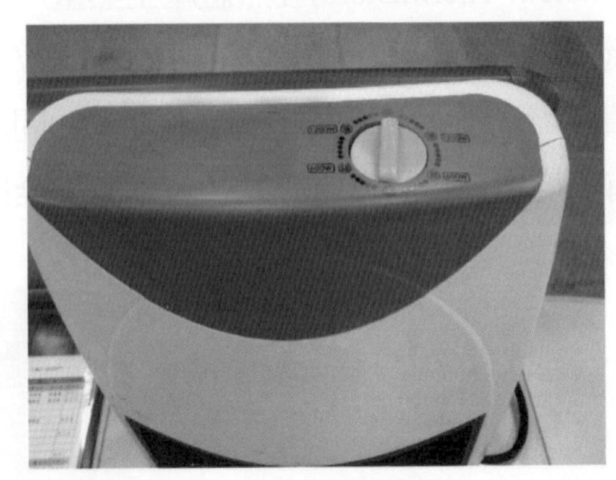

(b) 開關外觀

圖 2-3-6　溫度調整開關

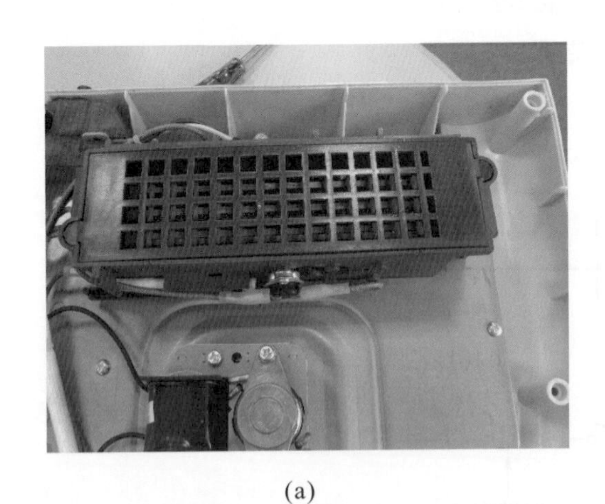

(a)

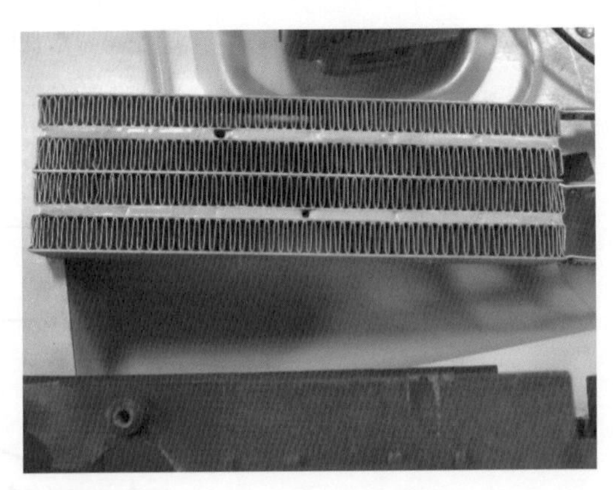

(b)

圖 2-3-7　PTC 安全發熱體

圖 2-3-8　風扇

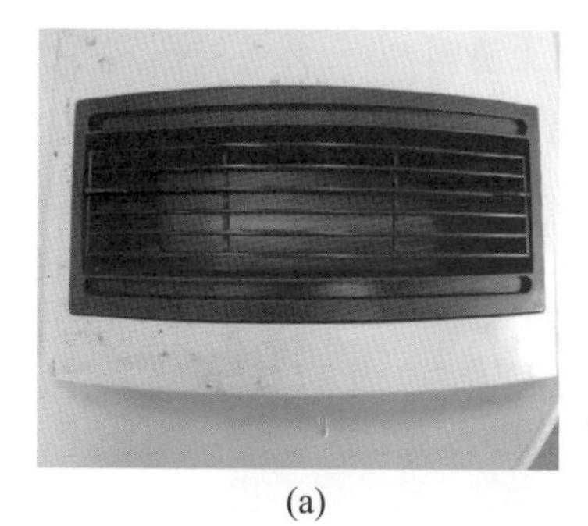

(a)

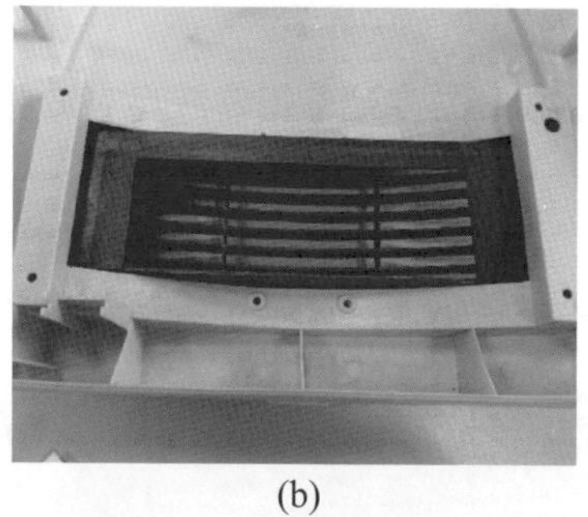

(b)

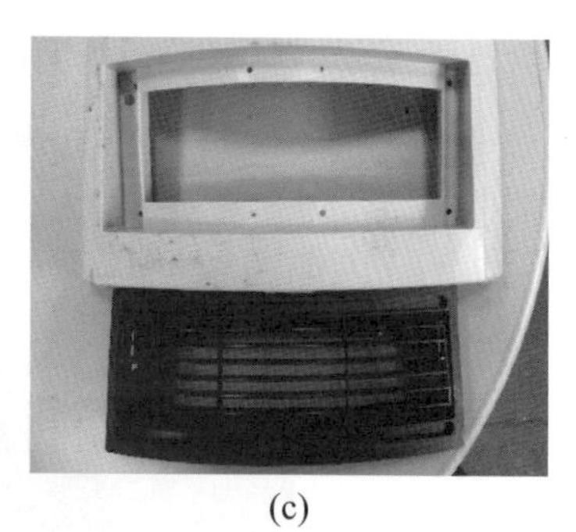

(c)

圖 2-3-9　暖氣出風口

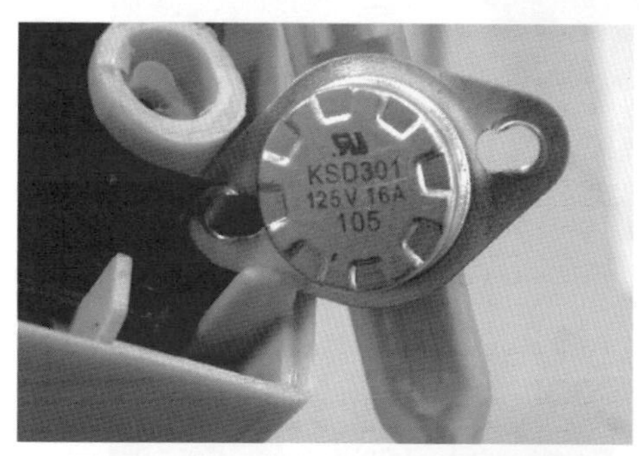

圖 2-3-10　溫度過熱自動斷電開關

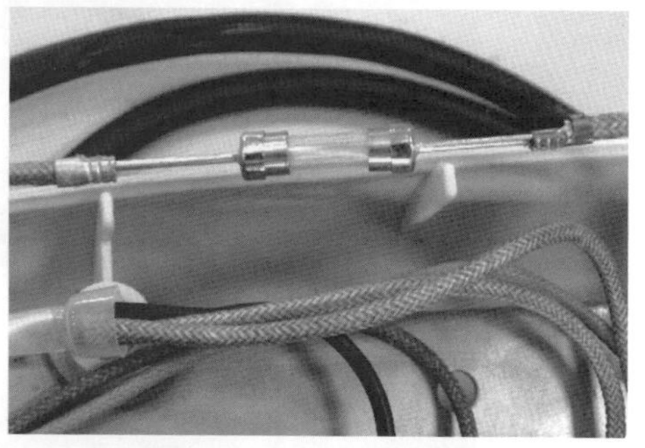

圖 2-3-11　溫度過熱保險絲

圖 2-3-12　底部安全開關

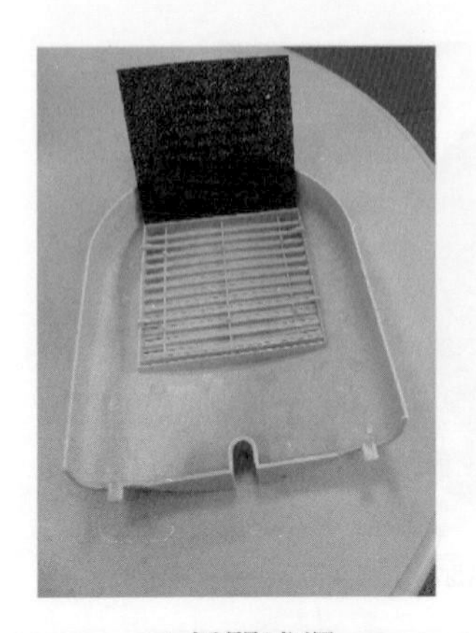

(a) 拆開濾網

(b) 裝上濾網

圖 2-3-13　陶瓷電暖器背面空氣濾網

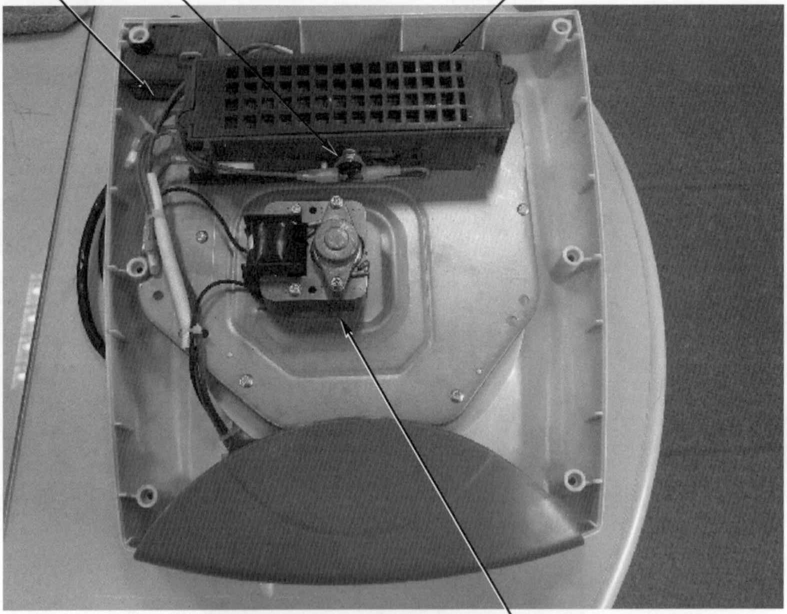

底部安全開關

溫度過熱自動斷電開關

PTC發熱體

送風馬達

圖 2-3-14　陶瓷電暖器拆卸圖

2-4 電熨斗

2-4-1 構造及原理

電熨斗可說是電熱類電器中普及率最高的。電熨斗可分成簡單型電熨斗，自動控溫電熨斗及蒸汽熨斗。茲分別說明於下：

一、簡單型電熨斗

簡單型電熨斗由於構造最簡單，不易故障，故又稱為實用型電熨斗。係在熨板上置以由扁帶狀電熱線(鎳鉻合金線)繞於雲母片上，兩側再覆以雲母片而成之發熱體，然後在其上壓以一塊鑄鐵，電熱線用接線架與電源線連接即成。靠插頭拔掉或接通來控制溫度，使用不便，是其缺點。其電路如圖 2-4-1 所示。

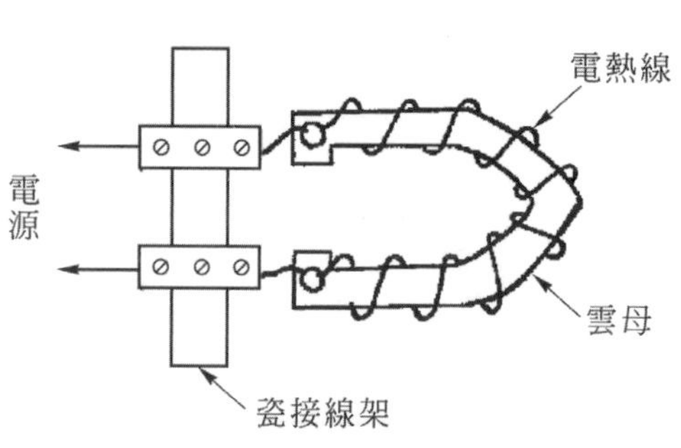

圖 2-4-1 簡單型電熨斗

二、自動控溫電熨斗

自動控溫電熨斗比簡單型電熨斗多了一個溫度自動控制裝置，串聯在電路上，能自動啓閉電路，使溫度保持在某設定值。

溫度自動控制開關由雙金屬片與鑲有銀接點之磷青銅片組成。請見圖 2-4-2。當熨板的溫度達到所設定之值時，由於雙金屬片向上彎曲至將銀接點頂開，因此電路被切斷。當溫度降低至低於設定溫度 20℃時，由於雙金屬片恢復平直，電路得以再度接通。如是反復動作，即能達到自動控制溫度之目的。

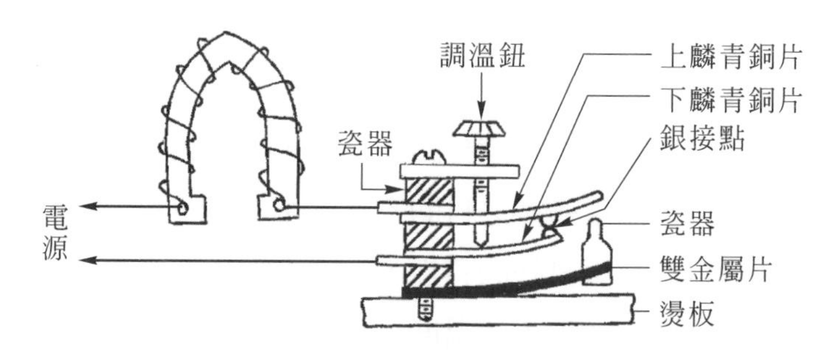

圖 2-4-2 (a)溫度自動控制開關結構圖

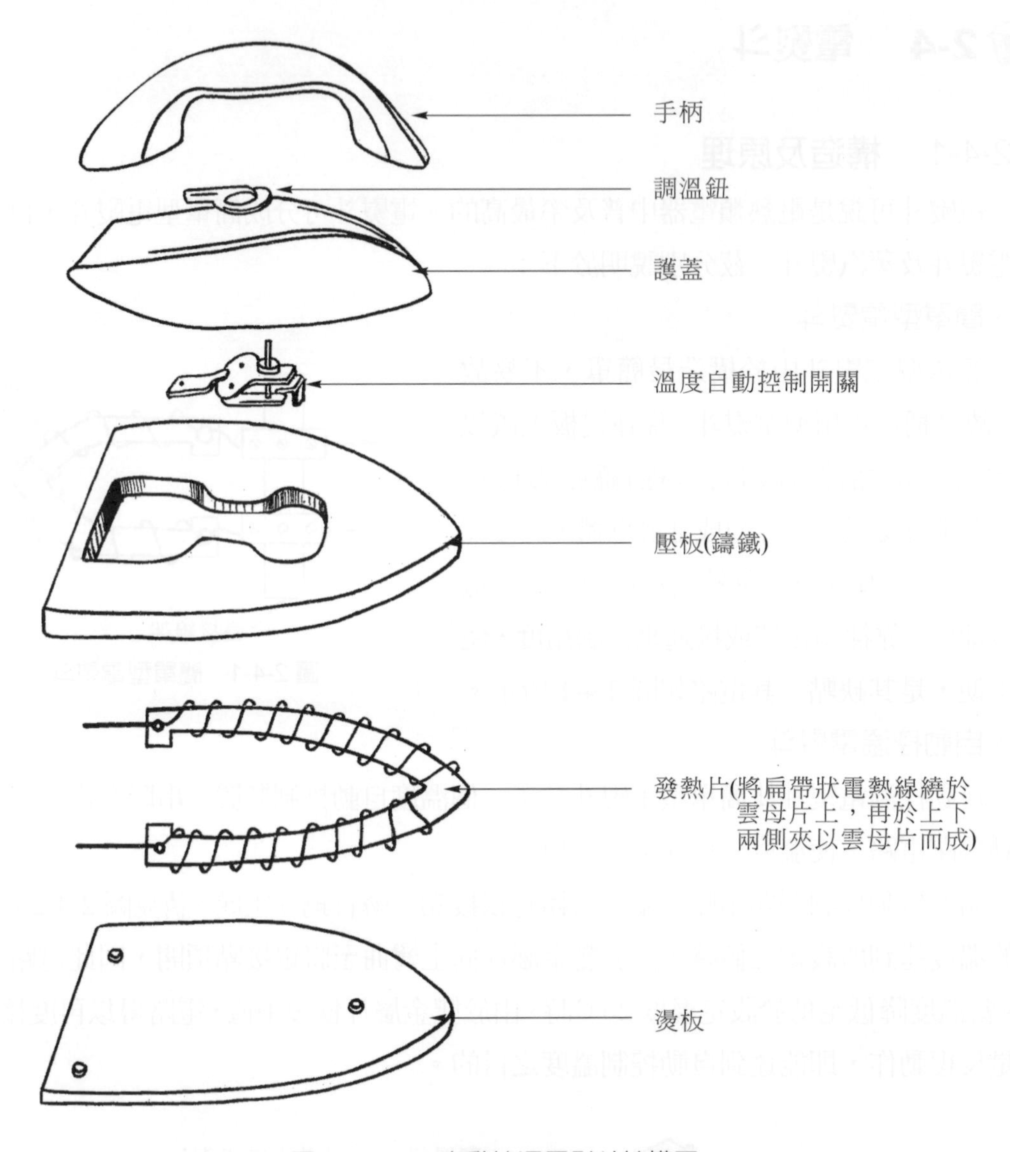

圖 2-4-2 (b)自動控溫電熨斗結構圖

至於依布料之不同，用以作溫度選擇的調溫鈕，則於其下端接了根螺絲，改變接點與雙金屬片之距離，以達溫度選擇之目的。當旋轉調溫鈕致令螺絲往下伸時，下磷青銅片被下壓，因磷青銅片有著良好的彈性，上磷青銅片亦跟著下壓，保持接點成閉合狀態，此時接點距雙金屬片較近，故溫度上升至一個較低的溫度，雙金屬片的微曲即足以使接點開啓，此時電熨斗運用於一個較低的溫度範圍。反之，若將調溫鈕反向旋轉，使磷青銅片往上升，則電熨斗被控制於較高的溫度範圍。

電熨斗指示燈之裝設方式有二:(1)利用與發熱體串聯的一小段電熱線(5～10 公分)上之壓降作為 1.5～2.5 V 小燈炮的電源，如圖 2-4-3(a)。(2)用 100 kΩ～120 kΩ，$\frac{1}{4}$ W 的電阻與低壓氖燈串聯，然後與發熱體並聯，作通電與否之指示，如圖 2-4-3(b)。

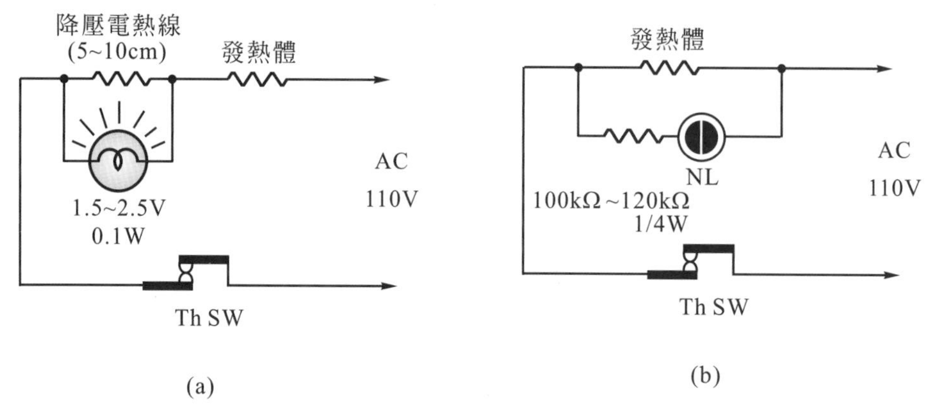

圖 2-4-3 指示燈線路(圖中之 Th SW 係溫度自動控制開關)

熨板的形式有兩種，圖 2-4-4(a)是一般的造型，圖 2-4-4(b)則為較新的型式，由於前端開了個半圓形的孔，在熨鈕扣四周的布料時，非常方便。

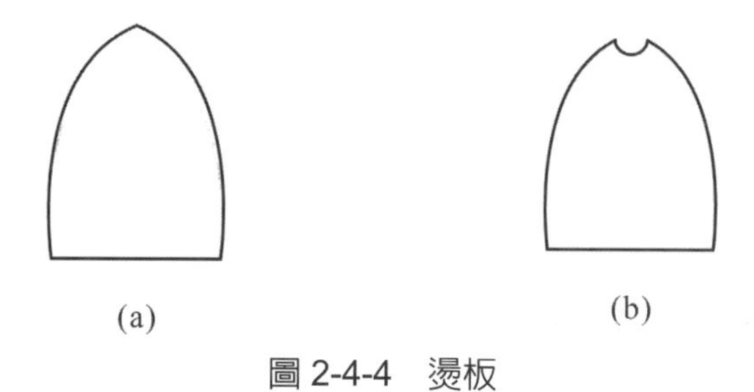

圖 2-4-4 燙板

調溫鈕與熨板溫度之對照，列於表 2-4-1，以便作溫度自動控制開關之調整時有所依據。

表 2-4-1

調溫鈕位置	熨板溫度
人造絲	100～120℃
綢緞	130～140℃
毛織品	145～160℃
棉織品	165～180℃
麻織品	185～210℃

三、蒸汽電熨斗

蒸汽電熨斗的電路與自動控溫熨斗相同(請見圖2-4-3)僅在結構上多了一個蓄水的水槽。蒸汽電熨斗，由於隨著電熨斗之移動，自動噴蒸汽至衣物上，能使衣物熨燙的更美觀。

蒸汽電熨斗依產生蒸汽機構之不同而分爲煮沸式及滴落式兩種。茲分述於后：

四、煮沸式蒸汽電熨斗

煮沸式蒸汽電熨斗之結構如圖 2-4-5 所示。

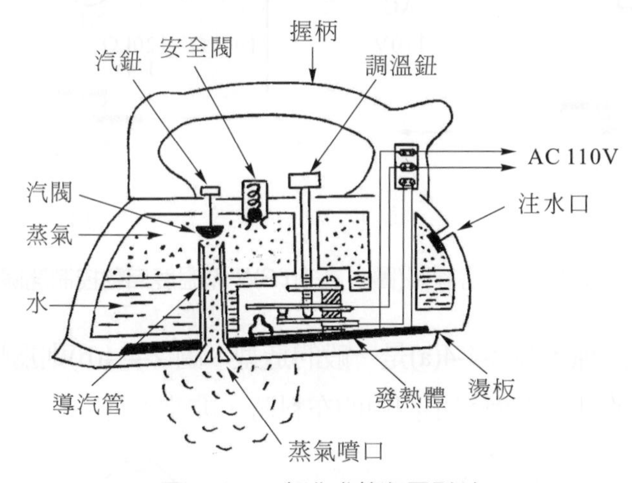

圖 2-4-5 煮沸式蒸汽電熨斗

電熱線一面使燙板發熱，一面對水加熱，等水汽化後，水槽內之壓力增大，蒸汽經導汽管從蒸汽噴口噴出。此時即可開始使用了。使用途中若欲停止蒸汽噴出，可壓下汽鈕關閉汽閥。蒸汽熨斗當蒸汽噴射轉弱時需立即停用，由注水口加水(最好加溫水)，否則水一用完後，溫度將急劇上升，會損及衣料。萬一噴口堵塞，以致蒸汽壓力過高，超過安全閥之彈簧壓力時，鋼珠將被頂開，蒸汽可由安全閥噴出，如此即不致因水槽內壓力過高而造成炸裂之意外。等蒸汽壓力降至安全値時，鋼珠即被彈簧壓下而將安全閥閉住。

電熨斗之外殼上蓋拆下後，內部各元件即可一目了然，在檢修時，電熨斗中有很多地方使用雲母片，務必避免破損。

五、滴落式蒸汽電熨斗

滴落式蒸汽電熨斗之詳細結構圖示於圖 2-4-6。

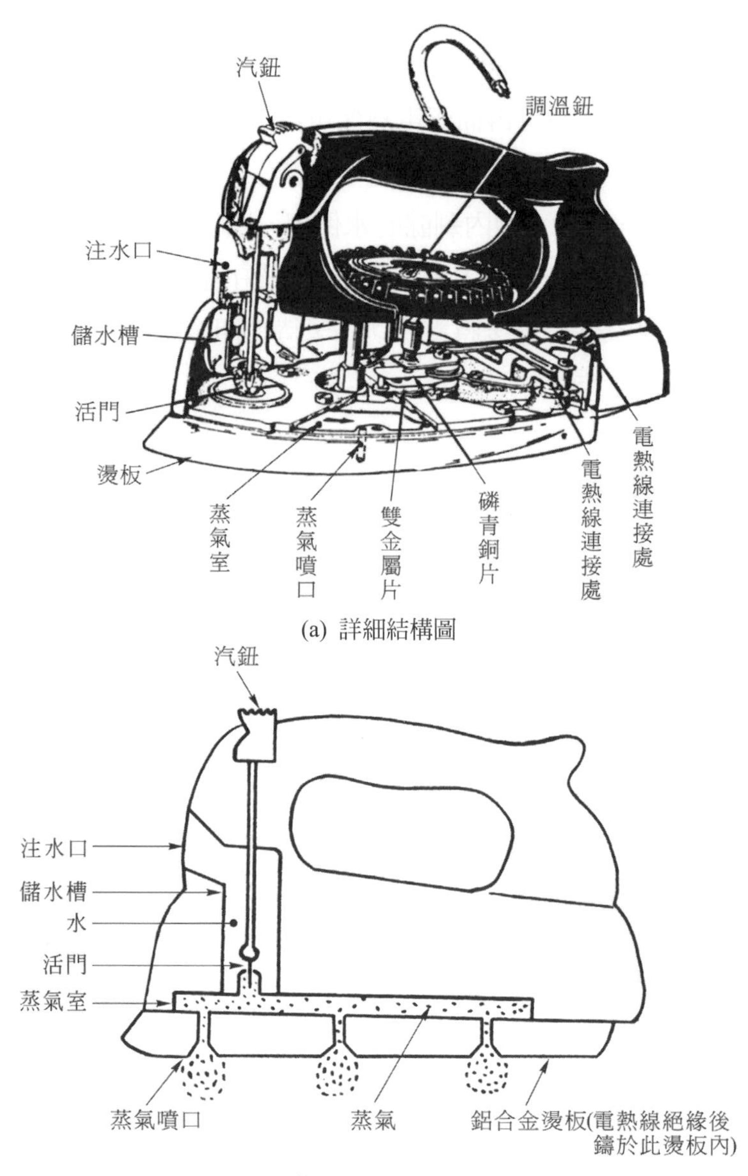

(a) 詳細結構圖

(b) 蒸氣產生部分之簡圖

圖 2-4-6 滴落式蒸汽電熨斗

電熱線係絕緣後鑄於鋁合金燙板內，熨斗通電後，燙板即被迅速加熱，因此儲水槽內的水滴落於蒸汽室後，瞬間即化爲蒸汽由蒸汽噴口噴出。由於滴落式蒸汽電熨斗是以「製造蒸汽的速度快」著稱，爲使通電後不久就能開始使用，其瓦特數較大，以 600 W～1000 W 居多。滴落式蒸汽電熨斗在壓下汽鈕關閉活門後，可當作自動控溫電熨斗使用，故甚爲理想。

2-4-2 使用上的注意事項

1. 電熨斗在使用中，插座不可再插有電熱類電器。
2. 凡不使用之電熨斗，插頭務必拔掉。
3. 蒸汽電熨斗用畢後，應將水槽內剩餘的水倒出，並趁熱通電 2 分鐘，使水槽乾燥。
4. 蒸汽電熨斗，使用日久後水槽內會積一層礦物質(俗稱水垢)，可用水和醋各半混合倒入，接上電源，30 分鐘後將電源切掉，待冷卻後將水醋溶液倒出，用清水洗滌，再接上電源使之乾燥。

2-4-3 故障及處理

故障檢修速見表對於檢修方面會有不小的幫助，然電源線斷線者，則可如圖 2-4-7 般以三用電表逐段測試，找出斷處將其接好。若檢修中遇到螺絲有鬆脫現象者，則不論其是否爲故障原因，必須將其鎖緊。

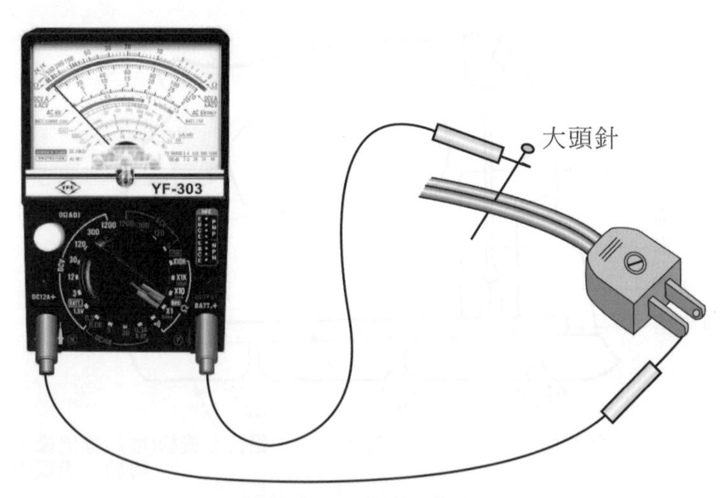

圖 2-4-7 斷線處尋找法

故障檢修速見表

故障現象	原因	處理
1. 不熱	a. 插頭或開關之接觸不良 b. 電源線斷線 c. 電熱線斷線 d. 恆溫器不良	a. 調節插頭或開關使緊密接觸 b. 換新線或將斷處接好 c. 換新的電熱線 d. 調節恆溫器

(續前表)

故障現象	原因	處理
2. 不夠熱	a. 恆溫器不良 b. 電源電壓太低 c. 電源線處於半斷線狀態 d. 插頭及開關處於半接觸狀態	a. 適當增大雙金屬片與銀接點之距離 b. 提高電源電壓(使用自耦變壓器) c. 找出電源線發熱或火花處剪斷並重新接好 d. 找出過熱或發生火花處所捻緊之
3. 蒸汽不能噴出	a. 噴口閉塞 b. 溫度不高致不能使水蒸發	a. 清除噴口堵塞物 b. 先將調溫鈕置於高熱位置，俟蒸汽開始噴射後調回至所需溫度
4. 蒸汽噴出不能制止	汽閥不良漏氣	修正汽閥底座及堵針
5. 漏電	a. 電熱線之絕緣片破裂 b. 連接線或接線柱碰觸外殼 c. 水箱漏水	a. 加墊雲母片 b. 將碰觸部份移離或加絕緣 c. 擦乾並焊合破裂部份

2-5 泡茶機

時尚流行泡茶使用泡茶機將茶壺加熱並有專門放置茶杯的烘杯裝置，泡茶專用烘杯裝置強調具有烘乾及殺菌效果，煮開水及烘杯開關分開控制，安全又節能。茶壺發熱體加熱速度快並具防乾燒的斷電系統附有過熱安全裝置。

圖 2-5-1 泡茶機的外觀

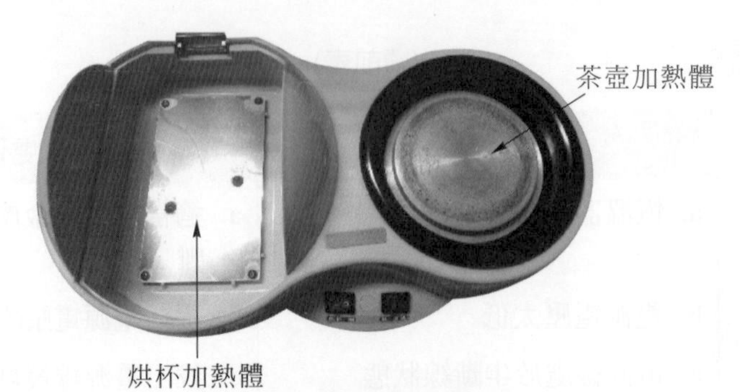

圖 2-5-2 加熱體

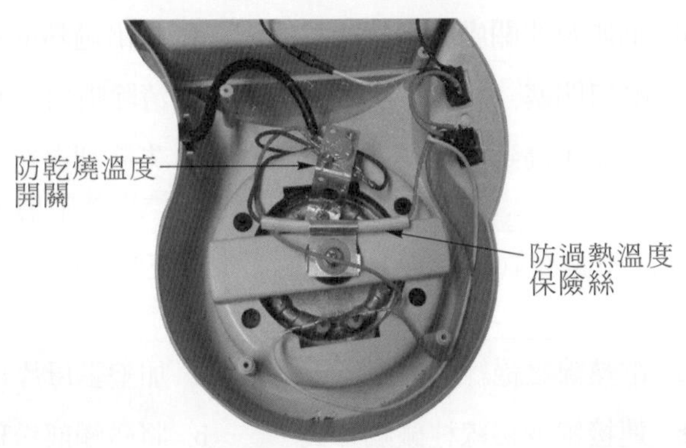

圖 2-5-3 機器底部

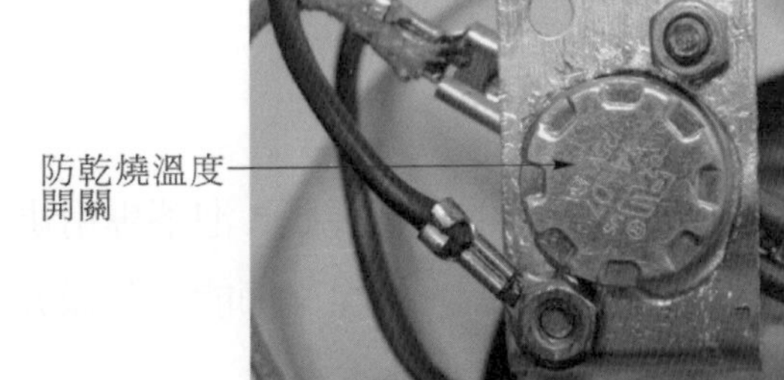

圖 2-5-4 防乾燒溫度開關

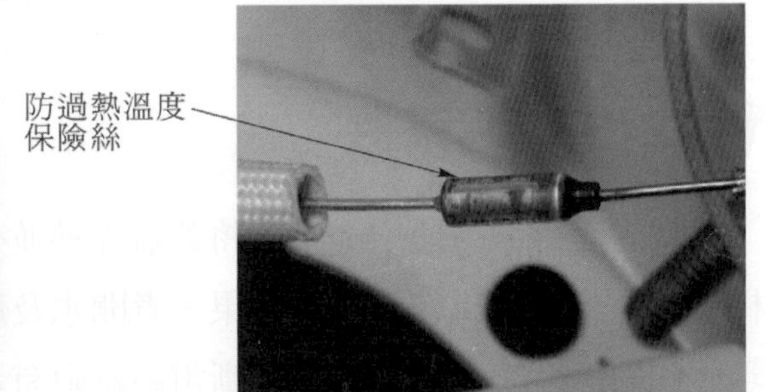

圖 2-5-5 防過熱溫度保險絲

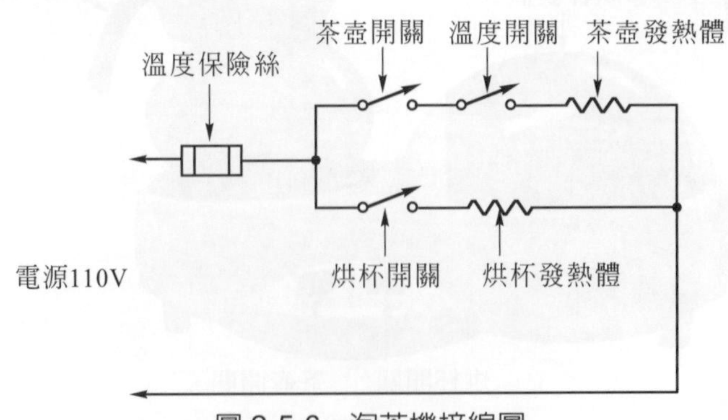

圖 2-5-6 泡茶機接線圖

 2-6 電烤箱

電烤箱是一種既衛生又方使的烹飪器具，早為歐美等國家之一般家庭所樂用。如圖 2-6-1 所示為國內常見的電烤箱。

(a) (b)

圖 2-6-1 電烤箱

電烤箱係在金屬殼裡面，頂部及底部各置一電熱線，殼外包以玻璃纖維以防熱氣外散，外箱則施以烤漆而成。線路上並串有以雙金屬片製成的恆溫器，以達自動調溫之目的。

電烤箱之構造如圖 2-6-2 所示，在外箱正面有開閉自如的門，由此將食物放進或取出。門上附有觀察窗，可隨時觀看食物的烹飪情況，以增減溫度。

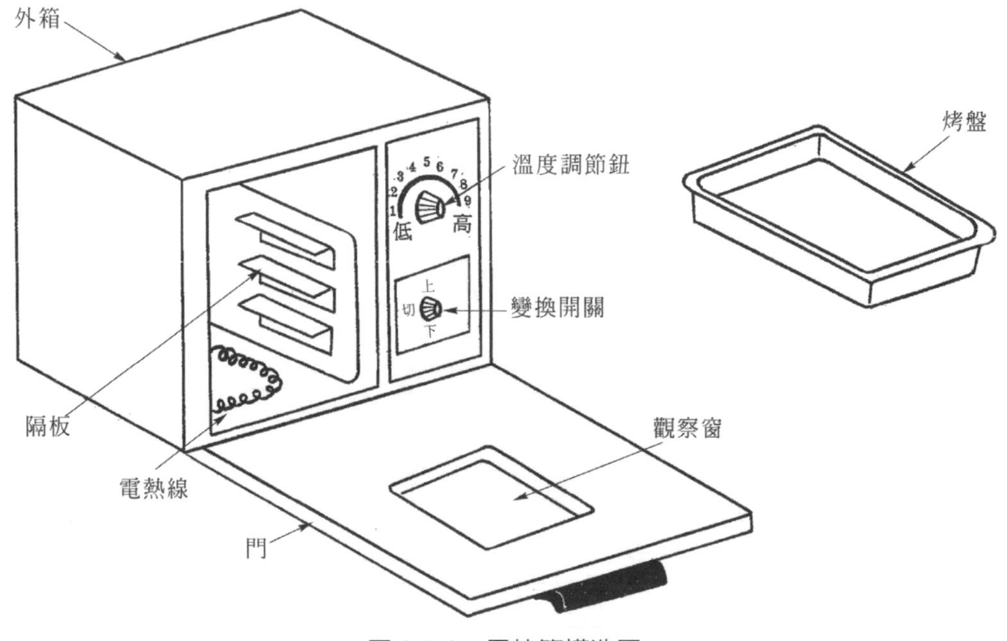

圖 2-6-2 電烤箱構造圖

圖 2-6-3 所示，爲大同電烤箱之電路圖，變換開關(溫度切換開關)之實際構造示於圖 2-6-4。至於恆溫器之構造與原理，完全與 2-4 節所述“自動控溫電熨斗”之調溫鈕相同，請參閱圖 2-4-2 之說明。

圖 2-6-4 所示之變換開關，*c* 爲公共接點，當轉軸被旋轉時，其接點之閉合情形，如圖 2-6-5 所示，由以上“變換開關”動作情形之說明，當可了解爲什麼頂部與底部電熱線之通或斷可以隨意加以控制。

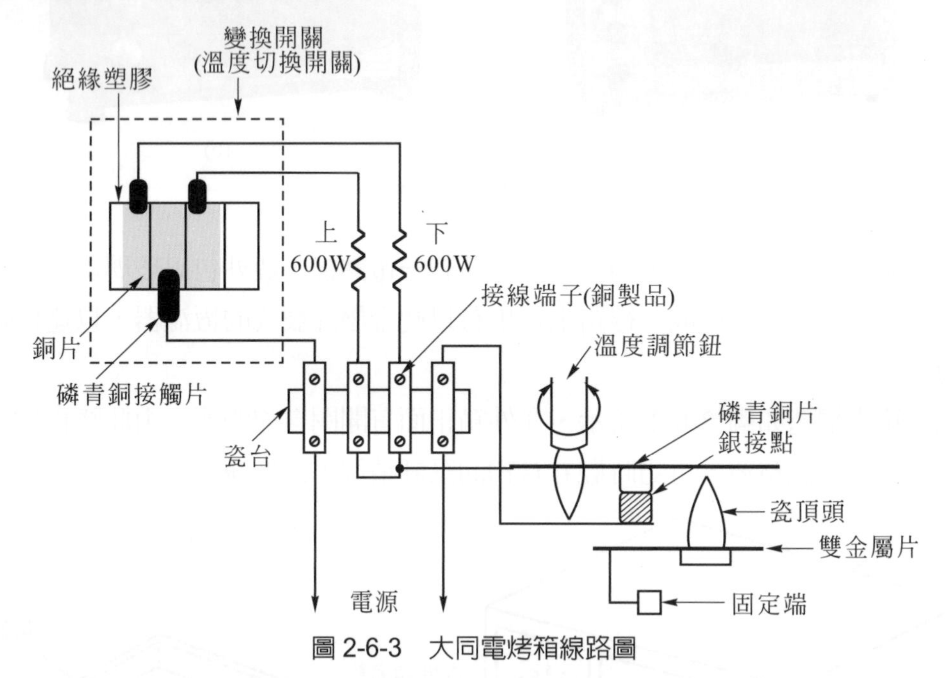

圖 2-6-3　大同電烤箱線路圖

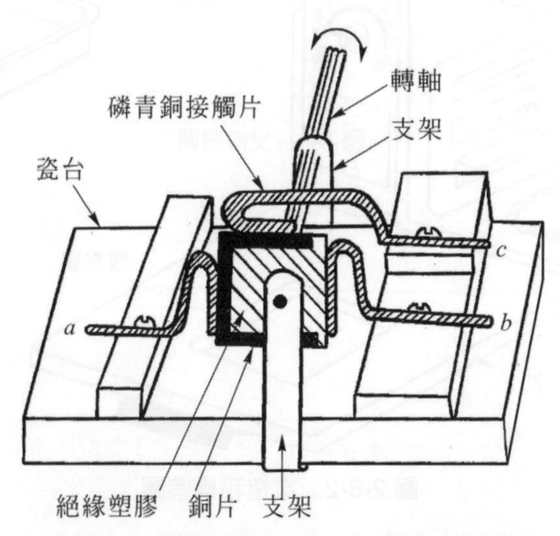

圖 2-6-4　變換開關(溫度切換開關)構造圖

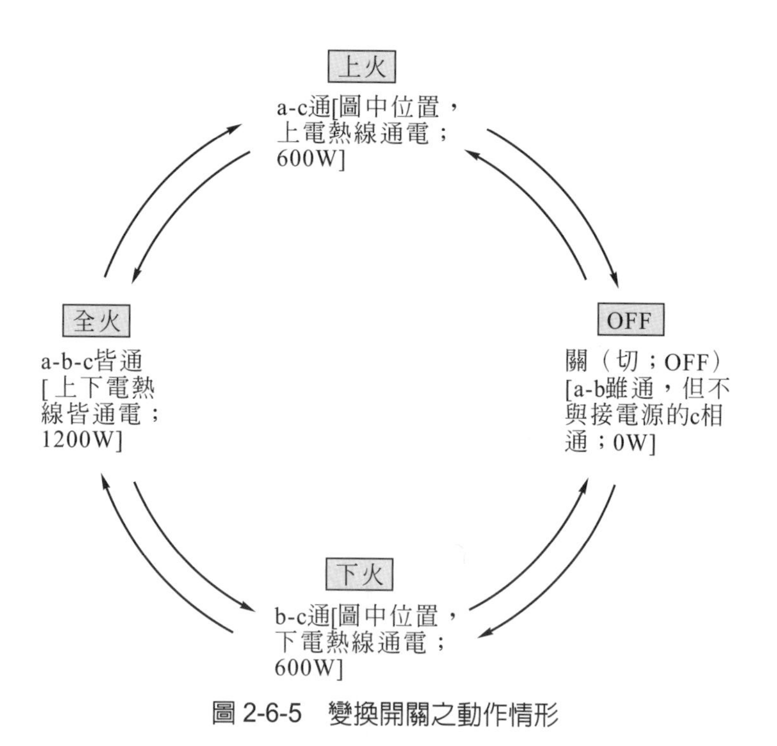

圖 2-6-5　變換開關之動作情形

若以定時開關控制電烤箱之通電時間，則用來烤蛋糕、雞、鴨等，將更方便。時間一到，電源即自動切斷。

2-7　電鍋

傳統的煮飯方法是將烹飪器具如鍋等置於爐上來煮，這種加熱方法，雖然大部份的熱量能爲鍋所吸收，但由爐與鍋間之空隙散失於空間的熱量亦相當可觀，尤其是有風由旁吹送時爲最，故熱量無法完全有效的利用。

若將電爐與飯鍋合而爲一，組成一體，並加上一個飯煮好時能自動切斷電源的自動開關，即成現時使用的極其普偏的「電鍋」。因外殼有防止熱量散失的功效，且發熱體是密接在鍋底，故熱量能有效利用，效率甚高。

市售的電鍋，其規格依型式而異。最大煮飯容量由 0.6 公升(約 3 人份)至 3.6 公升(20 人份)不等，消耗功率則自 600 W 至 1200 W。型式繁多。

圖 2-7　電鍋的外觀

2-7-1 電鍋的種類

若不計電路之控制方式，電鍋可分爲直熱式及間熱式兩種。茲分別說明如下：

一、直熱式電鍋

直熱式電鍋如圖 2-7-1 所示，由鍋蓋、自動開關、內鍋及熱板(相當於只有底部的外鍋)等元件組合而成。由於內鍋直接密貼在熱板上，利用底部傳上之熱量煮飯(內鍋熱量之獲得如圖中箭頭所示)，故熱效率高，可在較短的時間內煮成。但有時會有「鍋巴」出現。

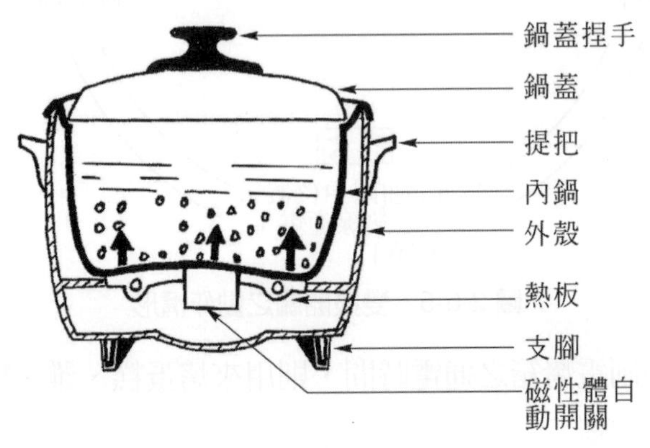

圖 2-7-1 直熱式電鍋

直熱式電鍋，其自動開關多爲圖 2-7-8 所示之磁性體自動開關。此開關係以彈簧壓接於「內鍋」底部，由內鍋的溫度直接控制之。由直熱方式煮成的飯一般來說比較 Q。

二、間熱式電鍋

間熱式電鍋由鍋蓋、自動開關、內鍋、外鍋及發熱體等元件組成，如圖 2-7-2 所示。間熱式煮飯除了與直熱式一樣在內鍋放入米及適量之水外，外鍋亦需加入適量的水，利用間接加熱使內鍋的飯煮熟。所用之自動開關多是利用雙金屬片製成，係裝於外鍋底部。

間熱式煮飯並不直接由發熱體吸取熱量煮飯，而係將外鍋所放入之水加熱，由蒸氣將熱量遍傳至內鍋整體使米被均勻加熱(當然有小部份熱量是由鍋底直接傳入的，熱量的獲得如圖中箭頭所示)。

間熱式電鍋之自動開關，多數是利用飯熟之後，溫度急劇上升，雙金屬片彎曲而切斷電源。構造如圖 2-7-4 及圖 2-7-5 所示。

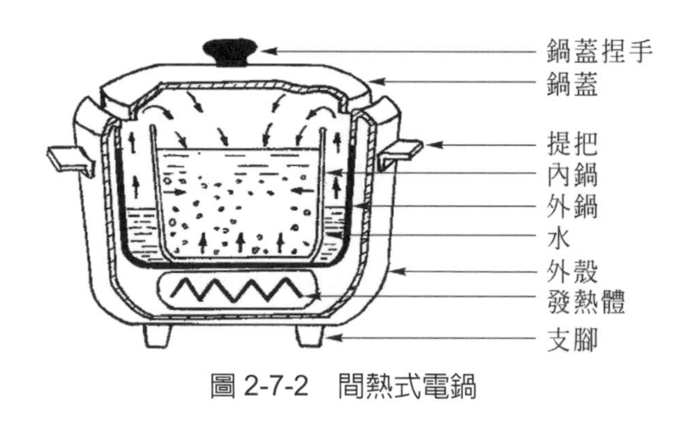

圖 2-7-2 間熱式電鍋

2-7-2 電鍋的構造

電鍋主要是由發熱體、自動開關和內外鍋等構成。茲分別詳述於下：

一、發熱體

用於電鍋之發熱體有如下兩種：

1. 間隔繞發熱體

間隔繞發熱體係將雲母片用沖床製成彎月形，再將鐵鉻或鎳鉻線根據額定電壓及所需瓦特數，剪成一定長度($R = V^2/P$；長度 $L = AR/\rho$)，將其繞於雲母片上，然後再將外側雲母裹覆於其上而成，如圖 2-7-3(a)所示。此種發熱體使用於間熱式電鍋中，電熱線斷線時修理起來較方便。

2. 包覆線發熱體

包覆線發熱體如圖 2-7-3(b)，係將螺旋狀電熱線裝於鐵管中，並在管內填以絕緣性強且耐熱的無機質絕緣粉末製成。包覆線發熱體是整個鑄進熱板的，雖較無斷線之虞，但萬一斷線時修理起來可就麻煩了。此種發熱體係使用於直熱式電鍋中。

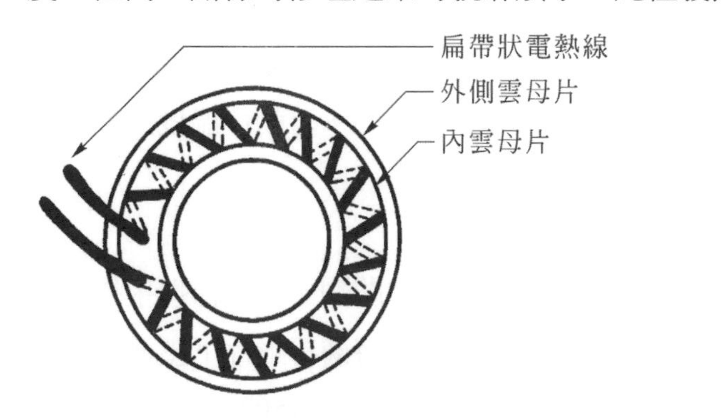

(a) 間隔繞發熱體

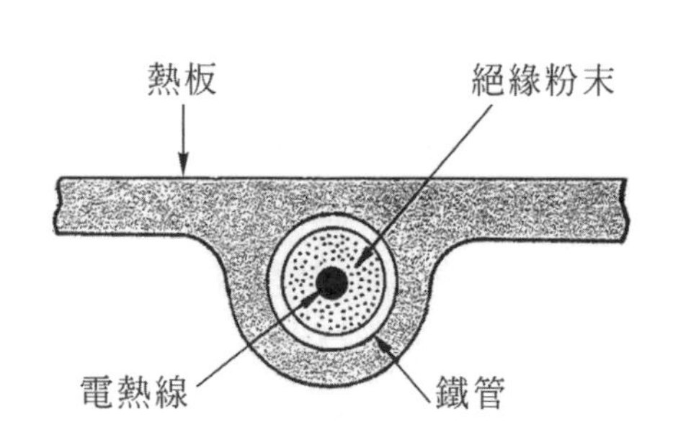

(b) 包覆線發熱體

圖 2-7-3 電鍋發熱體示意圖

二、自動開關

自動開關係用來控制發熱體電源之通斷，在鍋底溫度上升至某程度時自動切斷電源，使煮出來的飯恰到好處。常見有下列三種：

1. 煮飯專用雙金屬片開關

圖 2-7-4 為一專用於間熱式電鍋之雙金屬片開關。實線所示為將操作桿壓至煮飯(ON)時之情形，此時接點閉合，發熱體通電而發熱。

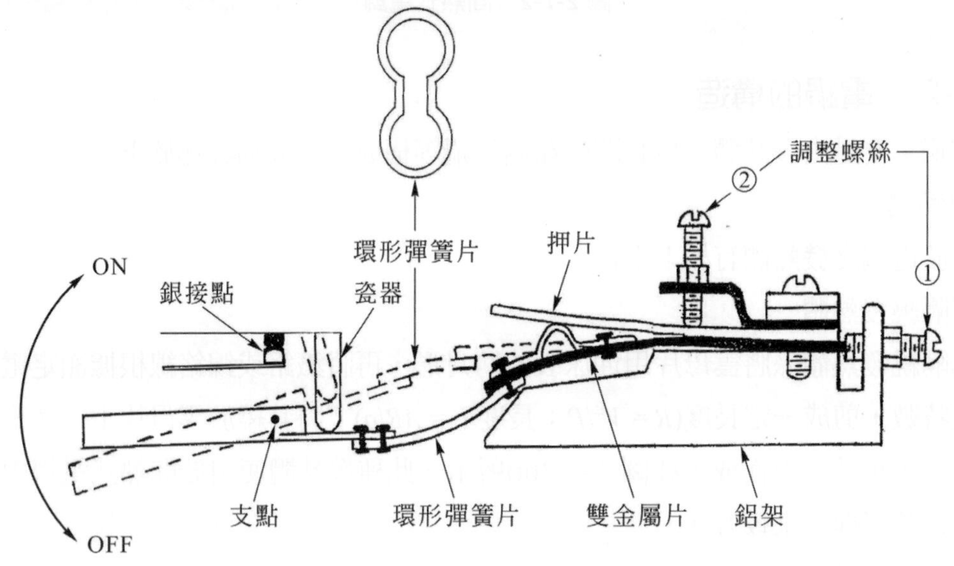

圖 2-7-4 間熱式電鍋用自動開關

隨著鍋底溫度的上升，雙金屬片將逐漸向上彎曲，當電鍋底部之溫度達到 150℃時，雙金屬片帶動環形彈簧片，使之向上猛然彈起，將銀接點頂開，而切斷電源。如圖中虛線所示之狀態。

若雙金屬片開關的動作溫度不正確，則不是飯燒焦，即飯不熟。動作溫度過低時，飯尚未煮熟接點即打開，將調整螺絲①旋進及②鎖緊。相反的，若動作溫度過高，飯將燒焦，可將調整螺絲①旋退後及②放鬆。

2. 煮飯煮菜兩用雙金屬片開關

圖 2-7-5 所示為煮飯煮菜兩用自動電鍋專用之雙金屬片開關。將操作捏手往右推再向下按時，傳動桿被控制片所擋，處於「煮飯」狀態。此時磷青銅片下壓而使銀接點閉合，開始煮飯。當外鍋之水蒸發完畢鍋底之溫度急激上升至 150℃時，雙金屬片彎曲而經調整螺絲頂起傳動桿，傳動桿失去控制片之阻擋，右彈簧將傳動桿向左推回「切」之位置，磷青銅片受力上翹，銀接點打開。如圖 2-7-5 所示。

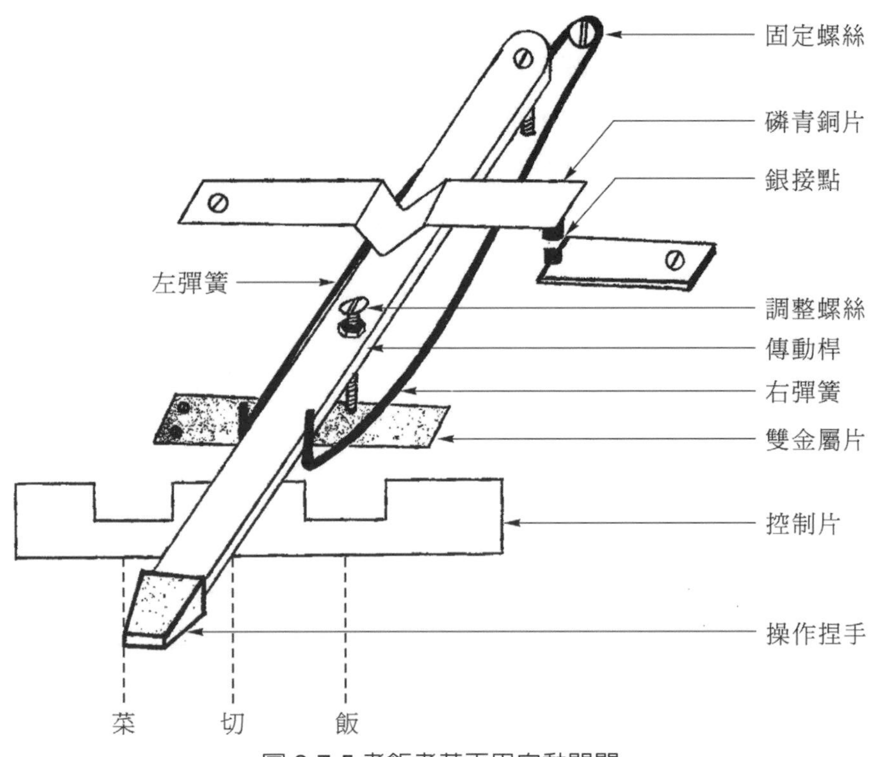

圖 2-7-5 煮飯煮菜兩用自動開關

將操作捏手往左推再向下按時，傳動桿被控制片所擋而處於「燒菜」狀態。由於此時調整螺絲距雙金屬片之固定端較近，縱然鍋底溫度已達 150℃，雙金屬片上頂之力並不足以使傳動桿上浮而脫離控制片之阻擋(請參照圖 2-7-6，在該圖中你將清楚的看出，在同一溫度下，距固定端越近之處，上彎的程度越小)，因此可以得到高溫炒菜。但溫度過高時，雙金屬片上彎之力會使傳動桿上浮而被左彈簧向右推回「切」之位置，接點打開，以免發生危險。

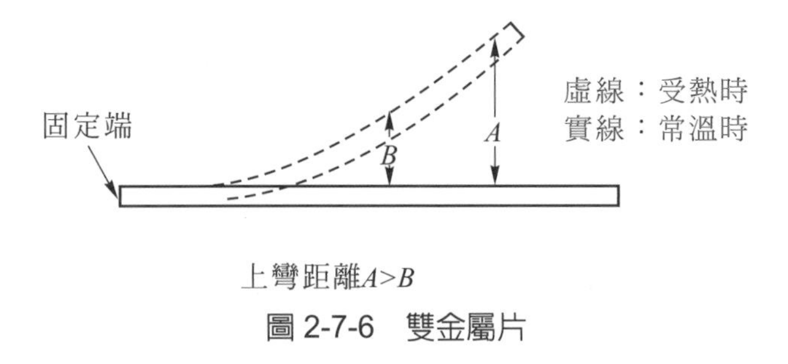

圖 2-7-6 雙金屬片

3. 磁性體自動開關

凡是強磁性體(如鐵、鈷、鎳等)，在常溫時皆能以磁鐵吸住，而當溫度升高至某值時，其導磁係數卻會猛然降至 1，而成爲非磁性體，失去磁性而無法再以磁鐵吸住，如圖 2-7-7 所示。此溫度稱爲「居里溫度」。居里溫度視材料之不同而異，例如鐵爲 768℃，鎳爲 360℃。

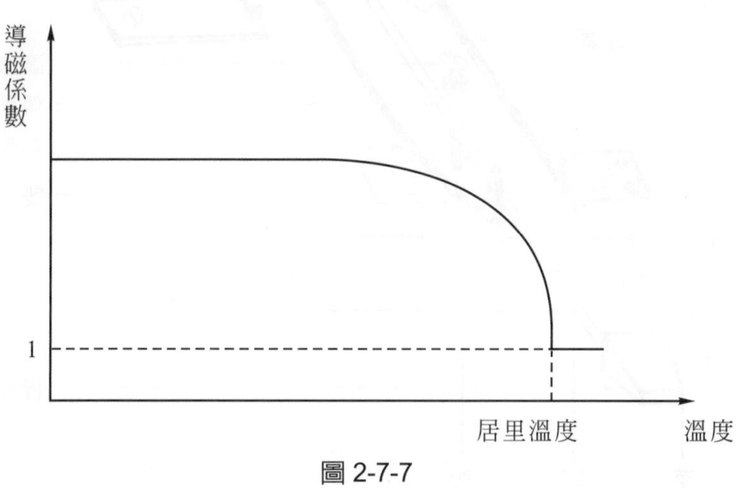

圖 2-7-7

製作收音機線圈之鐵粉心常用之肥粒鐵(Ferrite，又稱爲鐵酸鹽磁鐵 MFe_2O_4)，將其成份之比例加以變化，其居里溫度能自−50℃至 300℃之溫度範圍內自由變化。使用於直熱式電鍋的磁性體自動開關，即利用在 120℃時會急劇失去磁性之肥粒鐵製成。

磁性體自動開關如圖 2-7-8 所示。將操作按鈕按下時，動作彈簧被壓縮，永久磁鐵吸住緊密固定在受熱面之肥粒鐵，磷青銅片使銀接點閉合，成圖中的實線所示之狀態。發熱體因而接入電源，開始煮飯。當飯煮熟時，內鍋之底部溫度升高，達到居里溫度時肥粒鐵失去磁性而變成非磁性體，永久磁鐵不再吸得住，因此被動作彈簧彈開，以致銀接點打開，而切斷電源。如圖 2-7-8 虛線所示之狀態。

由於受熱面受抵緊彈簧上彈之力而緊緊地密貼在內鍋底部，故肥粒鐵製成的磁性體自動開關，由內鍋底部之溫度直接控制。

磁性體自動開關是利用感熱元素之靜態物理變化而動作，只要製造肥粒鐵時嚴格控制其成分之比例，則完全不需調節(製好後想調節亦無從著手)，故雖然經年累月的使用，電鍋之特性亦幾乎永久不變。動作靈敏、準確性高、穩定度好、使用年限長等優點全已兼備。

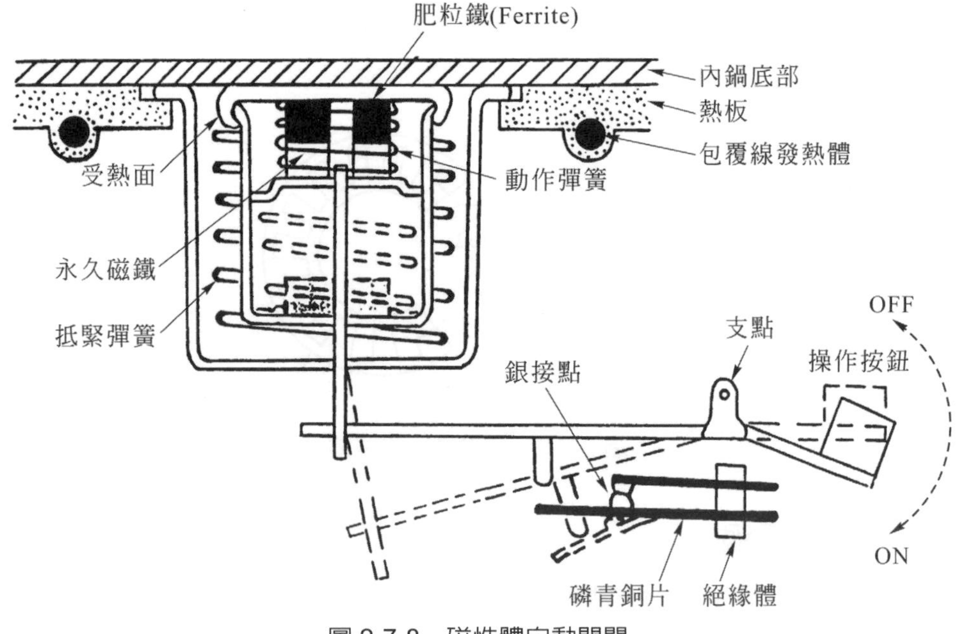

圖 2-7-8 磁性體自動開關

【註】

1. 肥粒鐵 Ferrite 係由三氧化二鐵與其他金屬粉末壓縮燒結而成之磁性材料。由於具有高電阻係數，使用在高頻時渦流損失非常低，故中週變壓器之鐵粉蕊及電晶體收音機天線線圈之鐵粉心均採用之。
2. 圖 2-7-4 所示開關之使用，以大同電鍋最常見。圖 2-7-5 之煮飯煮菜兩用自動開關係使用於東寶牌電鍋。圖 2-7-8 之磁性體自動開關則使用於國際牌等之直熱式電鍋中。

三、飯鍋

無論是直熱式電鍋或間熱式電鍋，皆具有內鍋與外鍋，所不同者僅在於內外鍋之間是否有放水。內鍋係由鋁板或不鏽鋼板壓製而成，外鍋則由純鋁錠高溫熔解後倒入鏌鑄成(或由鋁板抽製)，再用機器加工而完成，接著於鍋面塗上一層矽油，以保持光亮之色澤並防止受到酸性物質之腐蝕。

2-7-3 自動電鍋

自動電鍋是除了煮飯外，無其他附帶設備之普通電鍋。將圖 2-7-4 之自動開關與間隔繞發熱體組合之，即成間熱式自動電鍋。同理，若將圖 2-7-8 之磁性體自動開關與包覆線發熱體組合起來，則成爲直熱式自動電鍋。

自動電鍋之電路示於圖 2-7-9。飯煮好後自動開關切斷電源而把發熱體切離電源，同時指示燈熄滅。

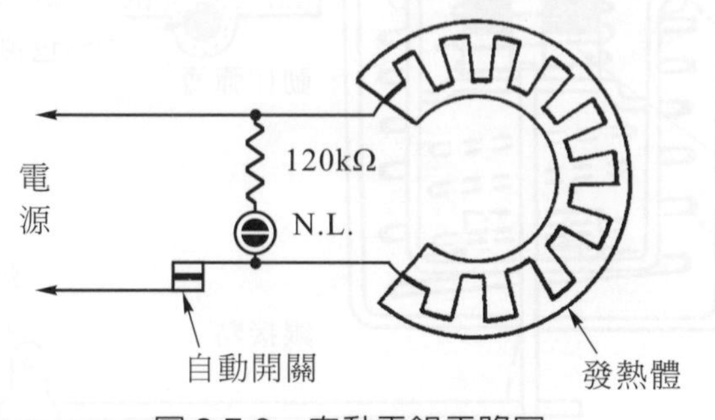

圖 2-7-9 自動電鍋電路圖

2-7-4 保溫電鍋

一般人均認爲只有冷卻的方法可防止食物腐壞，然飯是否腐敗而酸化，端視是否保存於細菌不會繁殖的安全溫度而定。由圖 2-7-10 可清楚的看出，25℃～40℃是腐敗菌繁殖的最旺盛的溫度，10℃～25℃及 40℃～63℃之溫度範圍則腐敗菌會緩慢繁殖，唯有在 63℃以上及 10℃以下腐敗菌不會繁殖。若將飯放入冰箱加以冷卻，則原本可口香噴的飯亦會變的異常冰冷而難以入口，故將飯保持於 63℃以上以防止飯的腐敗，乃爲上上之策，保溫電鍋即因此應運而生。

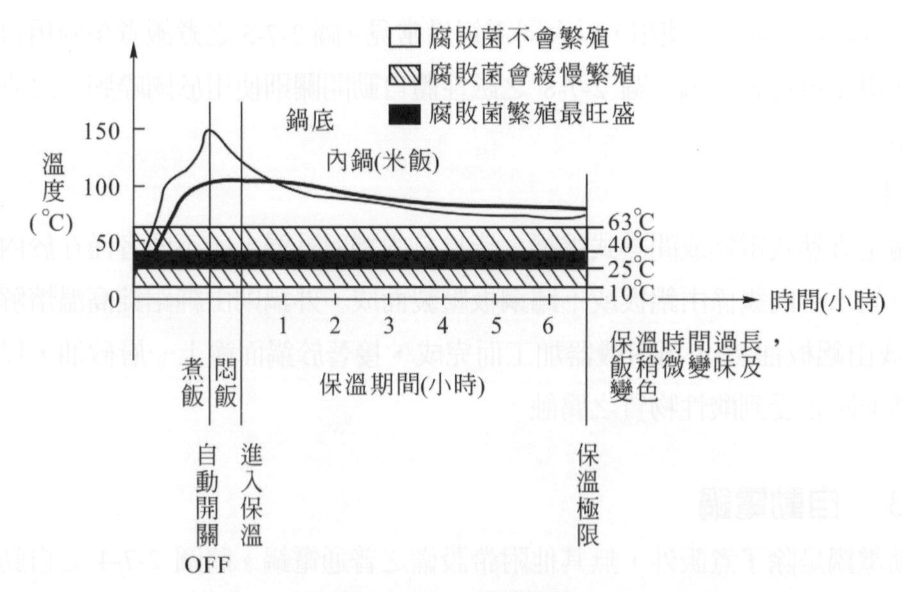

圖 2-7-10 保溫曲線

保溫電鍋一般設計保持電鍋之溫度在 65℃～70℃之間。保溫電鍋有於煮飯發熱體外另加一小功率(約 40 瓦特)保溫發熱體者，亦有以煮飯發熱體利用恆溫器操作而兼作保溫發熱體者。前者多用於間熱式電鍋，後者則多用於直熱式電鍋中。

圖 2-7-11(a)爲煮飯及保溫發熱體各自獨立，保溫發熱體恆接於電源，其功率很小一般皆使用 40W 者，在煮飯時保溫發熱體與煮飯發熱體比之，功率甚小，無大幫助，但當飯煮熟自動開關跳脫後，卻負起了保溫作用。(b)圖亦爲煮飯及保溫發熱體各自獨立，不同的是保溫發熱體與自動開關之接點並聯，故在煮飯時保溫發熱體被短路，不發生作用，於飯煮熟自動開關跳脫，接點打開時，兩發熱體串聯而跨接於電源。因煮飯發熱體之功率大都在 600 W 以上，遠大於保溫發熱體(亦即煮飯發熱體之電阻甚小於保溫發熱體，$P=\frac{V^2}{R}$)，故兩者串接後，煮飯發熱體之消耗功率甚小，保溫發熱體則趨近於額定功率，以負保溫作用。(c)圖將煮飯開關(即前述自動開關，於此欲強調其用於煮飯，故特稱爲煮飯開關，以與保溫用恆溫器區別)與恆溫器並聯，而將恆溫器設計在 65℃時接點閉合，70℃時接點彈開(恆溫器之動作原理請參閱圖 2-4-2(a)之說明)，當煮飯開關啓開後，恆溫器動作使發熱體斷續通電，保持電鍋的溫度在 65～70℃之間。此時指示燈亦跟著不停明滅以指示通電狀態。由於此處所用之氖燈(Neon Lamp)爲額定電壓 110 V～125 V 者，故沒有再串聯限流電阻器。(a)(b)兩圖中之氖燈，額定電壓約爲 60 V，故需串聯 100 kΩ～120 kΩ $\frac{1}{4}$ W 之限流電阻器，以免氖燈燒毀。

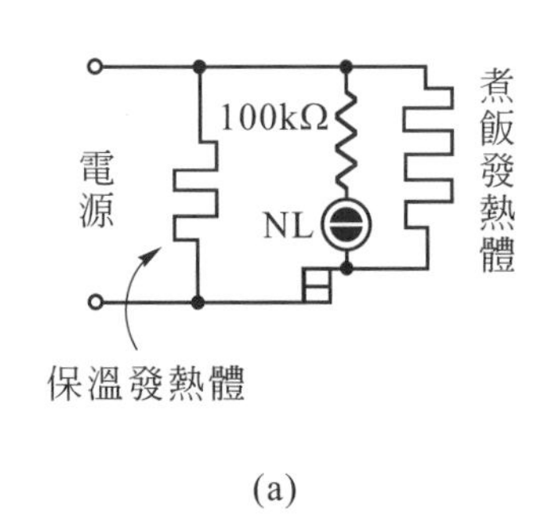

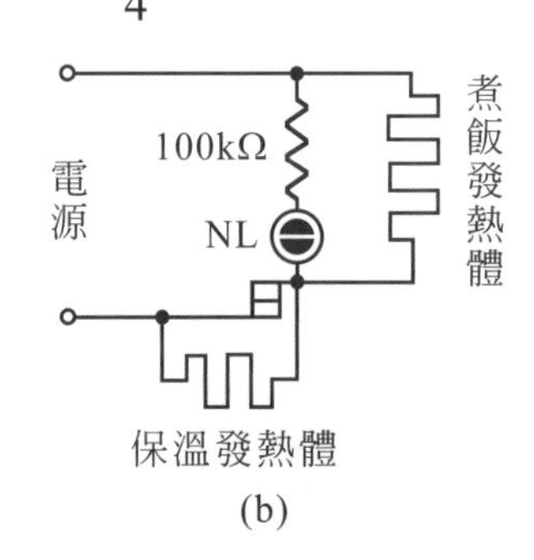

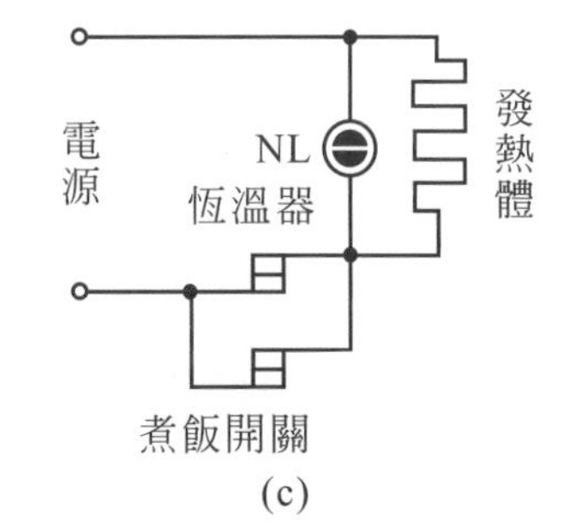

圖 2-7-11　保溫電鍋電路圖

2-7-5　煮飯煮菜兩用電鍋

圖 2-7-12(a)是利用飯菜切換開關作煮飯或燒菜選擇的飯菜兩用電鍋，煮飯開關如圖 2-7-4 所示。當切換開關置於「菜」之位置時，煮飯開關被短路，發熱體不受其控制，故電鍋溫度高，適合燒菜，但溫度過高時煮菜恆溫器即動作而維持電鍋溫度在一

已定高溫之下，以免發生危險。當切換開關置於「飯」之位置時，因溫度未達煮菜恆溫器之動作溫度，故其接點閉合，發熱體僅受煮飯開關控制。

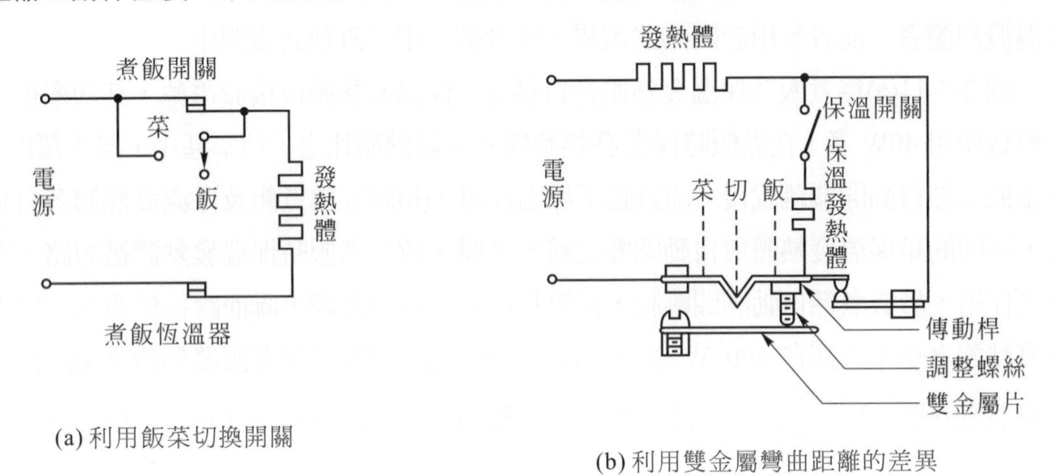

(a) 利用飯菜切換開關

(b) 利用雙金屬彎曲距離的差異

圖 2-7-12　煮飯煮菜兩用電鍋電路圖

圖2-7-12(b)則是利用雙金屬片彎曲距離的差異控制煮飯或燒菜之煮飯煮菜兩用兼保溫電鍋。使用圖 2-7-5 之煮飯煮菜兩用自動開關控制。當傳動桿在「飯」之位置時，雙金屬片在低溫下，其彎曲距離即足以打開銀接點，以切斷電源。當傳動桿置於「菜」位置時，因雙金屬片在溫度甚高時其彎曲距離始足以打開銀接點，故適於燒菜。傳動桿在「切」位置時銀接點打開，但若在煮飯前或煮飯將保溫開關關上，則保溫發熱體將負起保溫的作用。

2-7-6　電子保溫鍋

電子保溫電鍋的米盛放在鍋心的器皿上。其鍋蓋採用三重結構，夾心部份填滿隔熱材料。鍋身壁亦鑲滿隔熱材料，故保溫性能良好，不受外界氣溫的影響。

電子保溫鍋在煮飯時使用煮飯發熱體。保溫時則以半導體發熱體 PTC 配合由電子電路控制的保溫發熱體，以充分發揮保溫的效果。

圖 2-7-13 爲電子保溫電鍋之電路圖。當煮飯開關(與圖 2-7-8 所示之磁性體自動開關同)被按下時 P_1 與 P_2 兩端被短路，兩端間之電壓爲零保溫發熱體與保溫控制電路不起作用。

鍋壁上框所設之開路溫度開關，在該處之溫度低於 44℃時，處於開路狀態(OFF)，當溫度在 44℃以上時其接點才閉合。此開關可防止插頭經常插上電源，而煮飯開關未按下時，保溫電路動作，徒然消耗功率。

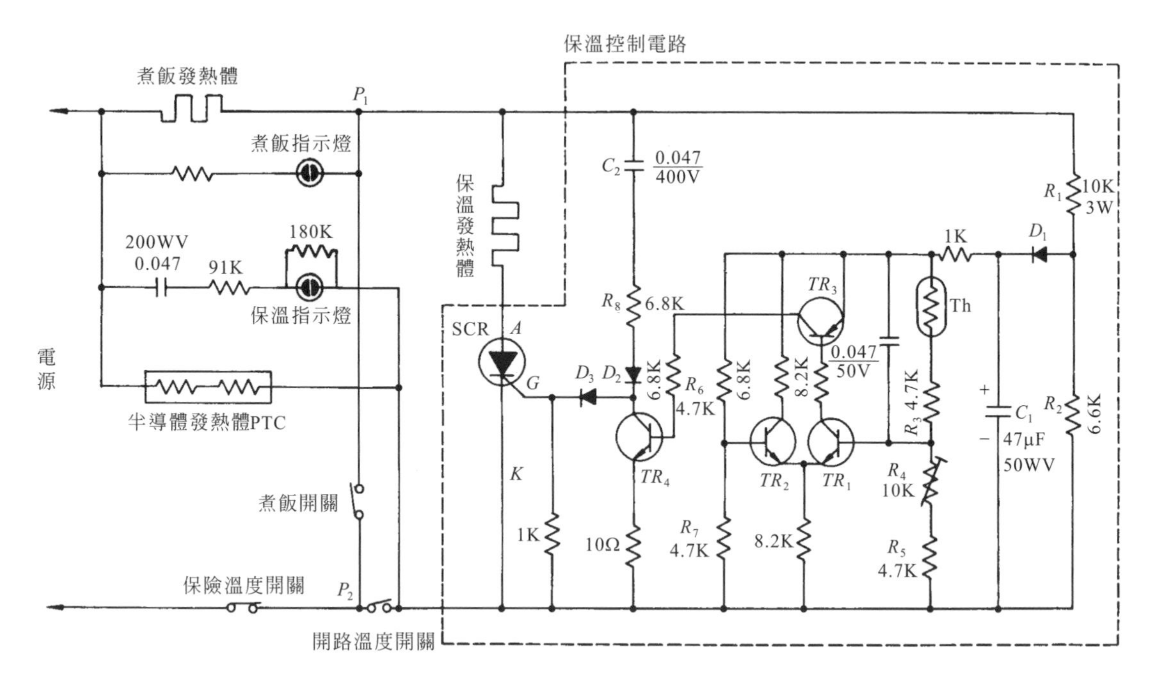

圖 2-7-13　電子保溫電鍋之電路

在煮飯進行時，鍋內溫度超過 44℃，開路溫度開關閉合，鑲佈在鍋內的半導體發熱體(positive temperature coefficient Thefmistor，簡稱 PTC)接上電源而發熱，使鍋蓋內溫度平衡，不致有蒸汽在鍋蓋內凝聚成水珠。

PTC 的基本功率大約 10 瓦。由於 PTC 具有正溫度係數的特性，溫度愈高，其電阻值愈大，所消耗的功率降低，溫度愈低，其電阻值愈小，所消耗的功率增加(當然所發出之熱量亦跟著提高)，故可補償溫度的變化。電子保溫電鍋，採用 PTC 兼作保溫時的加熱元件及恆溫器，配合保溫發熱體即能使該電鍋不受四季室溫變化的影響。

當飯煮熟，煮飯開關自動跳開後，P_1 與 P_2 間的電壓，使保溫控制電路動作。保溫控制電路，係藉電晶體電路控制 SCR 的通斷，以達到保溫的目的。

茲將保溫控制電路的動作原理說明如下：

當煮飯開關跳開後，P_1 與 P_2 間之電壓經 R_1 與 R_2 分壓，由 D_1 整流並經電解電容器 C_1 濾波而成爲電晶體電路的電源。

具有負溫度係數(溫高愈高電阻值愈低，溫度愈低則電阻值愈高，其電阻係數與溫度成反比)的熱敏電阻 Th 加 R_3 與 R_4 加 R_5 及 R_6、R_7 組成了電阻電橋。當鍋內溫度降至 65℃時，電橋平衡，電晶體 TR_1 無偏流，因此其集－射極間成斷路狀態，TR_3 與 TR_4 亦處於開路狀態，此時 SCR 經由 C_2 及 R_8 獲得閘極(G)觸發電流而導通(由於 C_2 與 R_8

產生微小的移相作用，閘極觸發電流 I_g 稍微領前電源電壓，故保溫發熱體可得到半波的電壓)，由於 SCR 具有單向導電之特性，因此保溫發熱體經由 SCR 獲得半波的電壓，使鍋內溫度上升。

當鍋內溫度上升至 70℃時，熱敏電阻 Th 電阻值的降低，使電橋失去平衡，TR_1 獲得偏流而導通，TR_3 及 TR_4 亦因而導通。TR_4 的導通，絕大部份經由 C_2 及 R_8 的電流將被旁路掉，以致 SCR 的閘極失去足夠的觸發電流，電源電壓轉變爲負半週時 SCR 即恢復截止狀態(AK 間成開路)，保溫發熱體停止加熱。如此交替動作，鍋內的溫度即能保持在 65～70℃。

R_4 爲一可調電阻器，其值之大小可影響電橋的平衡，故可以調整保溫的溫度範圍。於此是用來校準電路，使其動作溫度正確。電晶體 TR_2 的作用，在於作溫度補償，以提高電晶體電路工作的穩定性。TR_2 是使用與 TR_1 同一編號者。因爲，唯有如此始能獲得最高的穩定性。

保險溫度開關在平時是成閉路狀態，此開關乃爲防止電鍋超溫而設，一旦超溫，該開關立即切斷總電路，以防發生意外。

2-7-7 電鍋的使用

電鍋有六人份(600 W)、十人份(600 W 或 800 W)、十五人份(1000 W)、二十人份(1200 W)等數種，以供配合人數的多寡及家庭用電容量的大小而作適當的選擇。然其使用方法並不因電鍋的大小而異。茲將間熱式電鍋和直熱式電鍋之「米和水的份量關係」列於表 2-7-1 至表 2-7-3，以供參考。

表 2-7-1 用間熱式電鍋煮飯

米量(用計量杯)	水量		開關自動斷電時間
	内鍋水位線(連米在内)	外鍋計量杯	
1 杯	至第 1 刻度	1 刻度	20～30 分
2 杯	至第 2 刻度	2 刻度	
3 杯	至第 3 刻度	3 刻度	
4 杯	至第 4 刻度	4 刻度	30～35 分
5 杯	至第 5 刻度	5 刻度	
6 杯	至第 6 刻度	6 刻度	

表 2-7-1 用間熱式電鍋煮飯(續)

米量(用計量杯)	水量		開關自動斷電時間
	內鍋水位線(連米在內)	外鍋計量杯	
7 杯	至第 7 刻度	7 刻度	35～40 分
8 杯	至第 8 刻度	8 刻度	
9 杯	至第 9 刻度	9 刻度	
10 杯	至第 10 刻度	10 刻度	40～45 分
11 杯	至第 11 刻度	11 刻度	
12 杯	至第 12 刻度	12 刻度	
13 杯	至第 13 刻度	13 刻度	45～50 分
14 杯	至第 14 刻度	14 刻度	
15 杯	至第 15 刻度	15 刻度	

附註：1. 以上各表係以額定電壓，室溫 25℃，水溫 25℃時煮蓬萊米爲標準的。

2. 除上列指定水量外，因米種的關係，或因新米舊米的關係，或因各人嗜好，應酌予增減水量。

3. 表中所列斷電時間，因季節、水溫、水量的增減與電壓的高低而有所改變。

4. 表中所說的“計量杯”係以電鍋製造廠商所附贈者爲準。

表 2-7-2 用間熱式電鍋煮稀飯

米量(計量杯)	水量		開關自動斷電時間
	內鍋(計量杯)	外鍋(計量杯)	
1 杯	5 杯	2 刻度	20～30 分
2 杯	10 杯	4 刻度	20～35 分
3 杯	20 杯	6 刻度	35～40 分

表 2-7-3 用直熱式電鍋煮飯

米量(計量杯)	內鍋水量(連米計)	開關自動斷電時間	可供飯人數 (每人以 2 碗計)
2 杯	至第 2 刻度	17 分	2 人份
4 杯	至第 4 刻度	23 分	4 人份
6 杯	至第 6 刻度	28 分	6 人份
8 杯	至第 8 刻度	32 分	8 人份
10 杯	至第 10 刻度	34 分	10 人份
15 杯	至第 15 刻度	36 分	15 人份

2-7-8 電鍋的保養

1. 內鍋需經常保持清潔。尤其是直熱式電鍋之內鍋底，因常有鍋巴，故需將其清除乾淨；內鍋係以鋁板沖壓而成，因此需避免使用棕刷及磨粉擦洗。
2. 電鍋本體因內藏有電器零件，故只能以濕布輕拭，不得以水沖洗。
3. 外殼不能用磨粉等擦洗，以免烤漆脫落。
4. 熱板(外鍋)需經常注意清潔，若太髒時可用細砂紙輕拭，但須避免用水清洗。
5. 平時開關勿按上按下的玩弄。飯煮熟後切勿立即再撥下開關，應稍待冷卻後再使用，以免影響自動開關之精度。
6. 使用電鍋時應放置水平。若傾斜過度，會發生飯未煮熟開關先跳開之現象。
7. 使用時插頭應插緊於插座上，以免因接觸不良而發熱，日久將損壞電源線之插頭。
8. 有保溫作用之電鍋，飯煮好後若不需保溫，請將插頭拔掉，以免耗電。

2-7-9 電鍋的故障檢修

故障情形	原因	處理
1. 插頭處有響聲或臭味。	插頭接觸不良。	使其接觸良好或換新。
2. 完全不熱。	a. 電源線或內部接線斷線或脫落。 b. 電熱線斷。 c. 開關接點接觸不良。	a. 查出斷落處接好或換新。 b. 疊接或換新。 c. 用細砂紙擦拭平滑，並調整其磷青銅片彈力。

(續前表)

故障情形	原因	處理
3. 未煮熟開關先跳開。	a. 自動開關之動作溫度過低。 b. 電壓過高。 c. 內鍋變形(直熱式)。 d. 外鍋水不足(間熱式)。 e. 內鍋水不足(直熱式)。 f. 各連接頭鬆動。	a. 間熱式電鍋,可調節自動開關之調整螺絲，使其無載時之正常跳脫時間約爲 6～7 分鐘。直熱式電鍋則需將磁性體自動開關換新。 b. 使電源電壓成爲額定電壓的±5%內。 c. 換新內鍋。 d. 照說明書放適量的水。 e. 照說明書放適量的水。 f. 鎖緊(捻緊)各連接處。
4. 飯煮熟後開關仍不跳開。	a. 自動開關之動作溫度過高。 b. 電壓過低，以致煮飯時間過長。 c. 開關臂障礙。	a. 參照 3～a 處理。 b. 參照 3～b 處理。 c. 查出障礙部份並糾正之。
5. 動作不穩定，有時過慢有時則正常。	a. 主線路有鬆動、接觸不良的部份。 b. 電源電壓不規格降低，或短時間停電。	a. 檢查，並使接觸良好。 b. 調查電源不正常之原因,並設法排除之。
6. 漏電。	a. 鍋內進水。 b. 線路有某部份碰觸外殼。 c. 發熱體與外殼碰觸。	a. 擦乾。 b. 將碰處部份加以絕緣。 c. 以雲母片加強絕緣。
7. 工作正常但指示燈不動作。	a. 指示燈所串聯之電阻斷路。 b. 指示燈線路脫落。 c. 指示燈座潮濕。	a. 換新電阻。 b. 查出脫落部份並將其接好。 c. 乾燥之。
8. 保溫電鍋之保溫工作不正常。	a. 保溫電熱線斷。 b. 保溫發熱體之功率不適當。 c. 保溫恆溫器動作不良。	a. 換新品。 b. 換用合適的保溫發熱體。 c. 煮飯兼保溫發熱體的自動保溫電鍋(圖 2-7-11(c)),其保溫溫度範圍不正確時(65℃～70℃爲正常),應調整保溫恆溫器的雙金屬片彈性。彈性大，動作溫度高，彈性小，動作溫度低。
9. 保溫時飯顯著乾縮。	飯保溫時，飯中水份不斷受熱蒸發，時間久後，飯粒漸形乾縮，鍋底並形成一層鍋巴。	若將內鍋蓋蓋緊還無法避免,則可將乾淨的布浸濕後蓋在米飯上，以減輕米飯水份的蒸發。

2-8 烤麵包機

烤麵包機依其動作之不同，可分爲自動烤麵包機及全自動烤麵包機。自動烤麵包機於麵包放到烤麵包機後，需用手將電源開關壓下，烤好後麵包自動跳起，並切斷電源。全自動烤麵包機則於麵包放到烤麵包機後電源會自動接通，烤好後亦自動將麵包送起，並將電源切斷。常見之烤麵包機皆爲 600 W 者。

2-8-1 自動烤麵包機

自動烤麵包機皆爲爆升型者，麵包烤好後是利用彈簧的力量將麵包驟然彈起，依其動作方式之不同可分爲時鐘式與感熱式兩種，茲分別說明之：

一、時鐘式自動烤麵包機

圖 2-8-1 所示爲時鐘式自動烤麵包機之構造圖。其內部構造則如圖 2-8-2，(a)圖中的 *AB* 與(b)圖中 *AB* 之間是以麵包放置架連接著。

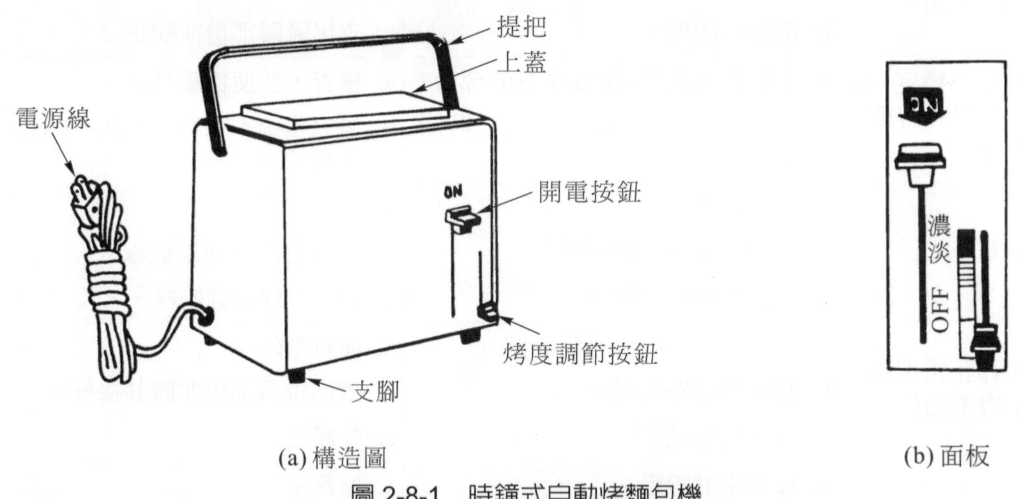

(a) 構造圖　　(b) 面板

圖 2-8-1　時鐘式自動烤麵包機

將麵包放入烤麵包機的兩槽裡，然後將烤度調節按鈕拉到所喜愛之烤度位置，按下開電按鈕，麵包即隨麵包放置架下沈至三發熱片之間。此時圖 2-8-2(a)圖中之瓷管隨著下降，因此富有彈性之磷青銅片往右靠而使接點閉合，三發熱片發熱。同時(b)圖中之鉤片鉤住計時齒輪，固定於定位片的升降彈簧施加力量於鉤片使之上拉，計時齒輪即受力而順時針方向轉動，由於計時齒輪受阻尼裝置之牽制，其轉動速度是均勻的，鉤片順著計時齒輪之轉動而往上升，當鉤片上升至計時齒輪與控制片下緣之交點 *a* 時，即順著控制片而往上滑動，此時麵包即藉著彈簧的力量送起，同時(a)圖中之接點由於瓷管之上升而切斷電源。烘烤完畢。

圖 2-8-2(b)中之阻尼裝置係由齒輪組與阻尼桿組成，如圖 2-8-2(c)。阻尼桿 *a* 與 *b* 猶如翹翹板，當阻尼桿 *a* 受力往下沈時，阻尼桿 *b* 即往上升起，反之，阻尼桿 *b* 受力而往下沈時，*a* 即往上升起。

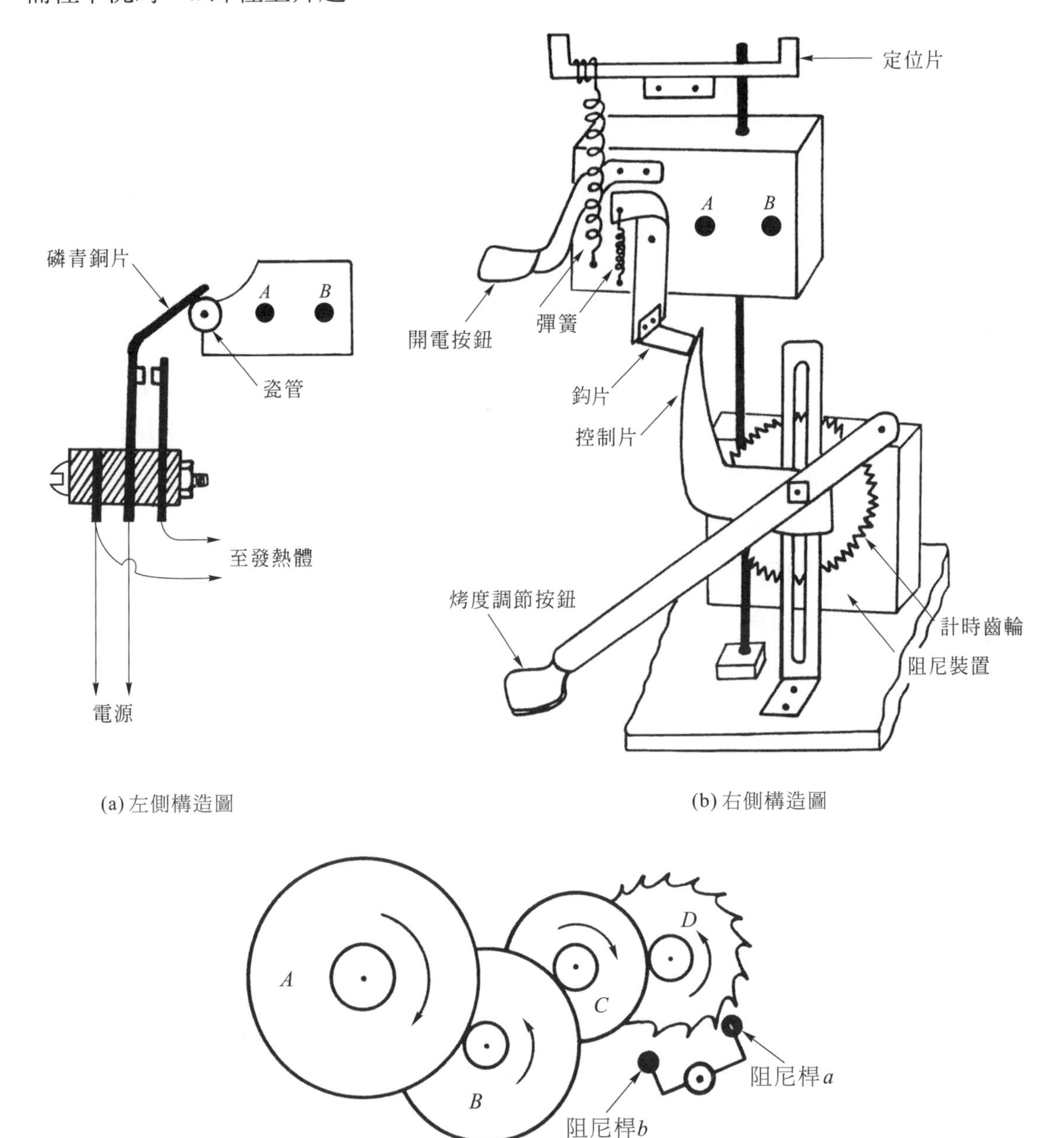

(a) 左側構造圖　　(b) 右側構造圖

(c) 阻尼裝置之內部結構圖

圖 2-8-2　時鐘式自動烤麵包機結構圖

當計時齒輪受力時，與其同軸之「齒輪 A」將力量經由「齒輪 B 及 C」傳至「齒輪 D」，使 D 逆時針方向旋轉，此時「阻尼桿 a」受力而往下沈，同時迫使「阻尼桿 b」往上升起錘擊 D，但 D 齒輪是受力而在不停的轉動著，因此「阻尼桿 b」會受到下推的力量而往下沈，逼迫「阻尼桿 a」往上升起而敲擊 D。若是齒輪 D 不停的旋轉(僅當麵包烤好，鈎片順著控制片往上升起時，計時齒輪不受力，齒輪 D 才會靜止)，則「阻尼桿 a 和 b」將不斷地輪流敲擊 D 而使 D 受到阻力，因而降低旋轉速率。

齒輪 D 受阻，齒輪 A 的速率亦跟著降低，因此計時齒輪得以維持緩慢的旋轉。

爲適應各人之愛好，烤麵機是可利用烤度調節按鈕調節烤度的濃(較酥)淡(較軟)的。欲作深烤時，將烤度調節按鈕往上拉，欲作淺烤則往下壓即可。如圖 2-8-1(b)所示。當烤度調節按鈕往上拉時，控制片隨著上升，控制片下緣與計時齒輪之交點 a 亦隨著升高，則鈎片從底部順著計時齒輪升至 a 點之時間較長，麵包烘烤的時間長，當然較酥(濃)。反之，若把烤度調節按鈕下壓，則麵包烘烤的時間較短，自然是較軟(淡)了。在烘烤中途，欲取出麵包時，只要將烤度調節鈕下壓至最底部 OFF 刻度處即可；此時控制片下降至底部而使鈎片立即滑出，麵包即刻藉彈簧之力送起。

二、感熱式自動烤麵包機

感熱式自動烤麵包機，以雙金屬片感受發熱體在機內所生熱量而動作，其構造如圖 2-8-3(b)圖所示(爲求清晰起見，發熱體在圖中未于繪出)，(a)圖則爲其實體圖。按下開電按鈕，置於麵包置放架上之麵包即隨著麵包置放架下沈至三發熱片之間，此時「係止片」下降而被掛鈎鈎住，同時「開關壓片」使接點閉合，開始烘烤麵包。待麵包烤好，雙金屬片彎曲而推動連動桿，當連動桿加於與之成機械連結的反轉板彈簧之壓力達到一已定程度時，反轉板彈簧即猛然右曲而向右推動掛鈎推壓部，掛鈎右傾，係止片不再受制，升降彈簧使麵包置放架上升，麵包送出。同時由於開關壓片之上升，接點打開，電源切斷。烘烤完畢。

烤度調節鈕是用來調節反轉板彈簧與雙金屬片間距離之大小，當旋動烤度調節鈕而使其軸前進向左壓動時，反轉板彈簧與雙金屬片之距離較小，雙金屬片只要較小的彎曲，連動桿即可推動反轉板彈簧，使其右曲而令掛鈎右傾，釋放係止片，是作淺烤用。反之，若旋動烤度調節鈕，使反轉板彈簧與雙金屬片間之距離增大，則雙金屬片需有較大的彎曲，推動桿的推力才能使反轉板彈簧右曲而令掛鈎右傾，是作爲深烤之用。

(a) 外觀

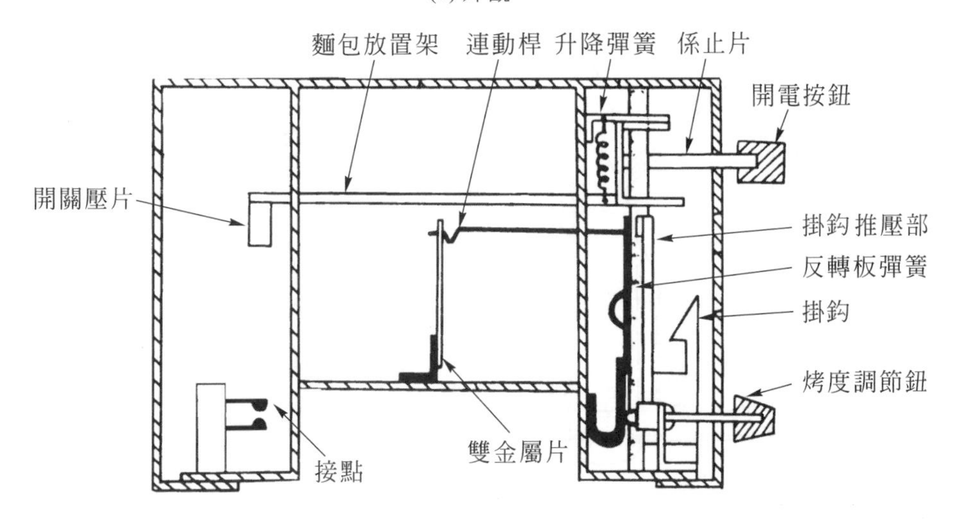

(b) 內部構造圖

圖 2-8-3 感熱式自動烤麵包機

反轉板彈簧是當連動桿右推之力達到某程度時，才突然右曲而壓動掛鈎推壓部，使掛鈎釋放係止片的，故開關接點之打開是突然的，而非漸漸的，因此，接點不會處於若即若離，似接又似離的不確實接觸狀態。

國際牌 810-RS 型烤麵包機，設有一個 1 片－2 片選擇開關，僅欲烘烤一片麵包時將開關置於“1 片”之位置，則圖 2-8-4 中之 SW 打開(OFF)，切斷一側之發熱片，可避免電力的無謂浪費，使用上甚為方便。此型烤麵包機並附有上蓋，壓下開電按鈕時由機械結構帶動自動蓋上(此機械結構甚為簡單，讀者諸君只要一見實物，立可明白其動作原理)，如此可減少熱量的散失而縮短烘烤的時間，故稱為“速烤自動蓋”。

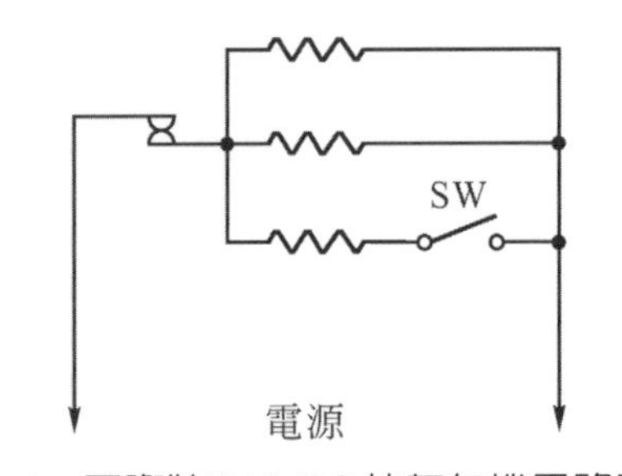

圖 2-8-4 國際牌 810-RS 烤麵包機電路圖

2-8-2 全自動烤麵包機

全自動烤麵包機係利用通電與斷電，使與發熱體(三片並聯著的發熱片)串聯之熱膨脹線(鎳鉻合金線)產生熱脹冷縮的伸縮變化，以升降連鎖之麵包置放架，故其昇降速度適中而順達。其實體圖、結構圖及電路圖均示於圖 2-8-5。

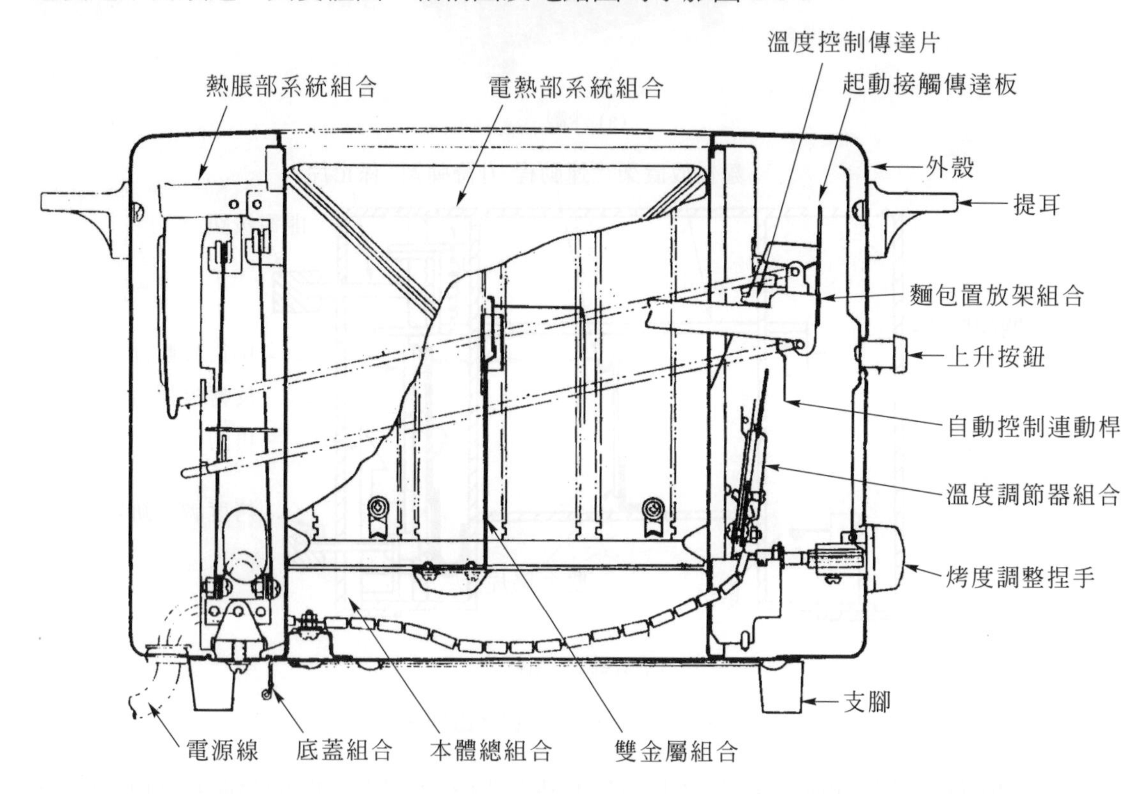

(a) 結構圖

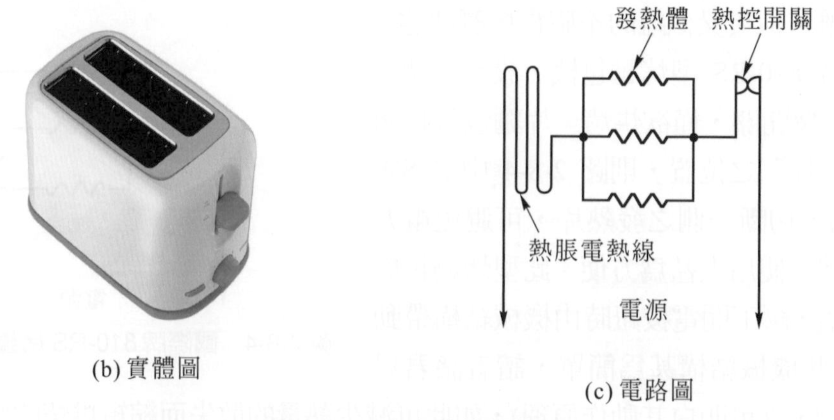

(b) 實體圖

(c) 電路圖

圖 2-8-5 全自動烤麵包機

茲將全自動烤麵包機之動作原理說明如下：

將插頭插入電源插座，由於熱控開關(圖 2-8-7 中 *A-B* 間之接點)是開路狀態，故烤麵包機不動作。將麵包放到麵包置放架時，麵包之重量使得麵包置放架逆時針迴轉(請一面參看圖 2-8-6)，因此起動接觸傳達板推動溫度控制傳達片，溫度控制傳達片帶動自動控制連動桿向順時針方向移動，自動控制連動桿觸拍接點 *A* 上之絕緣片，使接點彈簧片向左彎曲，熱控開關之接點 *AB* 接觸在一起(請一面參看圖 2-8-5(a)及圖 2-8-7)，電源接通。與發熱體串聯的熱脹電熱線發熱而伸長，使麵包隨著麵包置放架徐徐下降至三發熱片之間，開始烘烤。

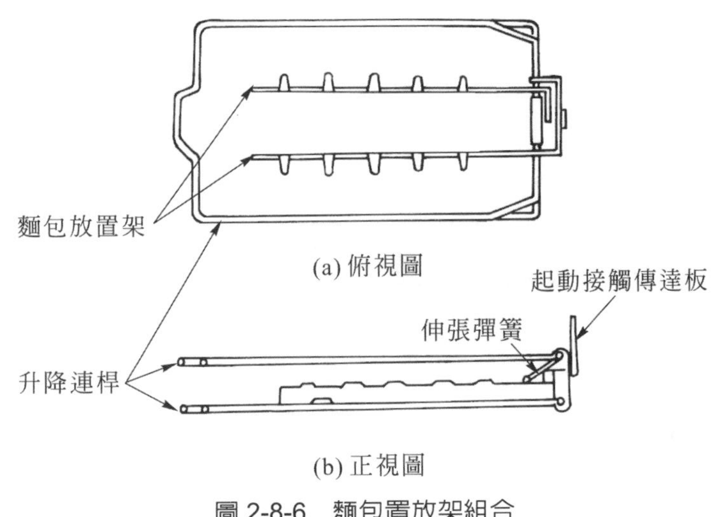

圖 2-8-6　麵包置放架組合

待麵包烤好後，雙金屬片彎曲而推動連桿，連桿右推之力達到某一彈力限度時，鑲著接點 *A* 的接點彈簧片(請參看圖 2-8-7)向右彈開，電源切斷。熱脹電熱線停止發熱，其溫度下降後會縮回原來長度，因此麵包隨著熱脹電熱線的收縮緩慢上升。

圖 2-8-7 右側的溫度調節器組合與雙金屬片間的距離，可用烤度調整捏手控制。距離短，則雙金屬片稍微彎曲即可使接點彈簧片動作而打開熱控開關的接點 *A-B*，故麵包烘烤的較淡；相反的距離大，則雙金屬片的彎曲幅度必須較大，方能使接點彈簧片動作而打開接點 *A-B*，是作為深烤之用。

若在烘烤途中，欲將麵包取出，可按下“上升鈕”，因上升鈕連動打開熱控開關，故可迫使中途斷電而升起麵包。

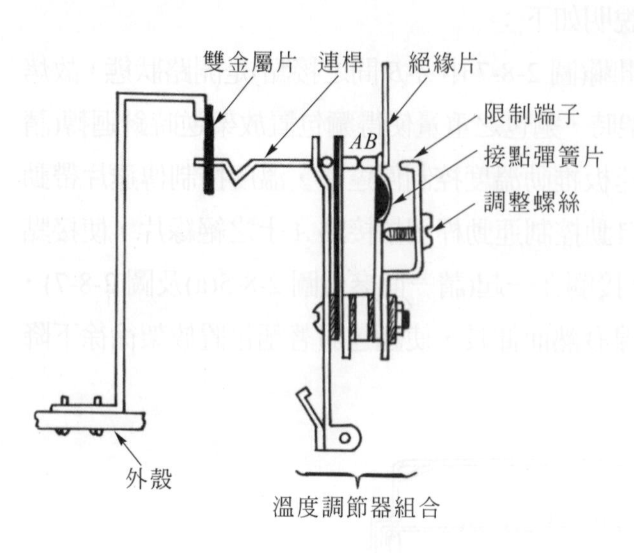

圖 2-8-7 熱控制開關

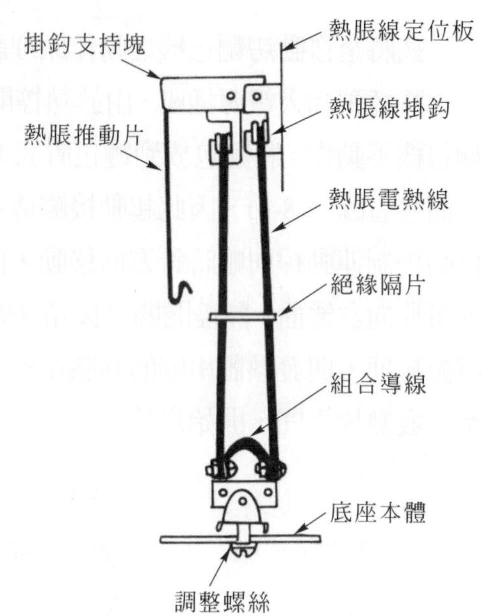

圖 2-8-8 熱脹部系統組合

2-8-3 烤麵包機之使用與保養

1. 時鐘式自動烤麵包機，若連續烘烤麵包，則由於餘熱的關係，在烘烤的時間不變的情形下，烘烤的程度會愈來愈濃，此時必需逐次將烤度調節鈕往下(淡)壓，或每烘烤一次，稍等片刻(約 20 秒)再做第二次之烘烤。如此，始能烤出均勻一色的香酥麵包片。
2. 感熱式自動烤麵包機，若連續烘烤麵包，會因每次間隔時間太短，烤麵包機之餘熱使雙金屬片未能恢復其原狀，以致熱控開關動作時間愈來愈短，使麵包愈烤愈淡。此時將麵包取出，稍待片刻(約 20 秒)再使用，或逐次將烤度調節鈕往濃的方向略為旋動。
3. 全自動烤麵包機的熱脹電熱線經常在脹縮，久而久之勢必稍微伸長，故隔一段時間(視使用頻繁與否而定)必須調節一次，使麵包大約可升出烤麵包機表面 1～2 公分為準。(調整方法見故障檢修 4.(b))。同時由於全自動烤麵包機亦以雙金屬片作控制，故連續烘烤時應逐次將烤度調整捏手略向「濃」的方向旋動，或每隔 20 秒鐘烘烤一次。
4. 所買之麵包需待冷方可烘烤。若將剛製好的麵包(較軟)放入烤麵包機烘烤，麵包片易於彎曲，烤好後將無法自動上跳，而會堵塞於出口處。

5. 家庭用烤麵包機皆為一次烘烤兩片的型式，僅烤一片麵包時，烤度內側會比外側濃(內側面臨兩片發熱片，外側僅對著一片發熱片)，要使兩面烤的濃淡一致，需將內、外兩面對調，再烤一次。(國際牌 810-RS 型烤麵包機備有 1 片－2 片選擇開關，僅烘烤一片時將開關置於“1 片”之位置即可。)
6. 欲清理麵包屑時，拔掉插頭，打開底蓋清理之即可。千萬不要無故亂拆外殼。
7. 在未烤麵包之前，須先將烤度調節在適當處。
8. 千萬不要在烘烤之前在麵包上塗奶油，否則奶油溶化後，不但弄髒烤麵包機，且易致故障。
9. 全自動烤麵包機，沒有放入麵包而將電源插頭插入插座，若電源即接通，係受振動所致，只要按下“上升鈕”，電源即能自動切斷。
10. 全自動烤麵包機，由於麵包厚薄大小之差異，麵包放到麵包置放架上後，偶有電源不接通的現象，此時需用手指在麵包上稍加壓力。
11. 烤麵包機放置場所需乾燥，否則易因濕氣之侵入而遭致損壞，同時應避免塵埃侵入以重衛生。
12. 烤麵包機不可用水清洗，否則將造成漏電或損壞。

2-8-4 烤麵包機的故障檢修

下面故障檢修速見表中，有☆記號者為全自動烤麵包機之特有故障。

故障情形	原因	處理
1. 不熱	a. 停電、保險絲斷、插頭接觸不良	a. 停電時應待之。保險絲斷，換新並查明原因，消除之。插頭鬆動可即時修理或換新。
	b. 電源線斷	b. 查出斷線處，連接之，或換新的電源線。
	c. 開關接觸不良	c. 主接觸點用砂紙磨光之，如動片彈性疲乏，應換新品。
	d 電熱線斷	d. 用銅套管壓接之或換新。
	☆e. 熱脹電熱線斷	e. 換新品。
	☆f. 自動控制連動桿脫落	f. 此可由將烤麵包機上下左右旋動時有碰片聲得知。必需拆開外殼，將其重新點焊。

(續前表)

故障情形	原因	處理
1. 不熱	☆g. 接點彈簧片變形	g. 拆開外殼，將圖 2-8-7 中之調整螺絲逆時針旋轉試之，若無法調整妥當，則需換新品。
2. 漏電	a. 電熱線接頭與外殼碰觸 b. 電源線及連接部份碰外殼 c. 進水	a. 移離之。 b. 移離或加墊絕緣片 c. 拆御並擦乾之
3. 不跳起	a. 升降彈簧不良 b. 麵包過厚 c. 跳起機構損壞 d. 雙金屬組合變形 ☆e. 接點彈簧片變形	a. 換新品 b. 改薄 c. 檢查其動作情形，修理不正常部份(大部份的故障出在有彈簧的地方) d. 換新。若不拔掉插頭將烤焦。 e. 拆開外殼，將圖 2-8-7 中之調整螺絲順時針旋轉試之，若無法調整妥當，則換新品
☆4. 昇降失靈： a. 麵包置放架降到烤麵包機底部	a. 熱脹電熱線斷	a. 換新品
b. 上昇緩慢或上昇不能達到支架板之槽頂孔	b. 熱脹電熱線鬆	b. 斷電後順時針旋動圖 2-8-8 底部之調整螺絲至適可而止
c. 麵包不能完全降到支架板之槽孔底	c. 熱脹電熱線緊	c. 通電後逆時針旋轉圖 2-8-8 底部之調整螺絲至適可而止。
d. 置放麵包後，用手加壓於麵包仍不下降	d. 接點彈簧片變形	d. 拆開外殼，將圖 2-8-7 中之調整螺絲逆時針旋轉試之，若無法調整妥當，則需換新品。
e. 烤焦(即刻按「上升鈕」並查看旋鈕放置之位置是否太高，通常烘烤用“2”刻度)	e. 熱控開關調整不良	e. 將烤度調整鈕置於“2”刻度上，拔脫烤度調整捏手，以螺絲起子調整圖 2-8-7 之調整螺絲。

國際牌烤麵包機，若旋動烤度調節旋鈕，無法得到滿意的烤度，則可依圖 2-8-9 所示之方法，由烤麵包機底部之調節片調節之。

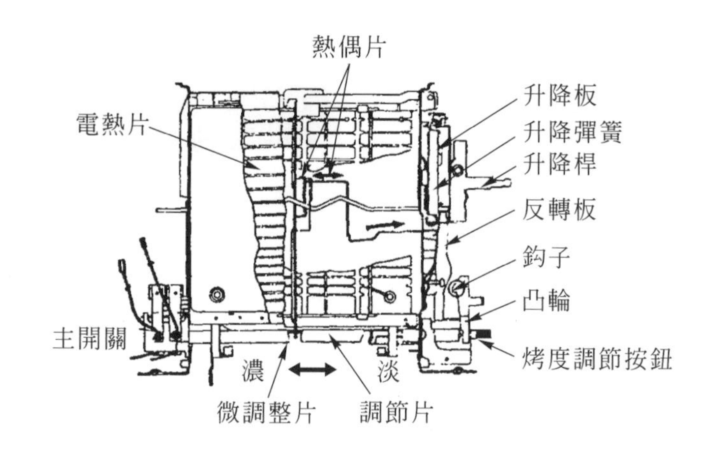

‧過焦時請參照右圖，將微調整片沿箭頭向右移動一格。

‧過淡時請參照右圖，將微調整片沿箭頭向左移動一格。

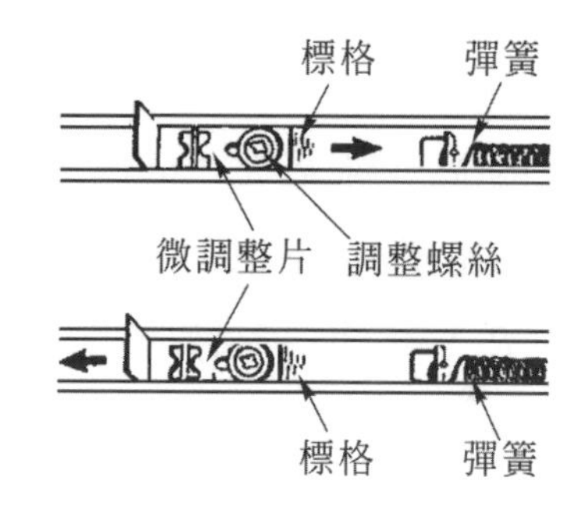

圖 2-8-9 國際牌感熱式自動烤麵包機調節要領

2-9 電毯

睡眠中，寢具內最舒適的溫度大約在 30℃左右(因人之體質及穿衣狀況而略異)。在夏天，晚上睡覺時，只要蓋上輕薄的毯子即可，冬天則非蓋著又大又厚的棉被來防止由身體所發出的熱氣逸出寢具不可。電毯由於有輕薄、暖和之優點，故在本省已漸被廣爲樂用。

電毯係在毯子內部，如圖 2-9-1(a)所示，*Z* 字形的裝入富有柔軟性的熱線繩而成。通電後能由整個面發出柔和的微溫，使人在深冬亦能進入甜蜜的夢鄉。

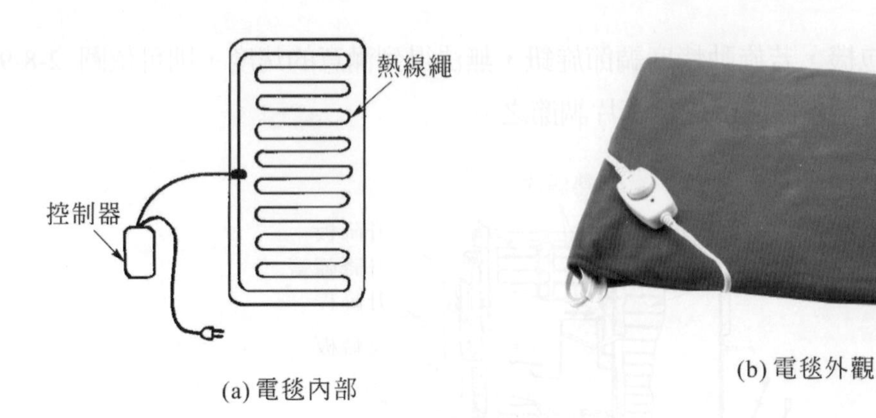

(a) 電毯內部

(b) 電毯外觀

圖 2-9-1

電毯所用的熱線繩，如圖 2-9-2 所示，係在玻璃纖維的蕊線繞上具有柔順性的銅鎘合金電熱線(因為電毯時常要摺疊)，包上一層尼龍，然後再繞上一層具有正溫度係數的信號線，最後用耐熱塑膠加以絕緣而成。

圖 2-9-3 為電毯之電路。壓下"ON"按鈕時，電容器 C 經由 R_3 及二極體 D_1 充電，同時繼電器之線圈 R_y 亦經 R_3 及二極體 D_1 獲得電壓而動作。手離開後"ON"按鈕回復開路狀態。由於繼電器在動作後只需較低的電壓即可維持吸持作用，故此時由 R_1 與 R_2 產生的分壓供給 R_y，繼續保持接點的閉合。如此，一方面可避免繼電器的線圈 R_y 長久通過大量電流，藉以延長繼電器的壽命，另一方面，可減少控制回路的消耗電力。

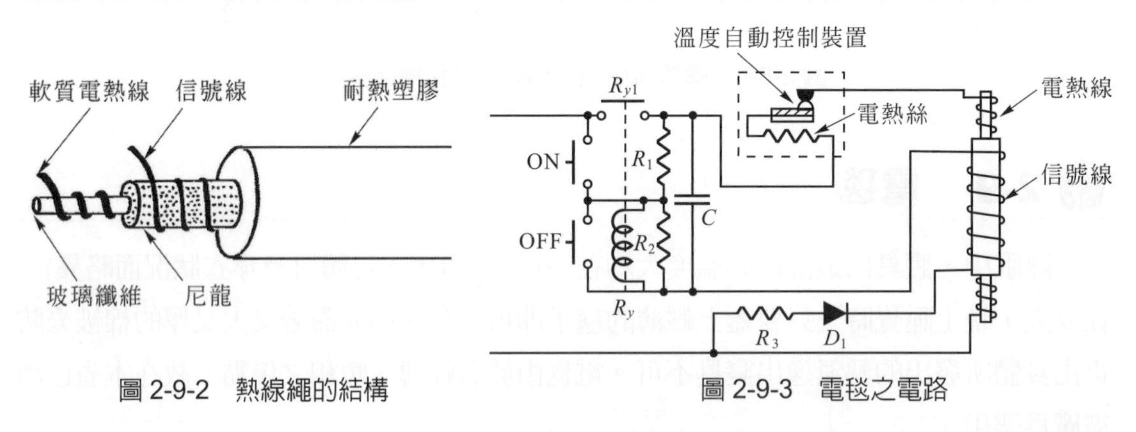

圖 2-9-2 熱線繩的結構

圖 2-9-3 電毯之電路

繼電器的常開接點 R_{y1} 之閉合，使電熱線通電而發熱。同時，與溫度自動控制裝置(請參見圖 2-4-2(a))裝在一起的電熱絲亦開始對溫度自動控制裝置加熱。當電毯的溫度達到設定溫度時，電熱絲所發出的熱量恰足以使溫度自動控制裝置之雙金屬片彎曲而打開接點，切斷電熱線的電源。當溫度下降至某一限度時，雙金屬片恢復平直，電熱線得以再度通電，如是反復動作，即能達到自動控制溫度之目的。

不使用電毯時，將"OFF"按鈕壓下，則繼電器的線圈 R_y 被短路，因此接點 R_y 恢復開路狀態，切斷電路，同時 C 亦經 R_1 放電。手放開後，"OFF"按鈕回復開路狀態。

在使用中，若萬一電毯的溫度發生異常過熱，則在 90℃左右，即會因信號線電阻的大量增加，使流過信號線的電流受到限制，而令繼電器跳脫，其接點打開，切斷電路，以免發生危險。

電毯可分爲(a)將熱線繩直接在雙層毛毯內配線(b)將熱線繩縫在布製墊襯再裝進毛毯內，以便洗濯電毯時可將熱線繩部份拉出等二種方式。通常毛毯內熱線繩的配線，胸口部份較稀疏，使胸口部份的溫度略低，以頭冷腳熱之方式較多。消耗電力約 80 W～140 W。

2-10 電烙鐵

電烙鐵是修理和裝配電器不可或缺的工具。雖然在作檢修工作時使用電焊槍較爲方便(能速熱)，然而裝配工作則非有著"可長時間連續使用"優點的電烙鐵莫屬。其構造如圖 2-10-1 所示，由銲頭、發熱體、金屬外殼、手柄、電源線組成。

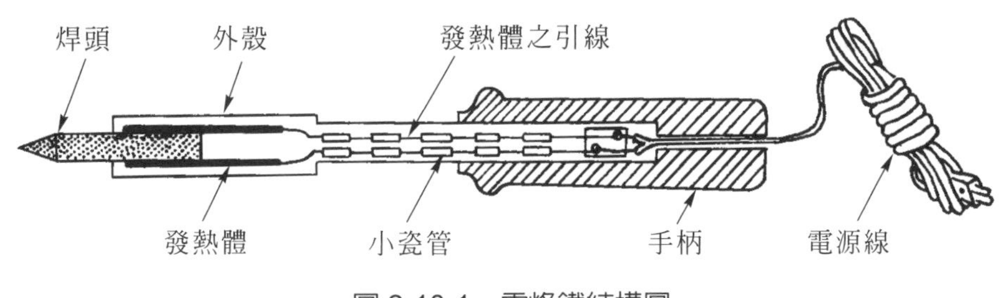

圖 2-10-1 電烙鐵結構圖

銲頭多半是以銅製成，蓋因其傳熱效率頗佳。發熱體則用鎳鉻線(圓的截面)或鎳鉻帶(長方形的截面)繞在雲母片上，外側覆以雲母片後包以白鐵皮而成。小瓷管使發熱體的引出線互相絕緣，以防止短路的發生，並可避免發熱體的引出線碰觸外殼而漏電。

電烙鐵的額定電壓有 110 V 及 220 V 兩種。其容量則可分爲 30 瓦、50 瓦、80 瓦、100 瓦、200 瓦不等。容量的選用視工作的需求而定。較大電線的焊錫工作應使用容量較大的電烙鐵，焊接較小的電線，使用容量較小者即可。一般而言，電器的裝配工作上所使用的電烙鐵多爲 50 W 或 80 W 者，在電燈、電力配線工作上使用的電烙鐵多在 100 W 或以上。半導體電路的裝配工作則需使用 30 W 者。

若將電烙鐵銲頭的加熱尖端改造成扁形或車輪型，可使用於塑膠布的縫合工作。使用塑膠布縫合器時，其溫度不能太高，否則必須在塑膠布縫合部份的上面放置雲母片，以防膠布因加熱軟化後黏著於縫合器上。塑膠布若加熱過度則容易破裂，加熱不足即不能縫合，故這種塑膠布縫合多使用於包裝紙之縫合，較講究的製品如雨衣、手提箱或塑膠氣球的縫合都使用高週波縫合機。

塑膠布縫合器之容量過低則縫合速度慢，容量過高塑膠布將因過熱而破裂，故容量必須適宜，通常使用的容量多在 80 W 以下。若使用額定電壓 110 V 者，接在自耦變壓器降壓使用，控制縫合器的溫度在 90℃～105℃，即可省去縫合塑膠布上加墊的雲母片，而迅速的作大量的生產工作。

工作中，若暫時將電烙鐵擱置不用，銲頭尖頭容易氧化而使銲接困難，若把電源切斷，則待會兒要用時又得等個半天，實在煩人(由於 $H = 0.24I^2Rt$，電烙鐵通電後需一段不甚短的時間才能達到工作溫度)。筆者於此奉勸讀者諸君裝置一個如圖 2-10-2 所示之“電烙鐵溫度控制器”，它將帶給你莫大的方便。圖 2-10-2(a)僅使用一個二極體與單刀雙投開關組成。當開關右滑時，電烙鐵僅剩一半的容量(二極體使電烙鐵僅得到半波的電源)，作為保溫；開關左滑可使溫度很快上升至工作溫度。(b)圖是二極體與單刀單投開關組成，開關 OFF 時烙鐵處於保溫狀態，若將開關 ON，則烙鐵由“保溫”轉為“工作”，溫度可很快達到工作溫度。

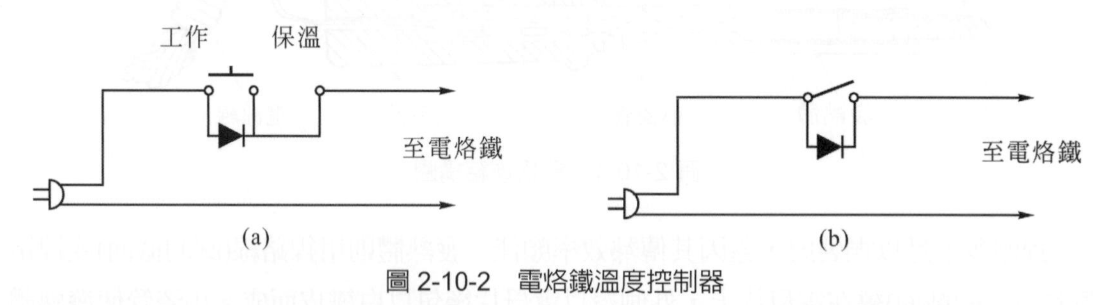

圖 2-10-2　電烙鐵溫度控制器

當然囉！使用之初必須將開關置於“工作”位置，電烙鐵的溫度才能較快的上升，因為使用之初電烙鐵是全冷的。“保溫”狀態則不但在擱置不用時使用，當焊接面積不大的印刷電路板或半導體元件時，將開關撥至“保溫”乃是聰明人的作法。運用之妙存乎一心。

電烙鐵的故障情形有如下數種：

一、電烙鐵不熱

1. 插頭接點鬆動或電源線中斷。
2. 發熱體引線與電源線連接處接觸不良。
3. 發熱體之內部斷線。

二、溫度不夠高

1. 發熱體之內部雖斷線，但仍有雜物使其構成通路。
2. 插頭接觸不良或導線將斷未斷。

三、漏電

1. 雲母片破裂。
2. 小瓷管破裂。

2-11 電磁爐

電磁爐(induction cooker 或 induction cooktop)是現代廚房革命的產物，外觀如圖 2-11-1 所示，它無需明火或傳導式加熱而讓熱直接在鍋底產生，因此熱效率極高。在加熱過程中沒有明火，無熱輻射、無煙、無灰、不產生廢氣，因此安全、衛生。

圖 2-11-1 電磁爐的外觀

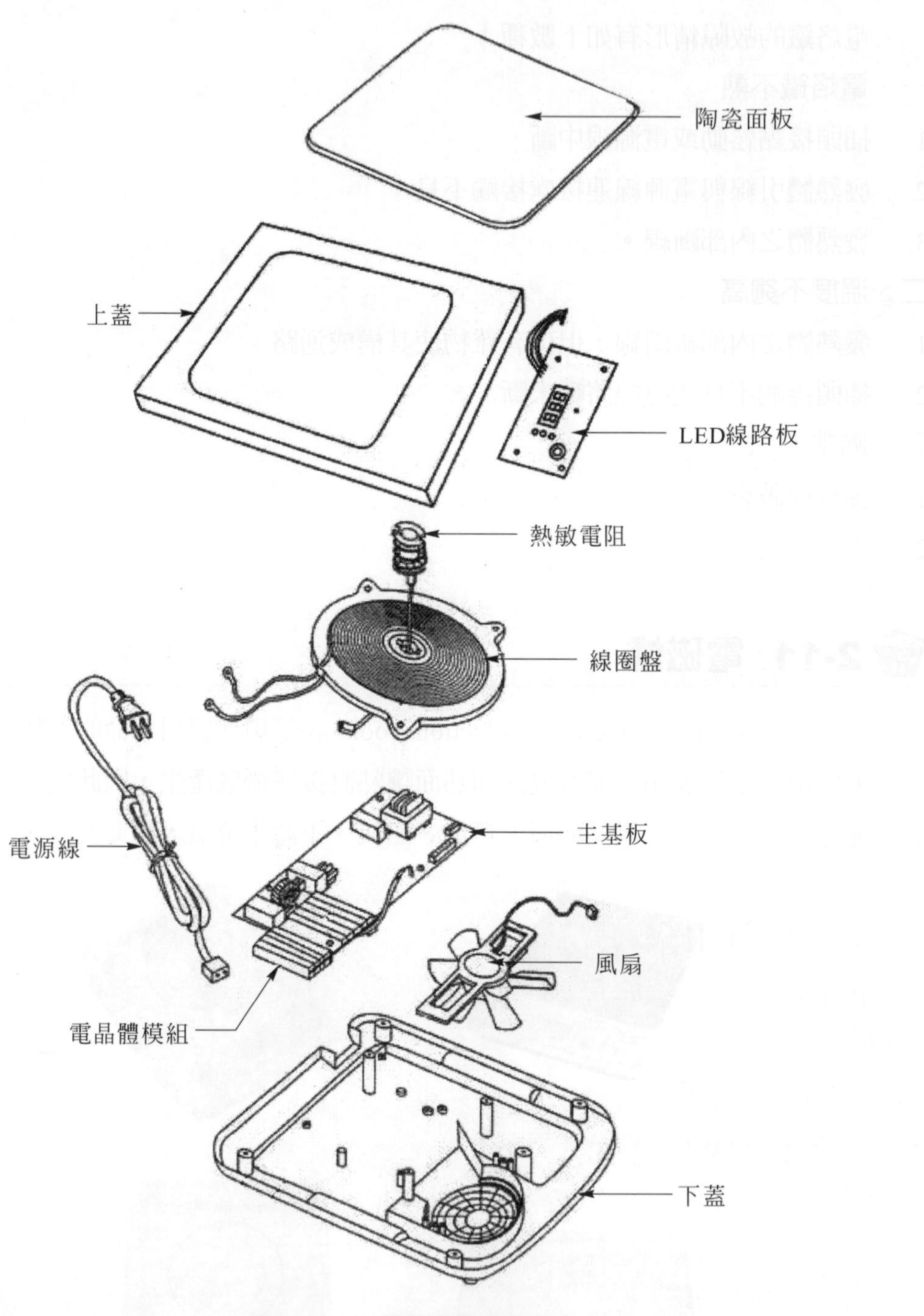

圖 2-11-2 電磁爐的結構圖

2-11-1 電磁爐的工作原理

一、基本簡介

電磁爐打破了傳統的明火烹調模式，是採用磁場感應電流(又稱爲渦流)的加熱原理製成的電氣烹飪器具，如圖 2-11-3 所示。

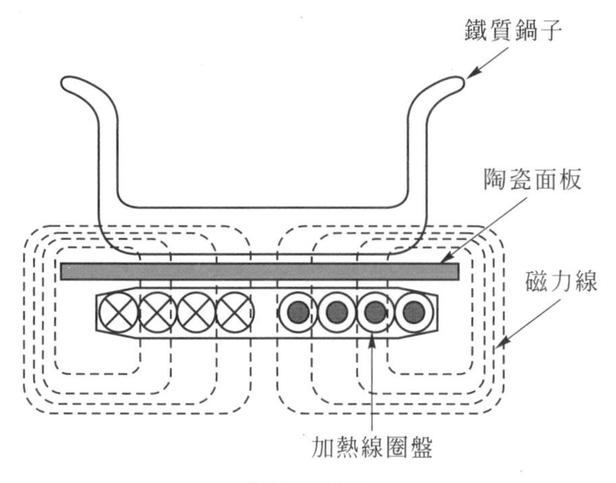

(a) 加熱的原理圖

(b) 加熱線圈盤之實體圖

圖 2-11-3 電磁爐的工作原理

電磁爐是由電子線路板產生 20 kHz～30 kHz 之交變電流，交變電流通過加熱線圈就在線圈周圍產生交變磁場，當用含鐵質鍋具底部放置爐面時，鍋具即切割交變磁力線而在鍋具底部金屬部分產生交變的電流(即渦流)，渦流使鍋具底部鐵質材料發熱，使烹飪器具本身自行高速發熱，用來加熱和烹飪食物，從而達到煮食的目的。

因爲電磁爐煮食的熱源來自鍋具底部而不是電磁爐本身發熱再傳導給鍋具，所以熱效率要比所有炊具的效率高，具有升溫快、熱效率高、無明火、無煙塵、無有害氣體、對周圍環境不產生熱輻射、體積小巧、安全性好和面板美觀等優點，能完成家庭的絕大多數烹飪任務。因此，在電磁爐較普及的一些國家裡，人們稱讚電磁爐爲“綠色爐具”。

由於電磁爐是由鍋底直接感應磁場產生渦流來產生熱量的，因此應選用符合電磁爐設計負荷要求的鐵質炊具或不銹鋼炊具，其他材質的炊具由於材料的電阻係數過大或過小，會造成電磁爐負荷異常而啓動自動保護，不能正常工作。同時由於鐵的導磁係數高，減少了很多的磁輻射，所以鐵鍋比其他任何材質的炊具更加安全。

當一個線圈通過交變電流時，線圈產生的磁通量會產生變化。當有一導磁性金屬面放置在線圈上方時，金屬面就會感應而產生電流(即渦流)，渦流使鍋具底部產生熱能。感應的電流越大則所產生的熱量就越高，煮熟食物所需的時間就越短。要使感應電流越大，則穿越金屬面的磁通變化量也就要越大，當然磁場強度也就要越強，這樣一來，通過線圈的交變電流就需要越大。所以使用波寬調變電路(PWM)改變通過線圈的交變電流之大小，就可以改變線圈產生的磁通量，進而改變鍋具底部產生的熱量。

因為使用磁場感應使鍋具底部產生熱量，因此在烹煮食物時爐面本身不會產生高溫。現在電磁爐的爐面都是使用能耐高溫的陶瓷面板(陶瓷玻璃)，是一種相對安全的烹煮器具。在使用過程中，雖然陶瓷面板本身不發熱，但是因為與鍋具接觸時鍋具會把熱量傳至陶瓷面板而產生高溫，所以在加熱中或剛加熱完畢的一段時間裡，**不要觸摸爐面，以防燙傷**。

二、電磁爐主要元件之功能

電磁爐的電路結構如圖 2-11-4 所示。茲將電磁爐主要元件之功能說明如下：

1. 陶瓷面板：高級耐熱陶瓷板。
2. 高壓主基板：構成主電流迴路。

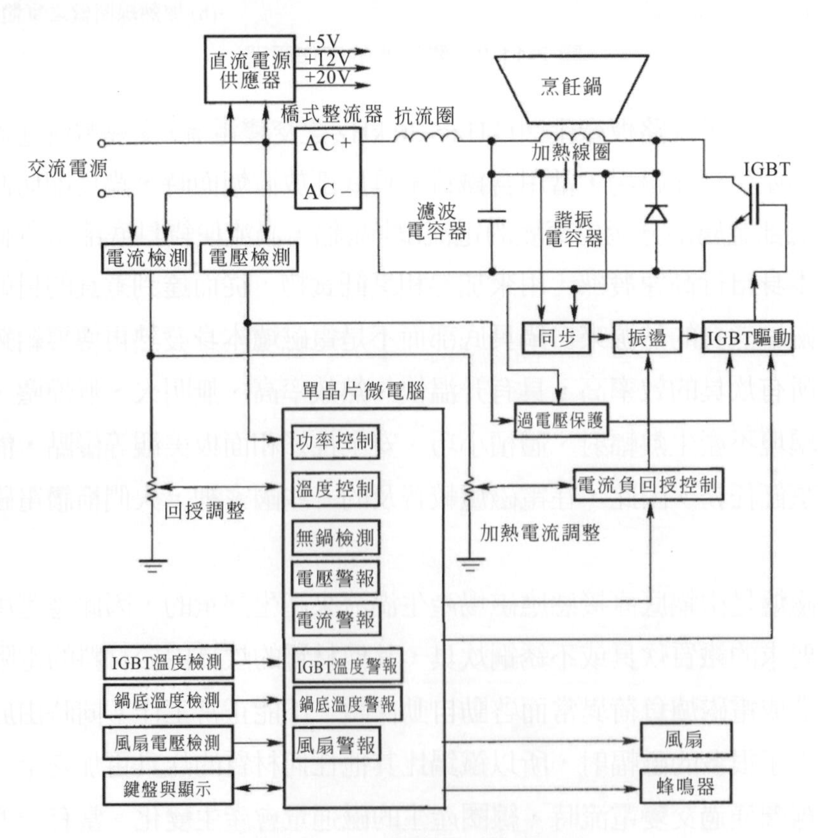

圖 2-11-4　電磁爐之電路結構

3. 低壓主基板：電腦控制功能。
4. LED 線路板：顯示工作狀態和傳遞操作指令。
5. 線圈盤：將高頻交變電流轉換成交變磁場。
6. 風扇組件：幫忙散熱。
7. 電晶體模組 IGBT：絕緣閘極電晶體，用來控制通過加熱線圈大電流的通斷。
8. 橋式整流器：將交流電源轉換爲直流電源。
9. 熱敏電阻：一般都將熱敏元件安裝在陶瓷面板底部感測熱量，使控制電路得知鍋底的溫度。
10. 熱開關組件：感測 IGBT 的工作溫度，若溫度過高會斷電，以免 IGBT 因爲過熱而損壞。

2-11-2 適用於電磁爐的器皿

因爲鐵磁性金屬器皿的導磁係數較高，等效電阻較大，有利於依靠渦流加熱，所產生的熱力、溫度足以作煮食用。若用非鐵磁性金屬器皿的話效率會低至不足作煮食用途。**務必使用鐵質、特殊不銹鋼或鐵烤珐瑯之平底鍋具，且其鍋底直徑以 12～26 公分為宜**。

所謂“鐵磁性金屬”是指可以磁化的金屬，簡單來說就是可以被磁鐵所吸引的金屬，主要的金屬有鐵、鈷、鎳。一般鋼或鐵製的器皿就可以。日常生活中，絕大部份的不銹鋼也適用於電磁爐，陶瓷、玻璃、塑膠等則不適用。**有一些電磁爐專用的陶瓷鍋、玻璃鍋、玻璃茶壺等，因為底部內藏鐵磁性金屬，所以可用於電磁爐**。

2-11-3 使用電磁爐應注意之事項

1. 電源要使用專用插座

電磁爐由於功率大，電源的插座、電線、開關等應選能承受 15A 電流的。否則，電磁爐工作時的大電流會使電線、插座等發熱或燒毀。

2. 放置要平整

放置電磁爐的桌面要平整，特別是在餐桌上吃火鍋等時更應注意。如果桌面不平，使電磁爐的某一腳懸空，使用時鍋具的重力將會迫使爐體強行變形甚至損壞。另外，爐面是光滑的，桌面若有傾斜度，當電磁爐對鍋具加溫時，鍋具產生的微震也容易使鍋具滑出而發生危險。

3. **確保通風良好**

工作中的電磁爐隨鍋具的升溫而升溫。因此，在廚房裡安放電磁爐時，應保證爐體的進氣孔、排氣孔無任何物體阻擋。當電磁爐在工作中如發現其內部的風扇不轉，要立即停用，並及時檢修。

4. **鍋具不可過重**

電磁爐的承載重量是有限的，一般連鍋具帶食物不應超過 5 公斤，而且鍋具底部也不宜過小，不可以使電磁爐爐面的承載重量過重、過於集中，否則容易損壞。

5. **容器必須放置在電磁爐的中央**

容器必須放置在電磁爐的中央，使電磁爐正常工作。

6. **加熱中不要直接拿起容器再放下**

加熱中，不要直接拿起容器再放下，以免造成故障。(說明：因瞬間功率忽大忽小，易損壞電晶體模組)。

7. **容器的水量不要超過七分滿**

容器的水量不要超過七分滿，避免加熱後溢出造成電路板(又稱為基板)短路。

8. **在加熱中或剛烹調後不要觸摸爐面**

在加熱中或剛烹調後不要觸摸爐面，以免燙傷手。

9. **不要把金屬物體放在電磁爐上**

不要把罐頭、鍋蓋、菜刀等金屬物體隨意放在電磁爐上，以免啓動電磁爐加熱而發生意外。

10. **爐面有損傷時應停用**

電磁爐的爐面是陶瓷板，屬易碎物，當爐面有損傷時就應停用。

11. **清潔爐具要得法**

電磁爐在使用中要注意防水防潮，和避免接觸有害液體。不可把電磁爐放入水中清洗及用水進行直接的沖洗，也不能用溶劑、汽油來清洗爐面或爐體。另外，也不要用金屬刷、砂布等較硬的工具來擦拭爐面上的油跡污垢。清除污垢可用軟布沾水抹去。如是油污，可用軟布沾一點洗衣粉與水來擦拭。正在使用或剛使用結束的爐面不要馬上用冷水擦。

12. 檢測爐具保護功能要完好

電磁爐具有良好的自動檢測及自我保護功能，它可以檢測出爐面是否有放鍋具、鍋具的材質是否合適、爐溫是否過高等。如電磁爐的這些功能喪失，使用電磁爐是很危險的。

13. 孕婦不要使用電磁爐

孕婦最好不要使用電磁爐，以免電磁輻射對人體的健康產生負面影響。

2-11-4 電磁爐的故障檢修

故障情形	可能的原因	處理方法
不開機(按電源鍵，指示燈不亮)	(1) 按鍵不良 (2) 電源線配線鬆脫 (3) 電源線不通電 (4) 保險絲熔斷 (5) 功率晶體 IGBT 損壞 (6) 共振電容器損壞 (7) 整流二極體損壞 (8) 變壓器損壞 (9) 基板組件損壞	(1) 檢查並更換按鍵板 (2) 重接 (3) 重接或換新 (4) 更換保險絲 (5) 更換 IGBT (6) 更換共振電容器 (7) 更換整流二極體 (8) 更換變壓器 (9) 更換基板
鍋具放置在電磁爐的中央，指示燈會亮，但不加熱	(1) 線圈盤沒鎖好 (2) 稽納二極體損壞 (3) 基板組件損壞	(1) 鎖好線圈盤 (2) 更換稽納二極體 (3) 更換基板
指示燈不亮，風扇會轉	(1) LED 插槽插線不良 (2) 稽納二極體損壞 (3) 基板組件損壞	(1)重新插接或換 LED 板 (2) 換稽納二極體 (3) 更換基板
會加熱，但指示燈不亮	(1) LED 損壞 (2) LED 基板組件損壞	(1) 更換 LED (2) 更換 LED 基板
未置鍋，指示燈亮，不加熱	(1) 熱敏電阻配線鬆動或損壞 (2) 積體電路損壞 (3) 基板組件損壞	(1) 重新插接或換熱敏電阻組件 (2) 更換積體電路 (3) 更換基板
置鍋，燈閃爍	(1) 比流器 CT 損壞 (2) 鍋具不對 (3) 可調電阻損壞或積體電路損壞	(1) 換比流器 (2) 使用正確鍋具 (3) 檢查並更換對應元件
蜂鳴器長鳴	(1) 熱開關損壞或熱敏電阻損壞 (2) 積體電路損壞 (3) 變壓器損壞 (4) 基板組件損壞	(1) 檢查並更換對應元件 (2) 更換積體電路 (3) 更換變壓器 (3) 更換基板
功率無變化	(1) 可調電阻不良 (2) 積體電路損壞 (3) 基板組件損壞	(1) 更換可調電阻 (2) 更換積體電路 (3) 更換基板

2-12 烘碗機

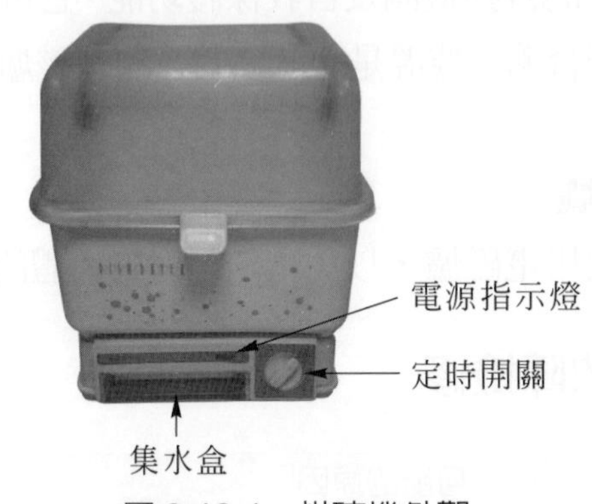

圖 2-12-1 烘碗機外觀

酒足飯飽後收拾餐具，將碗盤洗完後利用烘碗機將剛洗好的碗盤、筷子烘乾收納，長保碗筷清潔，讓您的餐具遠離蟑螂小蟲，下次用餐時更安心不影響到家人的健康飲食，維持廚房整齊。

一、烘碗機特性說明

1. 循環式烘乾。
2. 120 分鐘定時裝置。
3. 掀蓋式設計，取放碗盤眞方便。
4. 溫風循環乾燥，乾淨衛生。
5. 抽取式集水盒清洗方便。

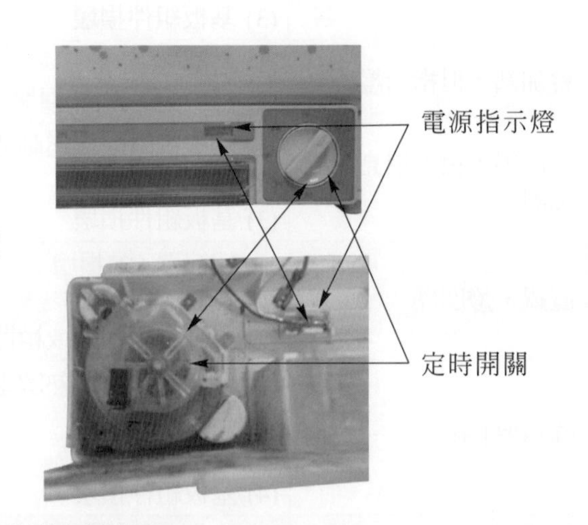

圖 2-12-2 烘碗機內部說明

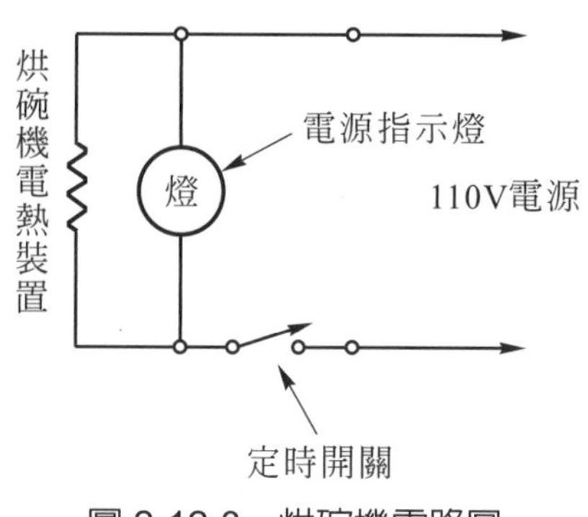

圖 2-12-3　烘碗機電路圖

當烘碗機通電時將定時開關設定時間 ON，加熱裝置使電熱絲加熱並送出熱風，電源指示燈亮，烘碗機開始動作形成循環熱風將碗盤烘乾。

2-13 微波爐

圖 2-13-1　微波爐外觀

2-13-1 微波爐之工作原理

一、微波爐原理

爲甚麼微波爐的磁控管產生的微波能快速加熱食品呢？因爲微波能穿透絕緣物體，但遇到有水份的食物便會使水分子以相同的頻率振盪，振盪中分子與分子互相摩擦，從而產生熱量。水分子在微波中每秒振盪 24.5 億次，這種振盪幾乎是在食物的內外各部分同時發生，因此能夠在很短的時間內把整份食物煮熟。

二、微波爐特性

1. 微波是電磁波的一種，爲了避免干擾通訊電波，國際上規定家用微波爐的頻率爲 2450 MHz。

2. 微波運用其每秒＋、－變換 2450 百萬次，使食物中之極性分子(帶正或負電)，如水、蛋白質、脂肪等，產生強烈的摩擦碰撞，而產生熱能。
3. 微波爐的加熱方式是以微波穿透食物，使食物本身分子產生強烈碰撞，將整個食物同時加熱，而使食物溫度快速上升，同時周圍空氣不受影響，空氣不會變熱，因此熱能損失很少，加熱效率提升。
4. 微波爐具有：
   (1) 吸收性強。迅速吸收食物中的水份，振盪生熱，加熱效果佳。煮食時間短，較不會破壞食物的美觀和色澤。
   (2) 穿透性強。陶瓷、耐熱玻璃或耐熱塑料等因為不含水份、不吸收微波而微波可直接穿透，故而使用微波爐時，容器本身不會發熱。
   (3) 對金屬反射性。微波碰到金屬會反射，無法穿透，所以金屬材質容器不可放入微波爐內，因為可能影響微波爐的壽命。
5. 微波爐的優點：
   省時、無油煙、安全便利、保存營養素較佳的加熱方法，解凍更為迅速。

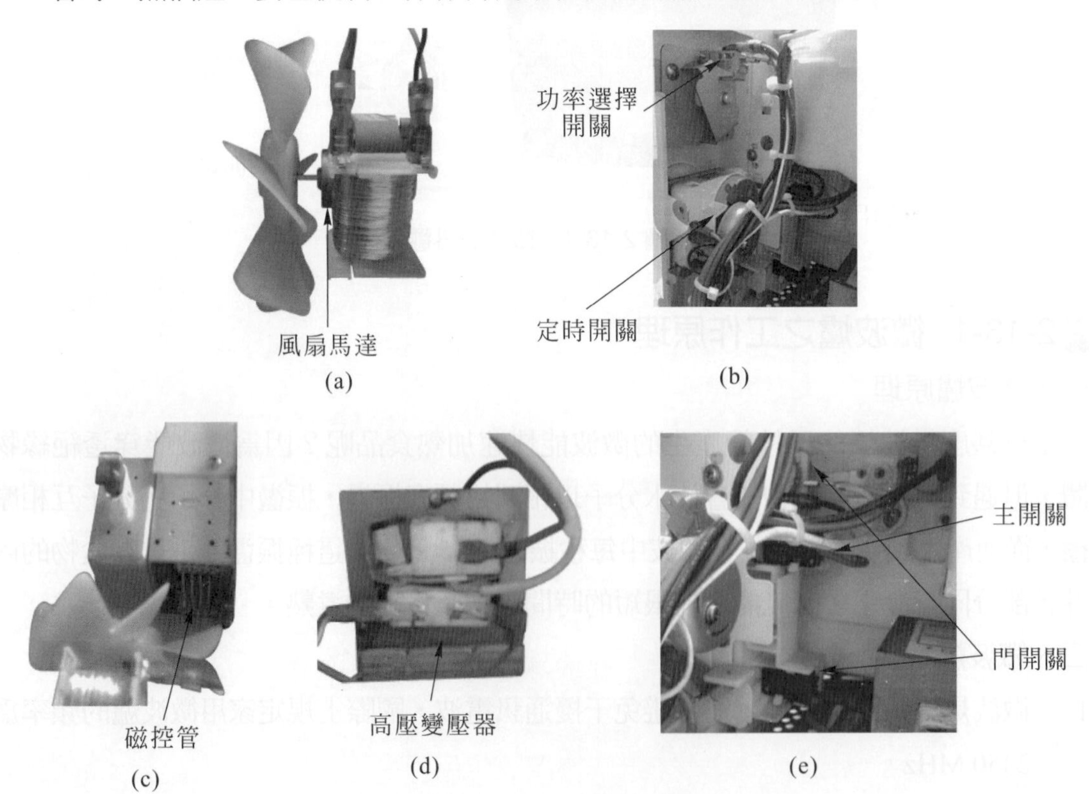

圖 2-13-2　微波爐內部說明

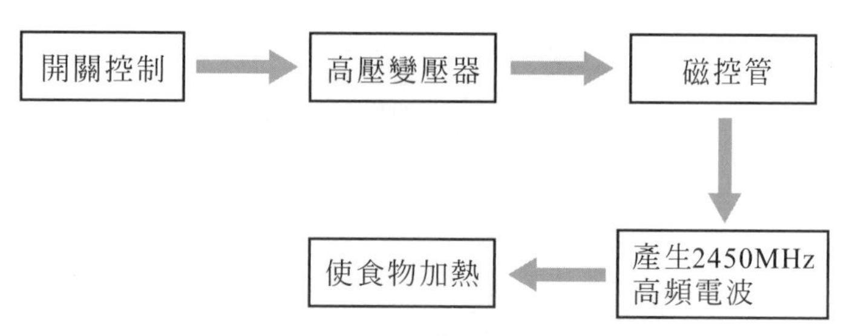

圖 2-13-3　微波爐工作解析

三、微波爐的主要工作零件

1. 功率選擇器：

　　用來調節磁控管的工作，本機有解凍和烹調 2 個刻度，如圖 2-13-4 所示。

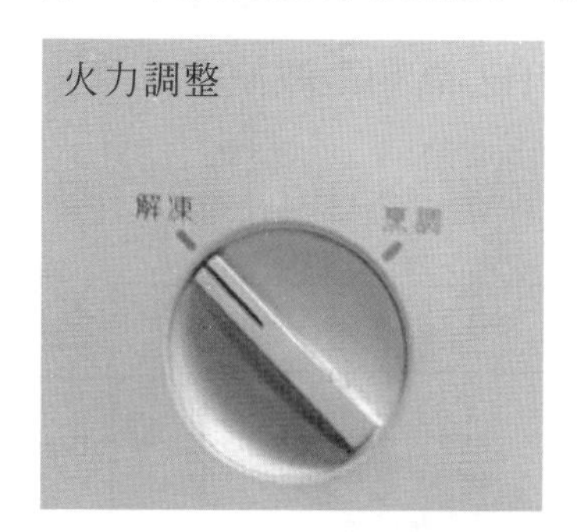

圖 2-13-4　火力調整鈕

2. 定時開關：

　　本機使用機械式定時開關，最高時間 30 分鐘自動切斷微波爐電源。

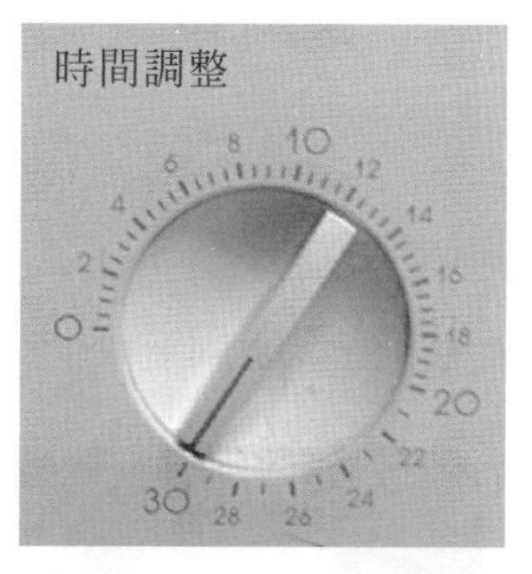

圖 2-13-5　時間調整鈕

3. 開關電路：

　　採用微動開關控制微波爐的安全裝置，有門鎖作用，以開門開關配合控制。當門未關好或門打開時，切斷電源使微波爐停止工作(如圖 2-13-6 所示)。

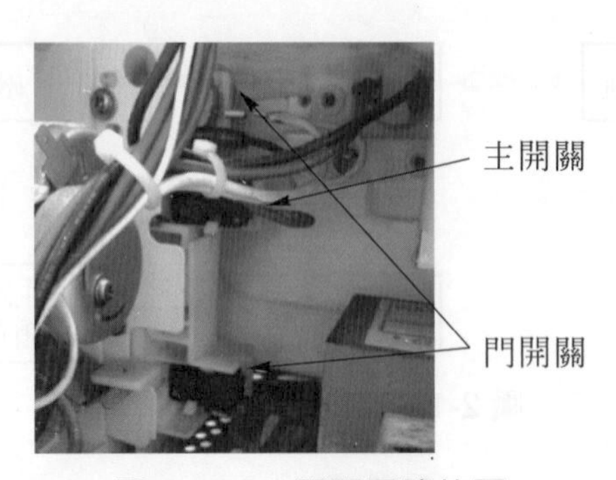

圖 2-13-6　開關電路位置

4. 磁控管：

微波爐的心臟，它是將電能轉化爲微波能，產生微波的高頻振盪器，稱之爲磁控管。它能發出 2450MHz 高頻電波使置於微波爐內的食物產生熱能，結果導致食物被加熱，進行食物的烹飪。

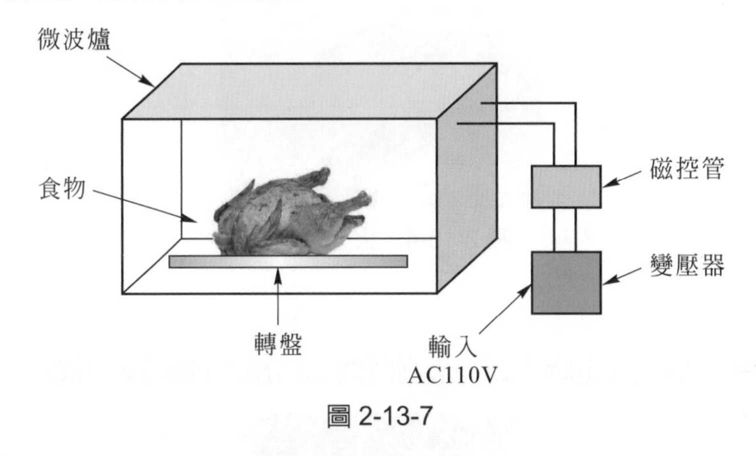

圖 2-13-7

5. 高壓變壓器：

輸入交流 110V 利用高壓變壓器升壓，在二次側配合二極體與電容器組成的兩倍壓電路產生高壓電，供應磁控管使用。

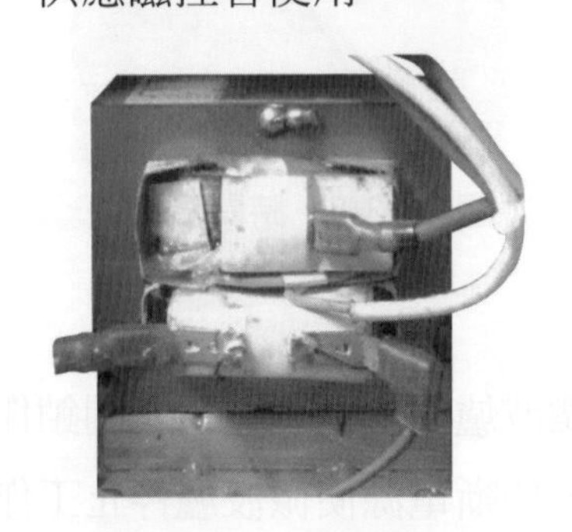

圖 2-13-8　高壓變壓器

四、微波爐的接線圖

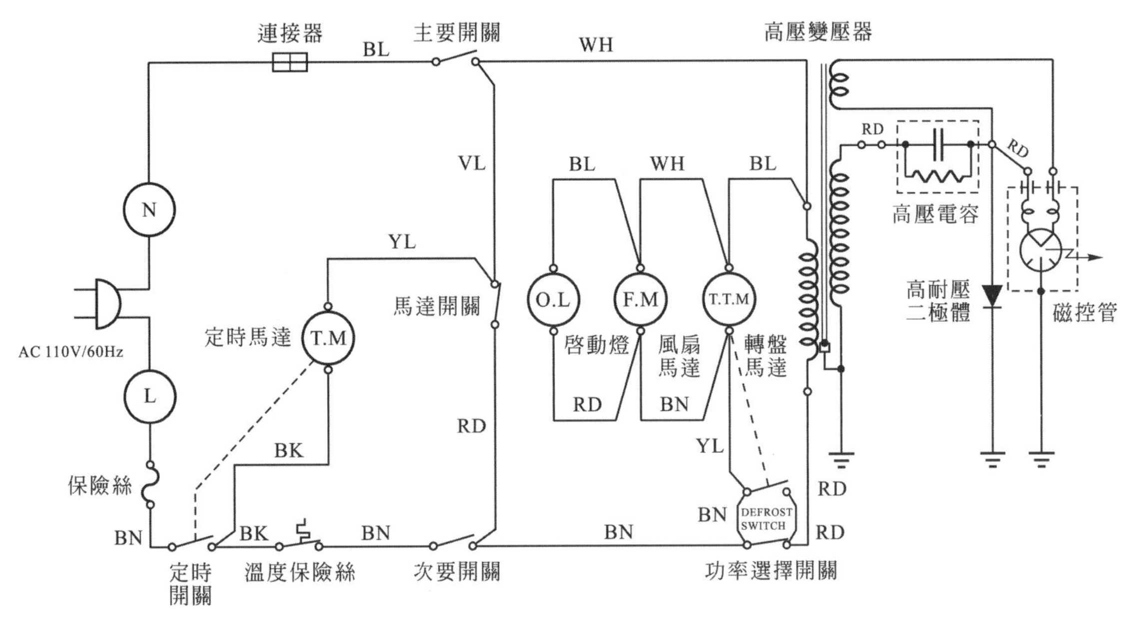

圖 2-13-9　微波爐的電路圖

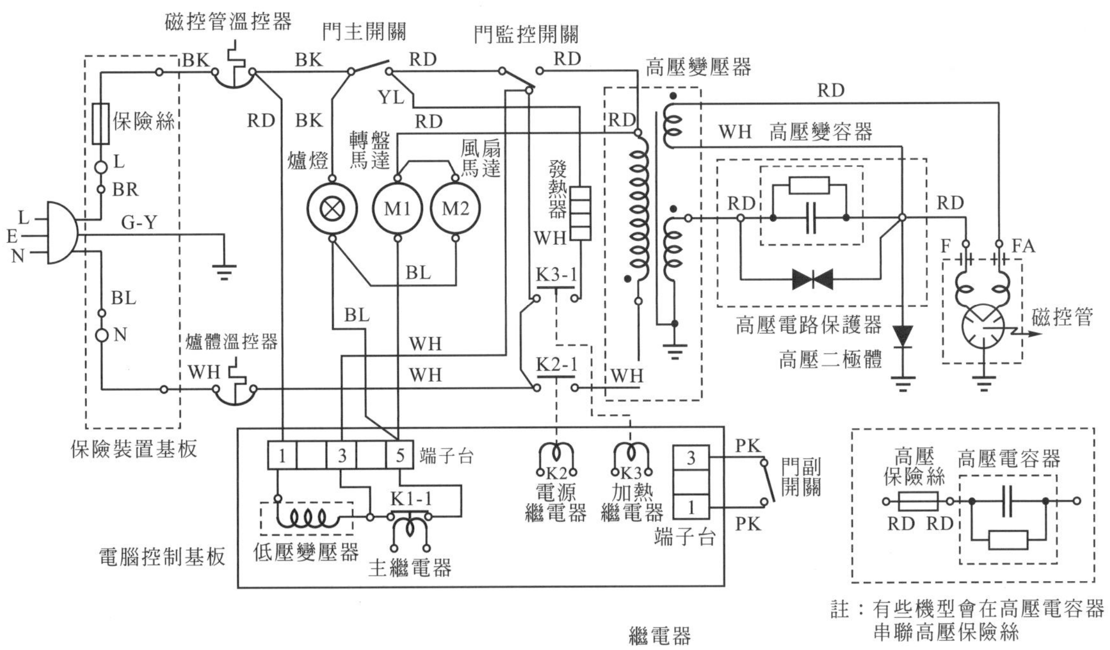

註：1. 圖中開關爲爐門開啓之狀態。
　　2. 導線顏色爲
　　　BR 棕色　RD 紅色　BL 藍色　BK 黑色　YL 黃色　WH 白色　PK 粉紅色　G-Y 黃綠色

圖 2-13-10　微波爐兼電烤箱之電路圖例

2-13-2 使用微波爐應注意之事項

1. 金屬容器、錫箔紙等不可以放入微波爐內加熱，否則會產生放電產生火花，很危險。
2. 陶瓷碗或耐熱玻璃容器才可以放入微波爐內加熱。
3. 有油脂的食物不可以放入塑膠容器內加熱。
4. 密閉外殼之食物不可以放入微波爐內加熱，否則會爆炸，很危險。
   雞蛋、鴨蛋、蕃茄、馬鈴薯、香腸、盒裝鮮奶……等要先在外殼戳洞(蛋還要用筷子刺破蛋黃)才可以加熱，否則加熱後會因為急速膨脹而炸開。
   微波整顆完整帶殼的蛋，在美國、英國、台灣都有爆炸的案例。
5. 請選購有透氣孔的容器，因爲烹飪過程中會有熱漲冷縮的現象，有透氣孔的容器才不會使蓋子突然爆開。
6. 容器不可以用保鮮膜密封，請在保鮮膜戳洞。也請注意您家中使用的保鮮膜是否能耐高溫。加熱時，也應避免讓保鮮膜直接接觸食物。
7. 若液體(水、牛奶、豆漿等)微波過久產生沸騰，斷電後請先讓食物暫留在爐內靜置幾分鐘，不要移出微波爐，並避免使用調棒或筷子去攪拌，切勿搖晃，以免燙傷。
8. 加熱中，請離開微波爐 50 公分以上，避免受到微波外洩傷害。

2-13-3 微波爐之故障檢修

一、微波爐維修之注意事項

1. 微波爐工作時機內不但有高電壓，而且還有微波輻射，如果維修方法不當，維修人員可能遭到高壓電擊和微波輻射，非專業人員千萬不要自己檢修。
   非專業人員請將微波爐送至該廠牌之服務站修理。
2. 在對微波爐的內部進行檢查維修前，一定要先切斷電源開關，並拔下電源插頭，5 分鐘以後才可以拆開外殼。（說明：本步驟是要等高壓電容器經內部 10MΩ 電阻放電完畢，以免觸電。）
3. 拆開外殼後，先用塑膠絕緣柄起子將高壓電容兩端短路放電，確保高壓電容器已經放電完畢，以免維修時不慎遭受電擊。
4. 拆下來測量或更換的零件，要照原來的位置固定好。

5. 裝回外殼時，要使蓋板和機身的雌雄接口吻合，才鎖螺釘，以免使用中微波外洩。因爲若蓋板和機殼的雌雄接口沒有對好，會露出一條好寬的縫，造成嚴重的微波洩漏。
6. 微波爐不熱，故障之原因爲保險絲斷、高壓電容器擊穿、高壓二極體擊穿、高壓變壓器不良、磁控管不良。檢測方法請見以下之說明。

二、微波爐元件之檢測方法

以下皆採用斷電檢查方式，以確保安全。

1. 保險絲（保險管）

(1) 以三用電表×1Ω 電阻檔測量，正常保險絲應該會導通。
(2) 換用保險絲，要用額定電流一樣的。

2. 高壓二極體

(1) 微波爐高壓二極體如圖 2-13-11 所示，負極有圓環可接底板，正極有套腳可插在高壓電容器上。高壓二極體，實際上內部是由大約 12 個二極體串聯而成的，內阻較高，順向電壓大於 6V。
(2) 以內部有 9V 乾電池的指針型三用電表，用×10k 檔測量，順向電阻大約 100kΩ 至 200kΩ 左右，逆向電阻正常應是「無窮大」。

注意！有些三用電表的內部只有 2 個 1.5V 的乾電池，這種三用電表無法測試高壓二極體是否不良。

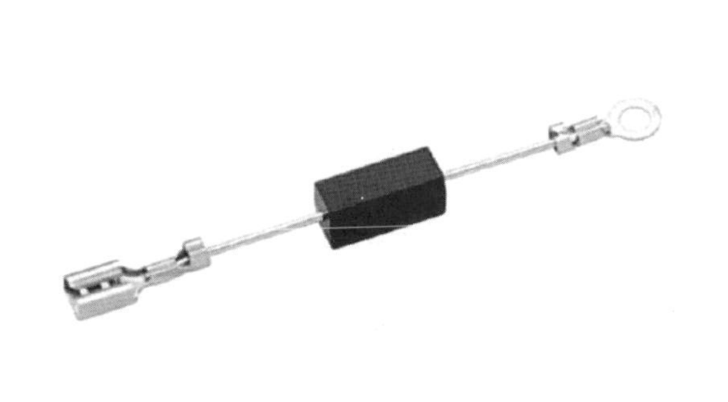

圖 2-13-11　微波爐高壓二極體

圖 2-13-12　微波爐高壓電容器

3. 高壓電容器

(1) 微波爐高壓電容器如圖 2-13-12 所示，大約 0.7μF 至 1.1μF，耐壓 2100VAC，裡面有個放電電阻(大約 10MΩ)，是一個特殊的電容器。

(2) 以內部有 9V 乾電池的指針型三用電表，用×10k 檔測量，紅黑棒調來調去充放電測量，阻值在 10MΩ 至 400kΩ 之間變化，表示電容量正常。若指針不會順時針偏轉，然後逆時針回去，則電容器不良。

4. 磁控管

(1) 微波爐磁控管如圖 2-13-13 所示。

(2) 判斷磁控管好壞的測量方法：

a. 拔下磁控管燈絲的兩個插頭。

b. 以三用電表×1Ω 電阻檔測燈絲的兩腳，正常的燈絲應小於 2Ω。

c. 以三用電表×10k 檔測任一燈絲對金屬外殼，正常應都是「無窮大」。

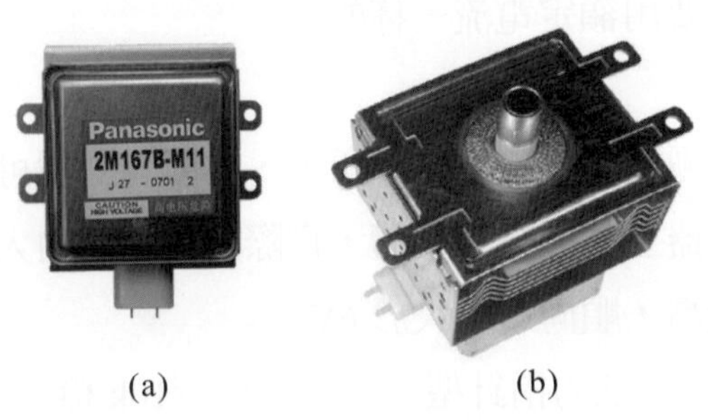

(a) (b)

圖 2-13-13 微波爐磁控管之常見外觀

5. 高壓變壓器

(1) 高壓變壓器是用來提供磁控管的工作電壓。高壓變壓器的初級線圈通市電 AC 110V，次級線圈有兩組，一組提供 3.4V 左右的燈絲電壓，另一組提供 2000V 左右的高壓。

(2) 判斷高壓變壓器好壞的方法：

a. 以三用電表的電阻檔測量。初級線圈 1Ω 至 3Ω 左右，高壓線圈 60Ω 至 130Ω 左右，爲正常。燈絲線圈很粗，不常壞，約 1Ω 以下。

b. 很有可能出現：初級線圈竟然是用鋁包線做的（正常的漆包線，中心是銅線），與插片的焊接點常有接觸不良毛病。

6. 微動開關

大部份微波爐的門邊有 3 個微動開關：門主開關、門副開關、門監控開關。當微動開關不良時，會出現下列故障：

(1) 門關著，一插電保險絲就燒斷 ： 正常狀態下微波爐門關著時，門主開關和門副開關必須導通，而門監控開關必須斷路。若此時門監控開關沒有斷開，AC 電源將被門監控開關短路而將保險絲燒斷。

(2) 門關著，插電保險絲沒斷，但一開門保險絲馬上燒斷：正常狀態下微波爐門打開時，門主開關和門副開關必須斷路，而門監控開關必須導通。當微波爐在使用當中突然打開門，若此時門主開關故障未能即時斷路，開門時保險絲會馬上燒斷，以免微波外洩。

(3) 微動開關是否正常工作，只要在開門與閉門時，以三用電表×1Ω 電阻檔測量微動開關的導通與否就可以判斷。

(4) 門關著，插電保險絲沒斷，開門之後保險絲也沒斷，但一啓動微波爐保險絲馬上燒斷：這種情形需考慮高壓變壓器、高壓二極體、高壓電容器等不良。

2-14 開飲機

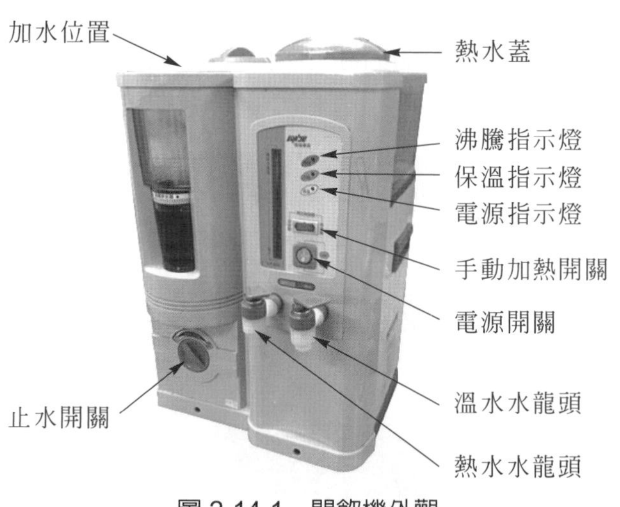

圖 2-14-1 開飲機外觀

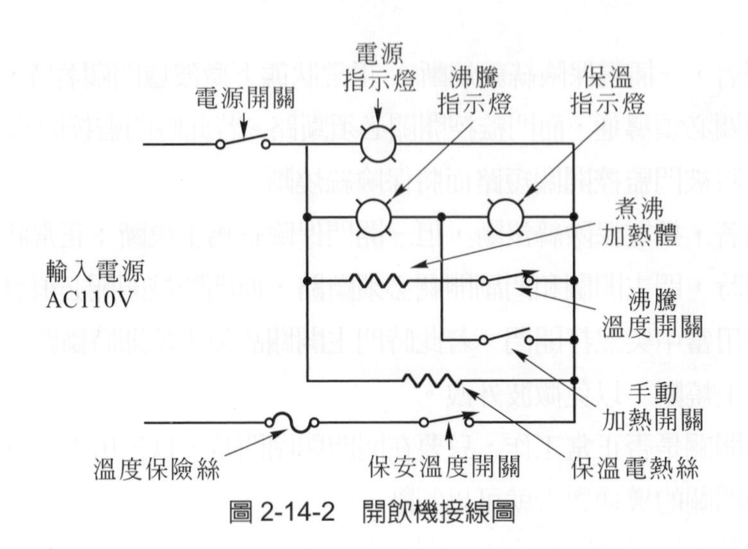

圖 2-14-2 開飲機接線圖

開飲機(圖 2-14-1 所示)經由加水孔加滿水，將電源開關閉合電源指示燈亮煮沸加熱體和保溫電熱絲一起將水煮至沸騰，當水溫到達 96℃時沸騰溫度開關跳脫，進入保溫狀態保溫指示燈亮。

保安溫度開關(圖 2-14-3 所示)，其動作為偵測到溫度在 110℃時跳開(OFF)，80℃以下復歸，功用在防止開飲機溫度超出 110℃。溫度保險絲，當偵測到溫度在 117℃以上時熔斷，功用在防止因沸騰溫度開關與保安溫度開關接點皆故障時所引起之火燒。

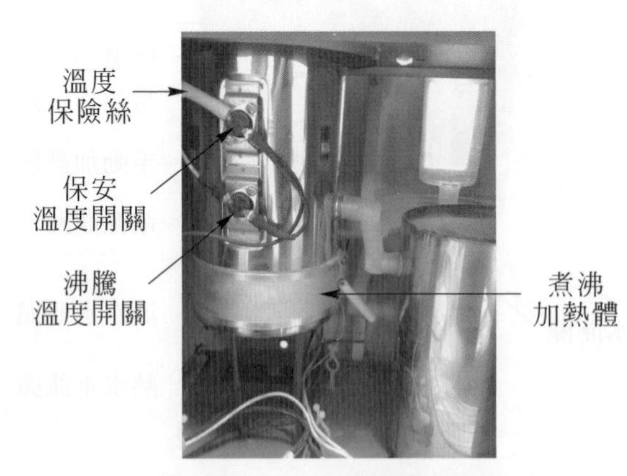

圖 2-14-3 保安溫度開關

2-15 瞬熱式電熱水器

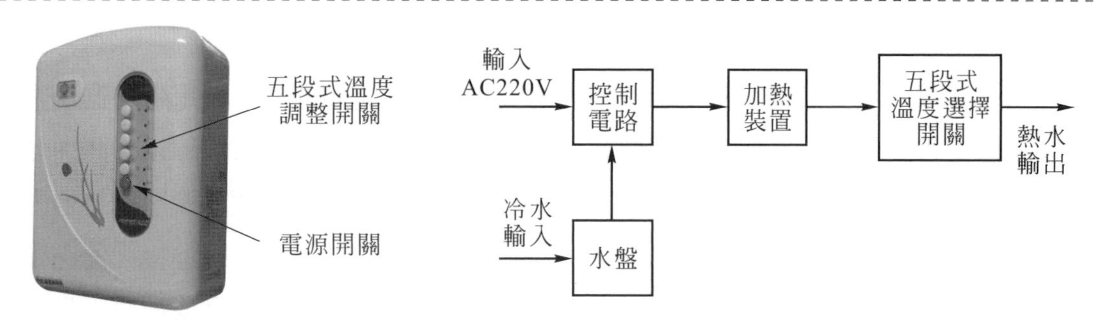

圖 2-15-1 瞬熱式電熱水器外觀

圖 2-15-2 瞬熱式電熱水器工作解析

使用瓦斯熱水器可能因為一氧化碳中毒而喪失寶貴的性命，選用安全方便隨開即用熱水就來的瞬熱式電熱水器(圖 2-15-1 所示)，經濟實用體型輕巧易於安裝不佔空間。

瞬熱式電熱水器工作解析如圖 2-15-2 所示。

瞬熱式電熱水器利用水盤來啓動瞬熱式電熱水器的控制電路，再配合五段式溫度選擇開關依個人喜好及習慣自由設定使熱水流出。在安全裝置方面有洩壓裝置防止壓力過高時，自動洩壓排除內部壓力，避免加熱裝置爆炸。水盤具有水位偵測防空燒之功能，杜絕空燒情況發生。在加熱裝置上有溫度過熱保護裝置，當溫度開關故障時，即切斷電源解除爆炸危險。電路安全裝置使用漏電斷路器以防漏電而觸電的危險(圖 2-15-3 所示)。

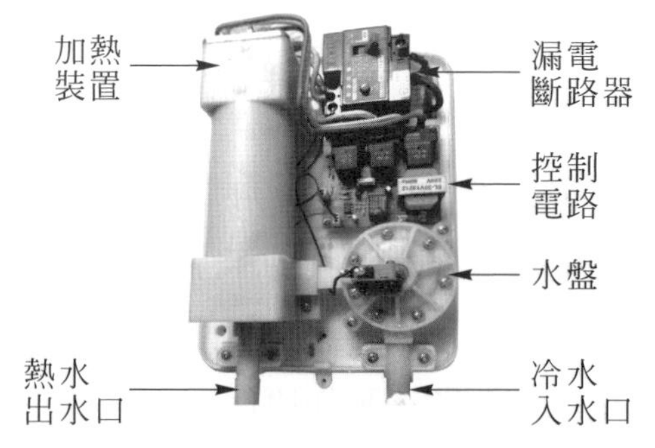

圖 2-15-3 瞬熱式電熱水器內部說明

瞬熱式電熱水器安裝至少須採用電纜線 8 平方到 14 平方以防電線走火，接地線必須確實施工。瞬熱式電熱水器必須安裝於屋內，不可安裝於潮濕地方，安裝時須直立於牆壁上，安裝完成後，請先送水測試確定有由熱水口正常出水後，方可通電使用。

如是使用地下水最好加裝過濾器以避免水中石灰質包裹加熱裝置而導致燒毀加熱裝置而須常常更換，進水壓力必需在 0.4～6 kg-f/cm^2 以內，如果水壓不足請加裝加壓泵浦，反之水壓太高請加裝減壓裝置。

瞬熱式電熱水器如果加熱指示燈不亮須檢查電源或電源開關、漏電斷路器是否跳脫、水盤是否動作，如果加熱指示燈亮、水不熱則可能是加熱裝置故障須檢測加熱裝置，如果熱水少、水溫高則可能入水口堵塞或熱水出水口連接之蓮蓬頭堵塞，須先將電源關閉及水源關閉，後清除冷水進水口內之雜物或清潔熱水出水口連接之蓮蓬頭。

瓦斯熱水器因有燃燒所以會有廢氣汙染產生，也會因燃燒不完全或通風不良而導致一氧化碳產生而喪失生命，瞬熱式電熱水器不會有廢氣汙染，也不會因燃燒不完全或通風不良而產生一氧化碳，使用瞬熱式電熱水器可以立即免除一氧化碳中毒喪失性命之危險。

2-16 第二章實力測驗

1. 電爐上之電熱線斷線後如何連接？
2. 電器如何行漏電檢查？
3. 試述電熱類電器所用恆溫器之構造及其動作原理。
4. 試繪圖說明電熨斗之指示燈電路。
5. 恆溫器是利用何種手段控制溫度之恆定？
6. 直熱式電鍋與間熱式電鍋之傳熱原理有何不同？
7. 直熱式電鍋與間熱式電鍋各有何優點？
8. 間熱式電鍋之動作溫度不正確，應如何處理？
9. 試述磁性體自動開關之構造，並說明其動作原理。
10. 直熱式自動電鍋之動作溫度不正常時，如何檢修？
11. 繪圖說明煮飯煮菜兩用自動開關之動作原理。
12. 繪圖說明「被覆式電熱線」之構造。
13. 試述「被覆式電熱線」之優點。
14. 試述全自動烤麵包機之動作原理。
15. 計時器式烤麵包機在使用上有何應注意之事項？

16. 有一 500 W 之電爐，因長時間使用，其直徑減少了 5%，又因修理時，其長度斷掉 5%，試問現在的容量爲多少？
17. 近來之電器皆使用氖燈(N. L.)作指示燈，而不使用小瓦特數之燈泡作指示燈，試述其原因。
18. 有 6 件衣服，若(1)早上熨兩件，中午熨兩件，晚上再熨兩件。(2)6 件衣服一次熨完。則何種方式較省電？何故？
19. 瞬熱式電熱水器如果加熱指示燈不亮，須如何檢修？
20. 可以用金屬容器裝食物，然後放入微波爐加熱嗎？

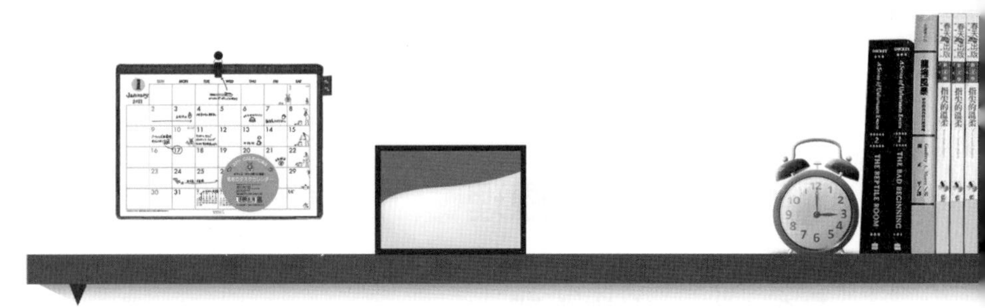

chapter 3

照明類電器

3-1 發光原理
3-2 電照的種類
3-3 白熾燈
3-4 調光檯燈
3-5 緊急照明燈
3-6 日光燈
3-7 瞬時起動日光燈
3-8 直流日光燈
3-9 電子閃光燈
3-10 燈光自動點滅器
3-11 省電燈泡
3-12 T5 新型省電日光燈
3-13 紅外線自動感應燈
3-14 捕蚊燈
3-15 LED 燈泡
3-16 LED 燈管
3-17 日光燈的改裝
3-18 水銀燈
3-19 護眼 LED 檯燈
3-20 第三章實力測驗

3-1 發光原理

3-1-1 光的本質

光是電磁波的一種，在眞空中的傳播速率爲 3×10^8 公尺／秒，因有直線進行的特性，故亦稱爲光線。光能透過空間和一些透明體。人的眼睛感受光後就發生視覺作用。可視光之波長約自 3800Å 至 7600Å，(Å 唸做埃，$1Å = 10^{-8}$ cm)，不同波長的光，刺激視神經可引起不同的色覺，波長自長至短給視神經之色覺依次爲：紅、橙、黃、綠、藍、靛、紫；這就是雨後天空出現的霓、虹的顏色。繼這可見光而波長較長的爲紅外線，波長較短的爲紫外線，這兩種光波對人眼不起視覺作用(眼睛看不見)。表 3-1-1 爲各種電磁波之波長關係表。波長(公尺)×頻率(赫) = 3×10^8(公尺)。

人眼對光的感度因波長而異，圖 3-1-1 係表示人的眼睛對光的感度，人的眼睛對 5550 Å 黃綠色的光在感受上最爲清楚，而在此前後波長之紅色或紫色的光即較差，此稱爲比視感度。以 5550Å 之波長所感受的視感度作爲 1.0 來表示的曲線稱爲比視感度曲線。按照此曲線的表示，5550Å 波長時，比視感度爲 1.0，但是在 5250Å 與 5850Å 時即減爲 0.8，到 4000Å 或 7600Å 時比視感度減至幾乎爲零。

表 3-1-1

名稱	波長	名稱	波長
無線電波	1000m～0.1m	紫光	4000Å
紅外線	4cm～5000Å	紫外線	3800～76Å
紅光	6500Å	x 射線	76～1Å
黃光	5700Å	r 射線	1～0.1Å
綠光	5200Å	宇宙線	10^{-2}Å 以下
藍光	4500Å		

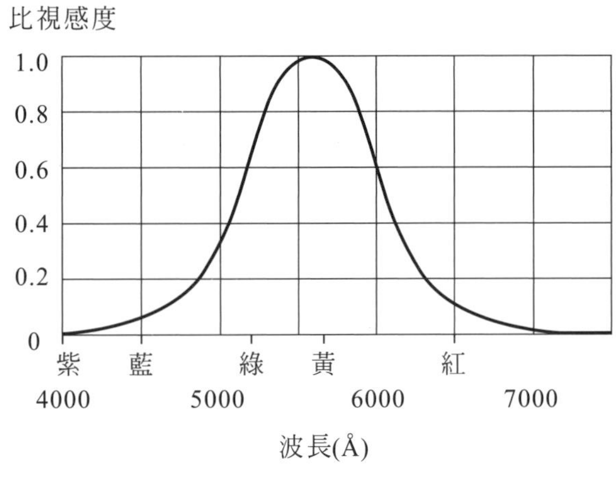

圖 3-1-1　比視感度曲線

3-1-2　光的產生

如前所述光波能在人類視覺發生作用的爲可視光，其波長由 3800Å 至 7600Å。物體發光可分爲兩種，一爲溫度放射發光，一爲冷發光。

一、溫度放射

凡物體皆因其溫度之高低，向其周圍放射能量，我們將物體溫度昇高時，稍微離開的處所即可感覺到它的溫暖，溫度超過 500℃時，其放射線中便包含有 7600Å 以下波長之光，在暗處就可看到其亮光，愈將溫度昇高，其光亮及熱度就會急速升高，而達到白熱化；如此，將物體溫度提高時，物體就會由表面放射各種不同波長的電磁波(也叫放射線)，此種現象稱爲溫度放射(Temperature radiat1on)。溫度放射有如下關係：

1. 溫度放射之波長可形成連續光譜。(光波依波長順序排列稱之爲光譜)。
2. 此連續光譜中最強(指對視覺度而言)的波長，與發光體的絕對溫度成反比例。此關係稱爲韋因式變位定律(Wien's Displacement law)，如下式：

$$\lambda_{\max} = \frac{2890}{T}(\mu)$$

式中 $\lambda_{\max}$ 爲光譜最強的波長，T 爲絕對溫度，μ 爲微米(10^{-6} 公尺；μm 之簡寫)。

例一

太陽光之溫度為 6500°K，故其連續光譜中最強部份的波長為：

$$\lambda_{max} = \frac{2890}{6500} = 0.44\mu$$

電燈或電熱類電器都是利用溫度放射現象。溫度放射有一個特徵，即物體的溫度愈高，放射的能量愈高。

二、冷發光

物體不藉溫度放射而以其他方法發光的，叫做冷發光(Luminescence)。冷發光有電場發光、光子激發光、化學發光、生物發光、陰極線發光等，其中用於照明者只有前兩種。

所謂電場發光，即電流通過某種氣體，產生放電現象而發光。霓虹燈就是利用電場發光現象而發光。

分子或原子受到光線、紫外線、x 射線等的刺激，而吸收其中某一部份波長的電磁波，吸收之後將其一部份或全部能量轉變為更長波長的光線放出於外，這種發光叫做光子激發光。光子激發光是各種冷發光中最先為人類知悉的一種。

史托克氏(Stocks)最初研究發光的現象時，發現在某種物質上加以波長較短的光線或紫外線時，將被吸收而放出波長較長的光線，此被吸收的叫做激發光，放射的光線稱為發射光。當激發光停止後在 10^{-6} 秒內發射光亦消滅的叫做螢光。超過上述時間仍能繼續發射光線的稱為燐光。這種發光的物質分別叫做螢光體及燐光體。

愛因斯坦(Einstein)於 1905 年以駭人聽聞的方式解釋關於光之實驗結果。他認為光必為各別的能量所組成的粒子，稱為能量子或光子。光係帶有能量為 hf 之光子的集團所放射者。此處 h 為蒲郎克常數(Pla-ncks radiation constant)等於 6.626×10^{-34} 焦耳／秒。f 為光之頻率，與波長成反比。故波長越長之光子所帶之能量越小。如照射於螢光體之激發光的能量為 hf_1，變成螢光後之發射光的光子能量為 hf_2，則 hf_2 必小於 hf_1，因激發光照射於螢光體時必定有部份能量變為熱能。如用數學式表示則為

$\because hf_1 = hf_2 + $ 熱

$\therefore f_1 > f_2$

f_1 及 f_2 分別爲激發光及發射光之頻率。故激發光之頻率必定較發射光之頻率高，即激發光之波長必定較發射光之波長短。

日光燈可以說是上述電場發光及光子激發光的綜合利用。

3-1-3　光學名詞及定律

一、光的反射、折射及漫射

物質可因光射入時方向的變動而分爲透明、不透明及半透明的。透明物體，例如玻璃，對於光的透過不產生阻礙。不透明的物體，例如木材或金屬，則不能透光，而只能吸收或反射光。半透明的物體，如毛玻璃、薄紙，則能夠透過一部份的光，但是透過的光的方向是漫射的，所以隔著半透明物體，不能夠清楚的看見物體。

當光射到一物體的面上時，因這個面性質的不同而有吸收、反射、折射及漫射諸現象產生。如果光射到物面時，全部或一部份的光變爲熱，而不能再發生視覺，這現象叫做吸收。光線從一種透明的物質進入另一種透明的物質時，它的方向通常要改變，這種現象叫做折射。在前一種物質裡的光線叫入射線，後一種物質裡的光線叫做折射線。入射線折射線和兩物質間的交界面上法線間的角各叫做入射角和折射角，這兩角的正弦之比叫做折射係數。折射係數的大小和兩物質的密度有關，從密度小的物體到密度大的，折射角小於入射角，而折射係數大於 1，否則反是。光射到一個面後再折回的現象叫反射。射到這個面的光線叫入射線，折回的光線叫做反射線，入射線反射線和面上法線間的角叫入射角和反射角，這兩角一定相等。假如折射面和入射面不是絕對光滑，那麼折射或反射的光散佈於各方向，這種現象叫做漫射。

現代照明工程利用光能從某些顏色或磨光表面的反射作用來控制和引導燈光，有些物質的反射能力遠較其他的優良，一般說來，表面的色彩愈淺或磨的愈光滑，它所反射的光愈多，吸收的愈少。幾種常見物質所反射光線的百分比爲：(1)磨的非常光亮的銀器 92%；(2)上等鍍銀鏡面 70%～80%；(3)白色吸墨紙 82%；(4)黃色紙 62%；(5)粉紅色紙 36%；(6)深棕色紙 13%。

二、光源

凡能穩定地發出光線的物體，都可以稱做光源。光源可分爲自然光源與人工光源。

除了最原始也是最完美的光源——太陽之外，人類已能利用燃燒、白熱、放電等所產生的光線來作爲照明。但是今後仍需不斷的研究發展，以求得更佳的人工光源。

三、光束(光通量)

光能放射時，用我們的眼睛可以看得見的光之總量即爲光束。在討論某一光源於每單位時間內所產生光線之量的時候，我們皆假定光爲一束一束地成套狀地發射出來，故光束亦可稱爲光通量。

光束採用流明(Lumen)爲單位，簡寫爲 Lm，符號以 F 表示之。表 3-1-2 爲各種光源的光束。顯然相同消耗下，日光燈甚強於電燈泡。

一標準燭(Candela)的光源在單位立體弧度角內所發出的光束即爲 1 流明。因空間中一點所張的立體角等於 4π 立體弧度，故 1 單位標準燭，在空間向各方向發散的光束爲 4π 流明。

表 3-1-2　各種光源的光束(Lm)

光源	光束	光源	光束
太陽	4×10^{28}	60W 單螺旋燈絲燈泡	730
月亮	8×10^{16}	100W 單螺旋燈絲燈泡	1300
油燈	3	100W 雙螺旋燈絲燈泡	1570
火柴引火時	40	10W 白色日光燈	480
蠟燭	11	15W 白色日光燈	730
瓦斯燈	250	20W 白色日光燈	1120
30W 雙螺旋燈絲燈泡	330	30W 白色日光燈	1730
40W 雙螺旋燈絲燈泡	500	40W 白色日光燈	2800
60W 雙螺旋燈絲燈泡	830	400W 水銀燈	21000

四、光度

上項所述的光束，並無限制其所放射的方向。光源向任一方向放射，在單位立體角內所發出的光束，就是此光源在這一方向的光度。光度採用燭(Candela)爲單位，簡寫爲 cd，符號以 I 表之。以點光源爲中心，半徑爲 1 公尺作球，貫通此球面一平方公尺面積的光束爲 1 Lm 時，其方向的光度稱爲 1 燭。使 $\frac{1}{8}$ 吋直徑的鯨油蠟燭每小時燃燒 7.776 克時之光度即爲 1 燭光。1 燭光(Candle) = 1.0067 燭(Candela)。表 3-1-3 示各種光源的最大光度。

表 3-1-3 各種光的最大光度(cd)

太陽	3.2×10^{27}	20W 白色日光燈	120
月亮	6.4×10^{15}	20W 白色反射型日光燈	205
蠟燭	0.9	40W 白色日光燈	304
60W 單螺旋燈絲燈泡	57	40W 白色反射型日光燈	520
60W 雙螺旋燈絲燈泡	66	400W 水銀燈	1910
100W 單螺旋燈絲燈泡	106	400W 螢光水銀燈	1690

由於各種光源各有不同的形狀，故光源四周的光線不見得處處一樣明亮，如在光源四周若干距離的位置燭數，然後加以平均，得出的結果即爲光源的平均燭數。

若光源的平均燭數 I_o 爲已知，可視其光源爲各方向光度均爲 I_o 的點光源，而求得全光束 F_o 爲：

$$F_o = 4\pi I_o \text{(Lm)}$$

$$\text{或 } I_o = \frac{F_o}{4\pi} \text{ (cd)}$$

此 I_o 稱爲這光源的平均球面光度或球面光度。

例二

150 cd 的均勻點光源，其全光束 F_o 有若干？

解 $F_o = 4\pi I_o = 4\times3.14\times150 = 1884$ Lm

五、輝度

我們用肉眼看光源時，刺眼的程度將因光源面積之不同而異，例如我們看電燈泡時感到很刺眼，但把電燈泡加上燈罩卻覺得柔和舒服的多了。光源之輝度高者即很刺眼，輝度低的就顯得不刺眼。在某一方向之輝度(Brightness)，即指由該方向看到的單位面積的光度，然而向著肉眼方向的面積並不是光源的全部面積，而是投射於肉眼方向的正投影面積，故光源的輝度可定義爲：光源向某一方向的光度除以該方向之光源的正投影面積所得之商即爲此方向之輝度。輝度採用 cd/cm^2 寫或 stilb (簡寫爲 sb)爲單位，符號以 B 表之。

設 S 爲視光源方向的正投影面積(cm^2)，I 爲該方向之光度(cd)，則光源(表面)的輝度

$$B=\frac{I}{S}\ \ \text{cd/cm}^2$$

所謂正投影面積就是：正視圖中，外形輪廓線所包含的面積。相信如此簡明的說明讀者已經明白了，於此再舉個例子說明：

例三

有一直徑 4 cm，長 50 cm 之管形光源，測得與其垂直方向之光度爲 320 cd，試求其光源表面的輝度。

解 因爲光源的正投影面積爲長度 50 cm，寬度 4 cm 之矩形面積，故

$S=4\times50=200\ \text{cm}^2$

$B=\frac{I}{S}=\frac{320}{200}=1.6\ \text{cd/cm}^2$

各種光原的輝度如表 3-1-4。

表 3-1-4　各種光源的輝度

光源	輝度(sb)	光源	輝度(sb)
中午的太陽	165000	100W 磨砂燈泡	32
傍晚的太陽	600	20W 晝光色日光燈	0.53
滿月夜	0.26	20W 白色日光燈	0.59
晴天的天空	0.8	40W 晝光色日光燈	0.65
陰天	0.22 以下	40W 白色日光燈	0.73
蠟燭	1.0	碳弧燈 12 mm	15000
煤油燈	1.2	氖燈(紅)11mmϕ	0.191
60W 白熾燈泡	251	400W 水銀燈	140
100W 白熾燈泡	652	鈉燈	5.7

六、照度

我們之所以能看到東西，是因爲射到物體的光線被物體反射而進入眼裡的緣故，通常明亮的地方看的較清楚，而陰暗的地方看不太清楚。被光照射之物體，於單位面積上所受之光束，稱爲照度。單位爲勒克司 Lux，簡寫爲 lx，符號則以 E 表之。

$$E=\frac{F}{A} \qquad 照度(\mathrm{Lux})=\frac{光束(\mathrm{Lm})}{面積(\mathrm{m^2})}$$

設一 I 燭的光源，發出的光束爲 F 流明，若以此光源爲一球面中心，球的半徑爲 r 米，則因爲球面的表面積爲 $4\pi r^2$ 平方米，故此球面上的照度爲

$$E=\frac{F}{4\pi r^2}$$

$$但\ F=4\pi I$$

$$故\ E=\frac{I}{r^2}$$

亦即

$$照度(\mathrm{lx})=\frac{光度(\mathrm{cd})}{距離^2(\mathrm{m^2})}$$

照度的單位勒克司亦稱爲米燭光(Meter Candle)。另一方面，由「因光線會直射，所以由點光源離開 n 倍之場所，包含同量光束之面積已擴大爲 n^2 倍，因此，照度會減少爲 $\frac{1}{n^2}$ 倍。如光度增大 m 倍，光束亦會增大 m 倍。」亦可知：照度與距離的平方成反比，與光度成正比，此稱爲照度的反平方比定律(Law of inverse square)。

例四

某一個 4 平方公分的面有 0.2 Lm 的光束投入，試問該面的照度爲若干？

解 $\because 4\mathrm{cm^2}=4\times10^{-4}\ \mathrm{m^2}$

$$\therefore E=\frac{F}{A}=\frac{0.2}{4\times10^{-4}}=500\ \mathrm{lx}$$

例五

某一個面的照度為 200 lx，試問投於該面 20 平方公尺面積內的光束有若干？

解 $F = E \times A = 200 \times 20 = 4000$ Lm

例六

試求離開 150cd 的點光源 5 公尺處的照度有若干？

解 $E = \frac{I}{r^2} = \frac{150}{5^2} = 6$ lx

欲測某個面之照度時，只需將照度計(Photometer)置於該面上，然後由刻度直接讀取即可。

長時間看書眼睛會感到疲勞，而眼睛疲勞是構成視力衰減的原因之一，有時候還會導致頭痛，眼部積血，疼痛，倦怠感以及肩部酸痛等等。而眼睛的疲勞與否與照明有很大的關係，在明亮地方的東西容易看得見，而黑暗地方的東西看起來就很吃力，顯然的良好的照明可以減輕疲勞的程度，不過良好的照明並非單指儘量提高照度，因為假如我們光提高照度而忽略了光源的輝度，眼睛還是容易疲倦的。例如晴天屋外的照度高達 100000 lx，但在屋外看書反而感覺很吃力，可知我們所需的照明是在不刺眼的範圍內儘量提高照度，也就是在提高照度的時候要附帶的想辦法降低輝度。

表 3-1-5 表示天然照度的概數。

表 3-1-5 天然的照度 lx

日正當中之晴天	100,000
晴天之陰影處	10,000
陰天	20,000～50,000
室內窗邊	1,000～3,000
明亮之室內	200～500
陰暗之室內	50～100
滿月夜晚	0.2
晴天無月亮時	0.0003

七、演色性(Color Rendering Index, CRI)

一般認爲人造光源應讓人眼正確地感知色彩，就如同在太陽光下看東西一樣。當然這需視應用之場合及目的而有不同之要求程度。

光源對物體顏色呈現的程度稱爲演色性(Color Rendering Index)，當人眼想要如同在太陽光下一般清楚的分辨色彩及層次時，光源越接近太陽光本身的特性其演色性指數會越高，簡單來說，演色性是物體在光源下的感受與在太陽光下的感受的眞實度百分比。演色性高的光源對顏色的表現較逼眞，眼睛所呈現的物體愈接近自然原味。也就是說人類使用人工光源來表現色彩的自然程度稱爲演色性。

一般演色性採“平均演色性指數(General Color Rendering)”爲測試結果，其代表符號爲 Ra，當 Ra 值越高時，代表其光源特性越接近太陽光，Ra 值最高爲 100%。Ra 爲 100 之光源可以讓各種顏色呈現出如同被太陽光所照射之顏色。Ra 值越低，所呈現之顏色越失眞。

一般而言，電燈泡與鹵素燈的演色性最好(Ra = 100)，其次則是三波長日光燈管(Ra = 80)，再其次則是常用的晝光色日光燈(Ra = 70)，最差的是水銀燈(Ra = 40)。

八、色溫

色溫是表示光源光色的尺度，表示單位是 k(kelvin)。一個光源之色溫定義爲與其具有相同光色之“標準黑體本身之絕對溫度值，此溫度可以在色度圖上之普朗克軌跡上找到其對應點。標準黑體之溫度越高，其輻射出之光線光譜中藍色成份越多，紅色成份也就相對的越少。色溫乃是用物理性、客觀性的尺度來表現光源的色調；是決定照明場所氣氛的重要因素。一般來說色溫低的話，會帶有橘色，表示具有暖意的光；隨著色溫變高，普通白織燈泡的色溫爲 2700°K，而晝光色日光燈之色溫爲 6000°K。

3-2 電照的種類

電照依發光方式之不同，可分爲兩大類：一爲白熾燈，一爲放電電燈。

一、白熾燈

電流通過金屬燈絲，使之溫度升高至白熾化而發光，屬於溫度輻射或熱輻射者。所有的鎢絲燈泡，皆屬此類。

二、放電電燈

不藉高熱發光者。於一長玻璃管中裝入水銀蒸氣或稀有氣體，並封入兩個電極；放電時，因高速電子撞及水銀蒸氣或稀有氣體之分子，使分子游離並放射光線。利用此種原理發光者有日光燈、水銀燈、霓光燈、弧光燈等。

3-3 白熾燈

3-3-1 原理構造種類及用途

白熾燈是靠高溫輻射而發光。所發出之光線，以不可見光居多，可見光只有 6%～8%，其餘大部份都是看不見的紅外線，因此功率因數雖高(電阻性、功率因數等於 1)，但效率並不高。

圖 3-3-1 所示爲一白熾燈之構造圖。燈絲置於眞空或注有稀有氣體之玻璃泡中(20W 以下者爲眞空，30W 以上者在燈泡中以四分之三大氣壓力封入氬氣，以使鎢絲在使用中的蒸發程度抑制到最低限度)，燈絲兩端經引出線接於燈帽上，另一端接於底部的圓板，以錫焊接，燈絲較長者另以鉬金屬製成的吊線支持之。燈絲可捲成螺旋狀——單螺旋燈絲；亦可將已捲成螺旋狀之小直徑螺旋再捲成大直徑的螺旋——雙螺旋燈絲。雙螺旋燈絲用於充氣大型燈泡中。若以相同之使用壽命作比較，後者效率較高。

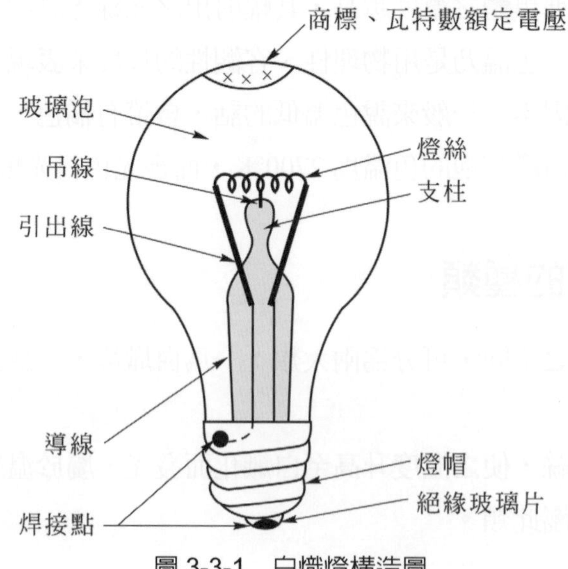

圖 3-3-1 白熾燈構造圖

依燈泡之構造及用途，討論如下：

1. 普通白熾燈泡：如上所述之燈泡，封裝以透明之玻璃泡者。
2. 全光燈泡：爲避免直視燈絲，於玻璃泡內側磨砂或塗上使光擴散之塗料，如此，不使用玻璃罩即可得到較低輝度之光源，使燈泡所發出之光較不刺眼而有柔和感，適用於家庭。
3. 晝光燈泡：白熾燈，因燈絲之溫度無法過份提高，故所發之光以紅色居多。若將透明的玻璃泡塗上氧化鈷及氧化銅，使其變成淡藍色之玻璃泡，則可吸收鎢絲發出的紅光，使射出之光接近於日光。
4. 彩色燈泡：此種燈泡係於玻璃泡之內側(價廉實用)或外側(價格最廉，但易剝落)塗以彩色塗料，或直接使用彩色玻璃泡(價昂)，使發出各種顏色的光，可用於柔和色調的室內裝飾及商業上之廣告招牌。
5. 變燭燈泡：在黑暗中無法入睡的人或乳兒，常需少量的光線，變燭燈泡即派上用場了。變燭燈泡係在一個玻璃泡內置入雙燈絲，以開關切換，不過，在家庭中，則以使用一大一小的燈泡以開關切換，或使用調光器(3-4 節將述及)較方便，因爲普通用的全光燈泡甚易購得，變燭燈泡在一般電器行則甚少出售。
6. 攝影用燈泡：此種燈泡係在玻璃泡內封入較一般燈泡短的鎢絲，因而大放光明以適於業餘攝影，此種燈泡雖然效率甚高，但相當於一般燈泡加上 1.5 倍的電壓使用一樣，故其壽命可能縮短至僅數小時光景。將一般燈泡加上 1.5 倍的電壓使用，可以得到同樣良好的攝影效果，但需有升壓設備(通常是使用自耦變壓器)。
7. 放映用燈泡：放映用燈泡爲求得光點小、光度強、效率高，因此採用小而集中之燈絲。壽命甚短，僅約 100 小時。爲保持光源在一定的位置，採用定焦點型燈頭。因玻璃泡皆較小，故使用特別硬質的管型玻璃泡，使用中由一電扇吹風冷卻。由於燈絲與玻璃泡間距離小，宜直立使用，不宜由垂直位置作 20 度以上的傾斜。
8. 紅外線燈泡：設計使燈絲之使用溫度降低，則其所發光線的波長較長，再配上紅色玻璃罩，即成紅外線燈泡。其壽命可高達 5000 小時以上。用於工業乾燥或醫學治療。
9. 反射型投光燈：此種燈泡，可以加強受光面的照度，最適用於工廠、倉庫、展覽場、室內運動場、廣告塔、商品陳列櫃等需要光線強且燈數少之場所照明用。有的照相館亦用來做攝影時之照明。反射型投光燈，在燈泡內部，反射光線的一面，塗有一層水銀，此反射膜之焦點落在燈絲所處之所在，因此照射效率非常高。本省常見者有 100W、300W 及 500W 三種，平均壽命約 2000 小時。

白熾燈的使用壽命與電壓有密切的關係，若使用的電壓太高，則其亮度、效率均大大提高，但壽命縮短。若使用的電壓太低，則亮度、效率均低，壽命增長，且所發出之光，紅外線佔更大的比率。白熾燈的優點頗多，但由於使用普遍、價格便宜，故往往爲人所忽略，茲略舉如次：

1. 瞬時點燈：開關 ON，馬上亮。
2. 富有互換性：只要燈帽規格相同，大小燈泡可以互換。
3. 電壓頻率變動仍可照常使用。
4. 裝拆移動簡單，易於臨時裝設。
5. 紅色波長豐富，可補日光燈之不足。
6. 周圍溫度影響極小。
7. 不需起動裝置。而且壽命幾乎不受點滅次數影響。
8. 價格便宜。

3-3-2 白熾燈系統的故障檢修

白熾燈，俗稱電燈，在一般家庭還被廣用著，現將常見故障之檢修，列於表 3-3-1。

表 3-3-1

故障情形	原因	處理
時亮時熄，開關處或燈頭內並發出嗶嗶聲響	接線鬆動，有火花產生	上緊螺絲，若開關或燈頭已損壞，換新。
電熱類電器插上時電燈昏暗	電路過荷	另設電熱類電器專用線路
分路之電燈全部不亮	分路開關之保險絲斷	更換適當的保險絲
數燈不亮	共用之手捺開關接觸不良或保險絲斷	換新開關或更換適當保險絲
電燈線有臭味或發熱	電路過荷或有漏電	立即停用，並檢查線路
燈不亮	a. 燈泡斷線 b. 燈頭鬆動 c. 燈座之中央彈片接觸不良 d. 手捺開關之保險絲斷 e. 燈頭之接線脫落 f. 線路中斷	a. 換新 b. 旋緊 c. 將中心彈片稍向外拉，使緊密接觸在燈帽之中心點 d. 更換適當保險絲 e. 妥善接好 f. 將接線換新或將斷處接好

3-4 調光檯燈

室內的燈光倘能自由調整其亮度，則可隨時配合室內的情形而增加氣氛，此為人人之所盼，各種不同的調光方式亦因此應運而生。

簡易型的檯燈由燈頭、燈罩、燈泡、可撓管及底座組成，如圖 3-4-1 所示。調光檯燈係將簡易型檯燈加入調光裝置而成。分別說明如下：

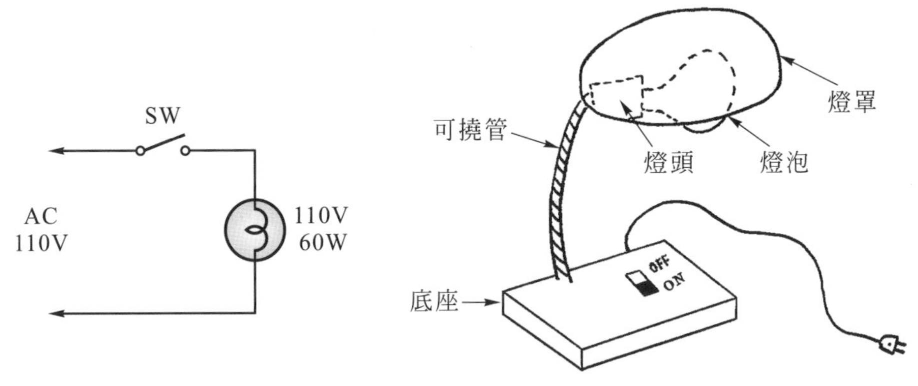

圖 3-4-1　簡易型檯燈

一、有段調光檯燈

圖 3-4-2(a)是利用開關切換燈泡之大小以達調光之目的。圖 3-4-2(b)則利用自耦變壓器降壓調光。圖 3-4-2(c)是利用二極單向導電的特性達成調光之目的。

(b)圖中採用自耦變壓器，雖可得到多段調光，但自耦變壓器的體積較大，已逐漸被無段調光取代。

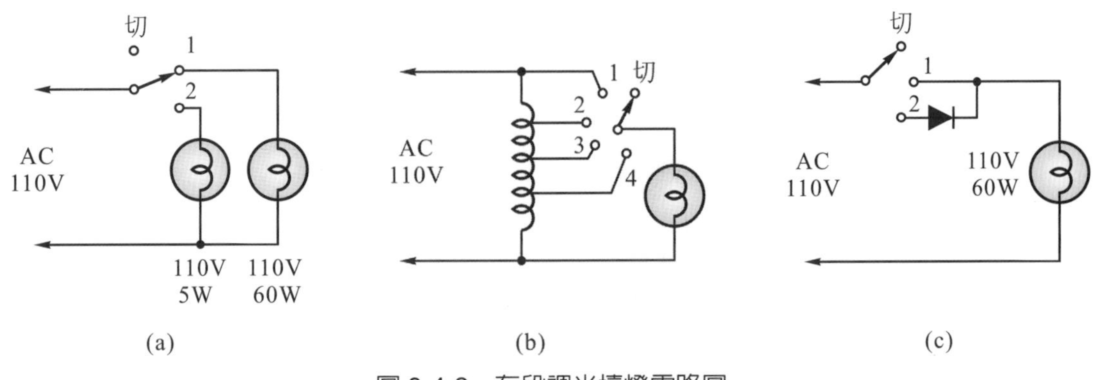

圖 3-4-2　有段調光檯燈電路圖

二、無段調光檯燈

以上各種調光裝置均爲有段式，使用上有時會覺得不大方便。最近由於閘流體的快速發展，很多廠商製造檯燈，已利用交流矽控管 TRIAC 製成的簡單線路，作廣範圍的調光。

圖 3-4-3(a)是一個由交流矽控管組成的基本交流相位控制電路。TRIAC 是一種雙向導電的交流矽控管，在其閘極 G 未受觸發前，第一陽極 MT_1 與第二陽極 MT_2 間成開路狀態，因此燈泡不亮，R_1、R_2、C_2 及燈泡組成一個 RC 時間常數電路。每半週 C_2 經燈泡、R_1、R_2 充電，當跨於 C_2 之電壓達到 DIAC 之崩潰電壓時(此處我們所用的 DIAC 是 G.E.公司的 ST-2，其崩潰電壓約 28～35V)觸發二極體 DIAC 即崩潰而導通，此時 TRIAC 的閘極即受到如圖 3-4-3(b)下圖所示的尖銳的閘極觸發電壓觸發，TRIAC 受觸發後即導通而呈短路狀態，圖 3-4-3(b)上圖中之斜線部份即加於燈泡而使之發亮。等電壓降至零點時，TRIAC 即自動截止而恢復開路狀態，直至下一個觸發脈沖加至閘極，始再度導通。TRIAC 於每半週末了的零點都會自動截止。

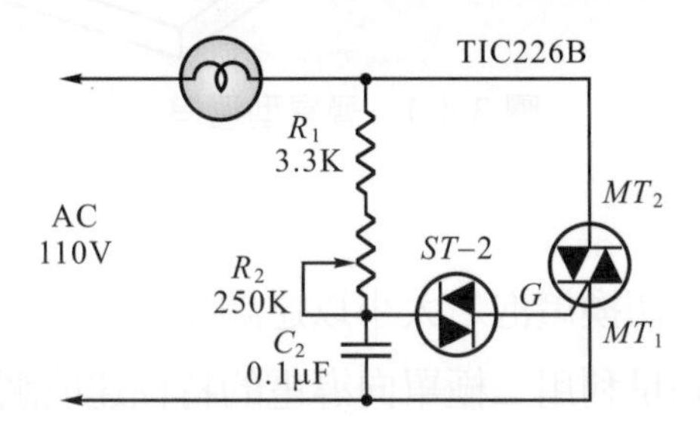

(a)

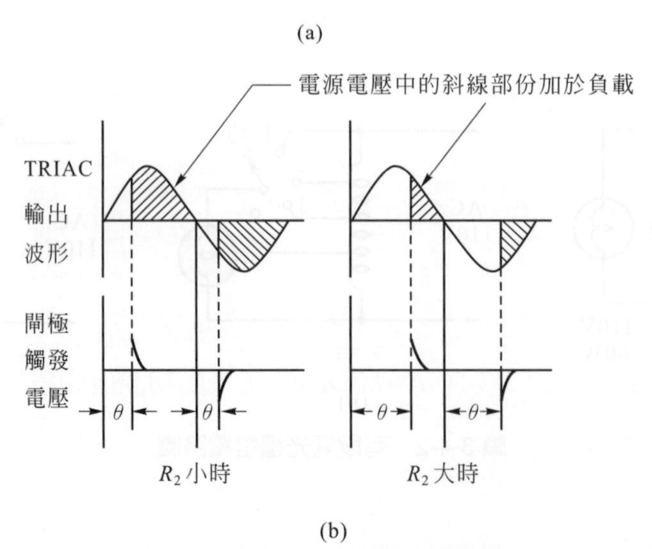

(b)

圖 3-4-3　基本交流相位控制電路

可變電阻 R_2 可控制 C_2 充電之快慢，間接的控制了每半週的觸發角 θ，亦等於控制了燈泡的亮度。當 R_2 之值加大時，C_2 達到 DIAC 崩潰電壓之時間加長，θ 增大，加於燈泡的斜線部份減少(請見圖 3-4-3(b))，由於加在燈泡的電壓，有效值降低，燈泡所消耗之功率 V^2/R 降低，燈泡所發出之亮度就較弱。若 R_2 之值加到非常大，以致在每半週 C_2 之電壓無法達到 DIAC 的崩潰電壓，燈泡就熄滅不亮。反之，若把 R_2 之值減小，則 C_2 上之電壓很快就能使 DIAC 崩潰而觸發 TRIAC，θ 減小，加於燈泡之斜線部份增大，因此燈泡就較亮。

R_1 在理論上根本可以不用，然在實際裝置中卻非有不可(約 3 kΩ～5 kΩ，因爲當 R_2 之值甚小(但不爲零)時，電容器 C_2 充電所造成之瞬間電流甚大，可變電阻 R_2 有燒毀之虞，故宜接之。

由於 TRIAC 在不導電時，線路幾乎不耗電，故是一個非常好的調光方法。

圖 3-4-3(a)之電路，效果並不能令人覺得很滿意(理由後述)，因此雙時間常數型燈光控制就應運而生了。此種實用的交流相位控制示於圖 3-4-4，共有(a)(b)兩種接法。

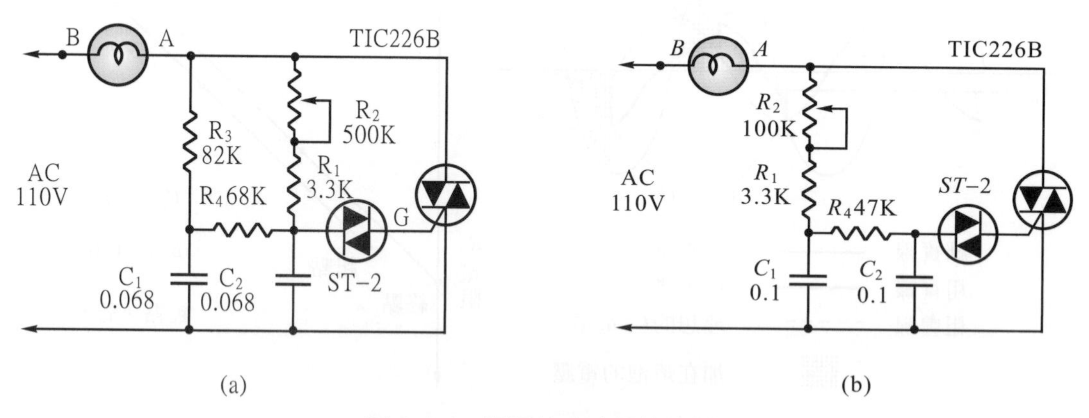

圖 3-4-4 實用的交流相位控制

上面曾說過圖 3-4-3(a)之燈光調節電路還不盡理想，何故？因爲不用時可變電阻 R_2 是置於最大値，要使用檯燈而將 R_2 之阻値慢慢旋小時，剛動作之第一個半週，起始電壓 V_{o1} 較大(請一面參閱圖 3-4-5(a))，當 DIAC 在 A 點崩潰而觸發 TRIAC 導通後，電容器 C_2 上之電荷即被放掉大半，因此下一半週電容器 C_2 的起始電壓 V_{o2} 就較 V_{o1} 小，在相同的 R_2 値下，C_2 將較快達到 DIAC 的崩潰電壓而提前於 B 點動作使 TRIAC 導通(理想的狀態，在此半週應於落後 A 點 180° 的 D 點 DIAC 才動作而觸發 TRIAC 導通)，

此時若 R_2 不再被旋動，則下一半週將在落後 B 點 180° 的 C 點觸發，緊接著的每一半週也是保持著每相隔 180° 觸發一次。如此則在起動之初光度會大增，然後才可隨意調節亮度(請見圖 3-4-5(b))，無法由全暗而慢慢增加亮度，因此我們說它還不太令人滿意。(縱然如此，但在要求不太嚴格的場合已可應付裕如了。)上述現象稱爲磁滯現象。

現在讓我們來看看圖 3-4-4(a)到底比圖 3-4-3(a)好在哪裡？在圖 3-4-4(a)的電路裡，當 R_2 之電阻值由最大值漸漸減小至能使 C_2 的充電電壓達到 DIAC 的崩潰電壓值時，第一個動作的半週，和圖 3-4-3(a)一樣，於 DIAC 動作後 C_2 之電荷將被放掉一大部份，然而此時 C_1 的電壓比 C_2 高，因此會經 R_4 輸送電荷給 C_2，使 C_2 上的電荷變動量減少，緊隨著的下一半週的電容器起始電壓 V_{o2} 約等於 V_{o1} (請參照圖 3-4-6(a))，如此則可使調整圓滑，燈光可由全暗而控制其慢慢的亮起來。調光情況請見圖 3-4-6(b)。圖 3-4-4(b)只是接法不同，其動作原理完全與圖 3-4-4(a)相同，於此不再贅述。

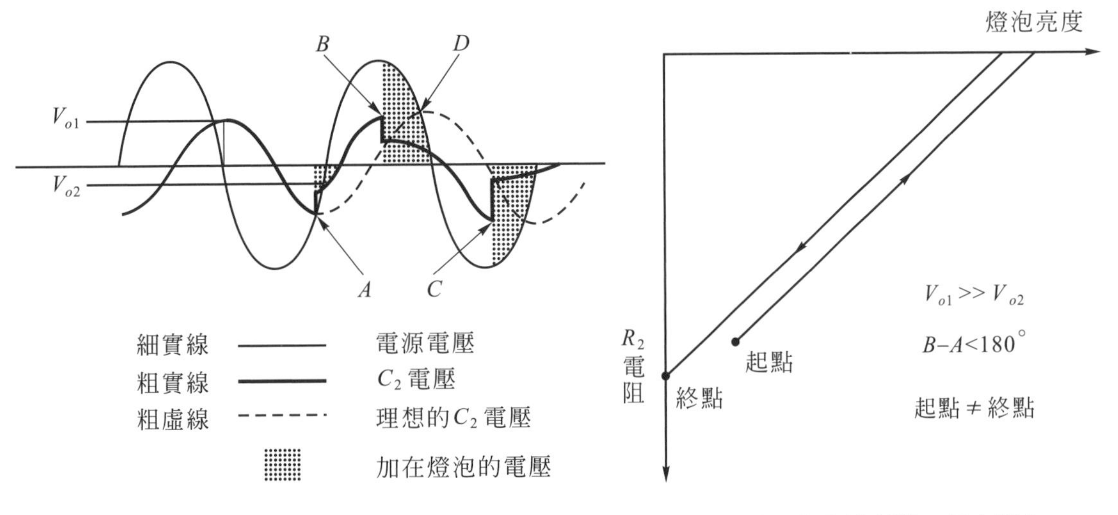

圖 3-4-5　磁滯現象

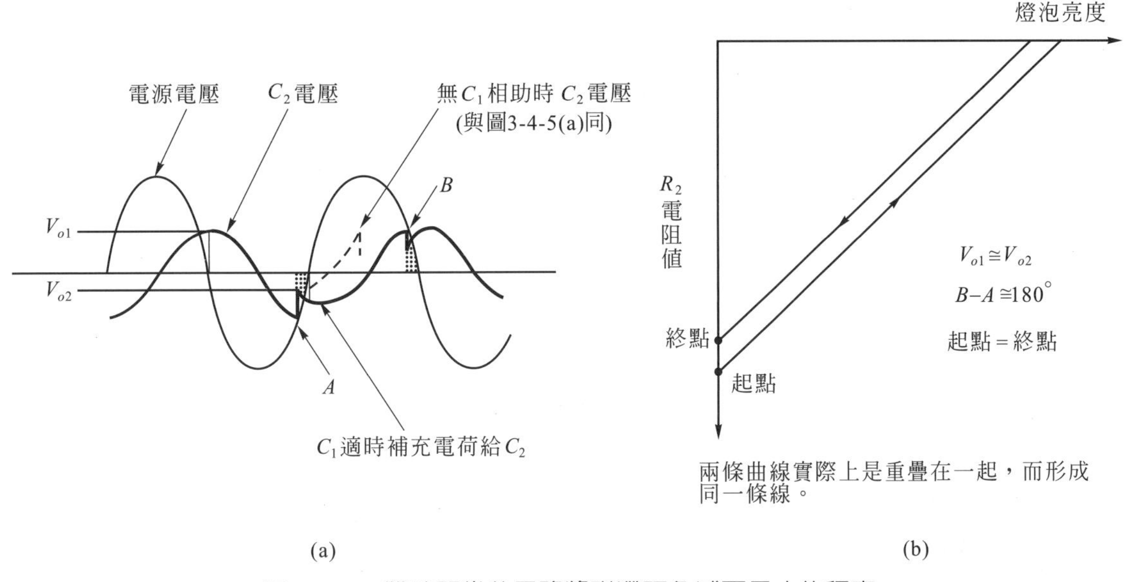

圖 3-4-6　雙時間常數電路將磁滯現象減至最小的程度

上述之起始電壓乃指電源電壓為零之瞬間，電容器 C_2 之電壓。

相位控制器會在電源中產生高諧波，對收音機產生干擾，是美中不足的事。由於 TRIAC 的工作狀態自開路轉變為短路時，為一猝然的改變，我們觀察圖 3-4-3(b)中之波形，可看出加於負載的電壓(斜線部份)並非正弦波；不加於負載而留在電源電路上的部份(0 到 θ 之間的部份)是非常徒峭的，因此含有大量的高次諧波，這些諧波即會干擾附近的收音機，由於調光檯燈的負載不大，僅在 100W 以下，因此干擾情形不嚴重，可不加考慮，或裝上圖 3-4-7(b)的高諧波濾波器。若使用相位控制器控制較大的負載時，則需加上圖 3-4-7(a)的高諧波濾波器。

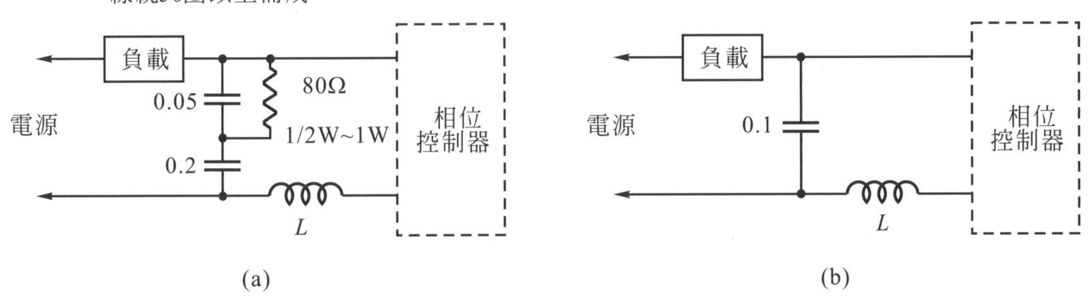

圖 3-4-7　高諧波濾波器

注意！若你在未裝上燈泡的情況下以電表量燈座兩端(圖 3-4-4 中的 A－B 兩點)，你將得到 AC 50V 以上的讀數，而此電壓幾乎不隨著可變電阻的旋動而改變，但這並不表示電表故障或相位控制器發生短路現象。在無負載或極輕的負載下，TRIAC 是不導通的，因此，你所量得的指示值是經 *RC* 網路而來的分壓。

三、無段調光檯燈控制不正常的原因

1. 燈光明亮如常，但不能減弱或調整：
   (1) MT_1 與 MT_2 間絕緣不良，大負載時引起跳火現象。
   (2) MT_1 與 G 或 MT_1 與 MT_2 間之接線錯誤。
2. 亮度可控制，但不能削減至不亮：
   (1) DIAC 之崩潰電壓太低。
   (2) C_2 之數值太小。
   (3) 可變電阻器之最高阻值太低。
3. 亮度約得一半，控制並不圓滑：
   (1) I_g 太大，亦不對稱(TRIAC 不良)。
   (2) DIAC 之崩潰電壓並不對稱(DIAC 不良)。
4. 亮度極低時有閃爍現象：
   (1) TRIAC 之 dv/dt 不足。
   (2) 逆流數值太大。
5. 旋轉可變電阻時，大部份時間不亮，一旦亮亦不能調整。
   (1) TRIAC 之啓動電流太大。
   (2) 負載具有不小的電感性。
   (3) 本節所述之相位控制器不適於日光燈的控制。
6. 情形如 5，但可變電阻發生跳火現象：
   (1) TRIAC 之 G 與 MT_1 短路。
   (2) 電容器嚴重漏電。
   (3) TRIAC 之 MT_2 開路。(此情形發生時可變電阻及 TRIAC 會燒毀。)
7. 燈泡在任何情形下皆不亮：
   (1) 燈泡已壽終正寢。
   (2) G 極開路。
   (3) *RC* 網路不健全。例如斷線、可變電阻接觸不良……等。

 3-5 緊急照明燈

假如電力公司因爲發電廠的發電機或輸電系統發生故障而停電，以致全部照明系統失效，則縱然是短短的數分鐘，公共場所亦往往秩序大亂，甚或發生許多不愉快的事情。家庭裡的小孩們更會在這黑暗的片刻驚恐萬分，所以安裝緊急照明燈已漸爲普及。

一、繼電器式緊急照明燈

圖 3-5-1 是一個最簡單且頗爲適宜自製的緊急照明燈。當電力公司供電正常時，市電使繼電器 R_y (AC 110V 的 power Relay)的 b 接點(常閉接點)打開，燈泡不亮，此時蓄電池處於充電狀態。一旦停電，R_y 的線圈失去磁性，則 b 接點閉合，燈泡利用蓄電池儲蓄的電能使屋裡大放光明。此即養兵千日，用之一時也。6V 25W 的燈泡是使用摩托車的前照燈燈泡。

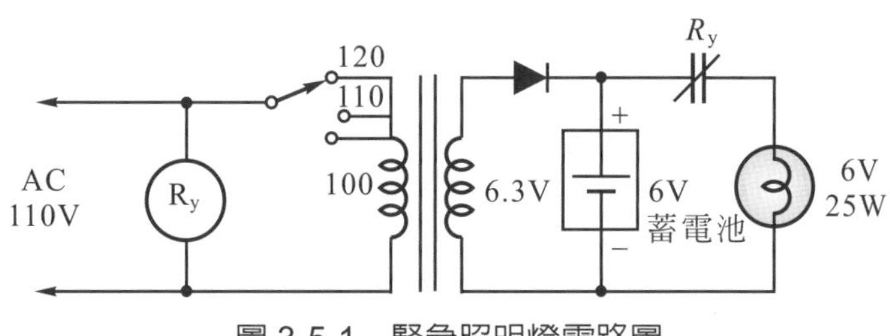

圖 3-5-1 緊急照明燈電路圖

由於停電並非常事，只偶而來那麼一次，蓄電池的充電電流並不大，因此二極體與蓄電池間不必串聯限流電阻。構造簡單，不易故障是本緊急照明燈之優點。此線路所用之繼電器 R_y 之規格爲 AC 110V 者，其接點容量不得小於 5A。

二、無接點式緊急照明燈

SCR 是一種無接點開關，它沒有跳動的接點，沒有機械的雜聲、體積小、耐震、耐衝擊，因此是一種很好的開關。只要使用得當，SCR 可以說是永久性的元件。

當 SCR 的陽極 A 加上比陰極 K 爲正的電壓，同時閘極流有足夠的觸發電流時，AK 間便呈短路狀態。

圖 3-5-2 即是以 SCR 製成的無接點式緊急照明燈。在正常的狀態下，變壓器的二次側有著 12.6 伏特的交流電壓，此時蓄電池經 D_1 及 R_3 而充電。另一方面，在正半週時 C_1 經 D_3 及 R_1 而充電，負半週時 D_3 受到逆向偏壓而截止，C_1 經 D_1 及 R_3、R_2 而放

電，但是充電常數遠小於放電常數，故 C_1 兩端將有一個逆向偏壓加於 SCR 的閘極與陰極間，因此 SCR 處於截止狀態，燈泡不亮。

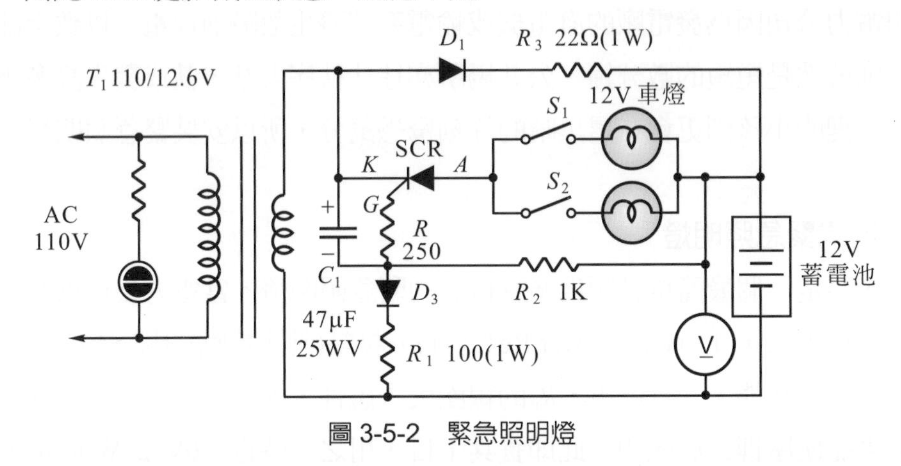

圖 3-5-2　緊急照明燈

停電時，變壓器二次側不再有電壓繼續向 C_1 充電，以致其端電壓漸趨於零，於是蓄電池經 R_2 及 R 送出觸發電流進入閘極，令 SCR 受觸發而導通，此時大量電流通過車燈、SCR 和變壓器的次級圈，燈泡負起了照明的任務。

恢復供電時，C_1 將再度被充電而供給 SCR 的閘極與陰極($G-K$)間一個逆向偏壓，同時，當負半週一來，SCR 的 $A-K$ 間即受到逆向偏壓而截止，且由於在正常供電時 SCR 將無法受到觸發，故截止狀態將一直維持下去，直到發生停電。值得注意的是變壓器的次級圈及 SCR，需使用承受得了兩個車燈的消耗電流之製品。

R 之值則需依 SCR 特性之不同而稍加調整。

三、LED 緊急照明燈

緊急照明燈使用之目的是希望在突然停電時，啓動備用電源燈亮，使得在黑暗中的人員可以安全離開現場以免發生危險，減少群眾恐慌 及災害發生，以便做善後之處理。緊急照明燈便是「養兵千日，用在一時」。

在我國的消防法規第一百七十五條 緊急照明燈之構造，依下列規定設置：

1. 白熾燈爲雙重繞燈絲燈泡，其燈座爲瓷製或與瓷質同等以上之耐熱絕緣材料製成者。
2. 日光燈爲瞬時起動型，其燈座爲耐熱絕緣樹脂製成者。
3. 水銀燈爲高壓瞬時點燈型，其燈座爲瓷製或與瓷質同等以上之耐熱絕緣材料製成者。

目前市售的緊急照明燈有燈泡式、PL 燈管式、LED 式三種，如圖 3-5-3 所示。

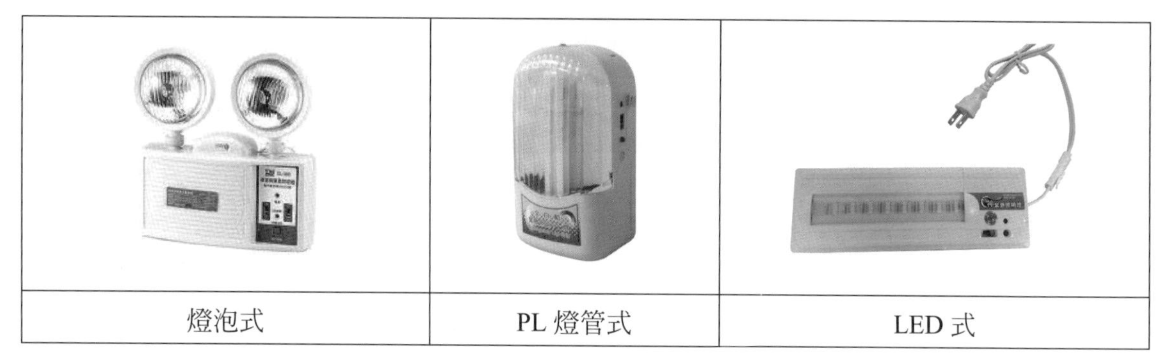

燈泡式	PL 燈管式	LED 式

圖 3-5-3　緊急照明燈的樣式

LED 緊急照明燈由 LED 爲主要發光源，配合鎳鎘電池作爲電力儲存元件，內含電池充電電路及 LED 照明驅動電路。LED 緊急照明燈的工作原理：輸入交流電源經降壓整流轉換成直流，在平時對鎳鎘電池充電，遇上停電時便改由鎳鎘電池供電使 LED 點亮。

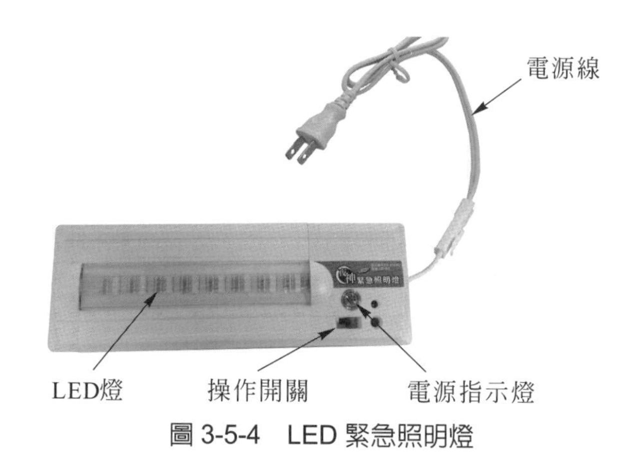

圖 3-5-4　LED 緊急照明燈

請先將操作開關置於“開”的位置，將電源線接上電源充電，當颱風、地震、意外事故發生而導致停電時，LED 緊急照明燈便會自行點亮，如有手電筒之需求將電源線與 LED 緊急照明燈分離(如圖 3-5-5 所示)便是一個 LED 手電筒。本機採用鎳鎘電池 3.6V/700mah(如圖 3-5-6 所示)和 24 顆 LED(如圖 3-5-7 所示)。

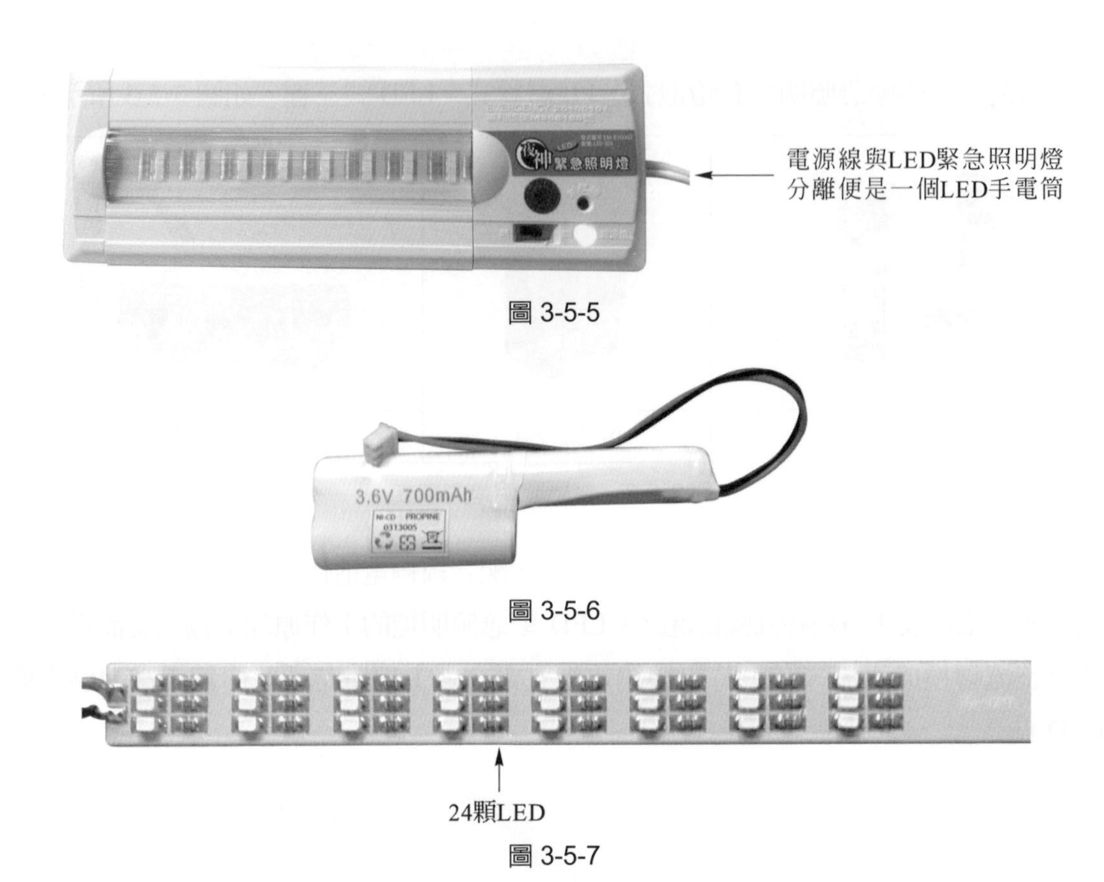

圖 3-5-5

圖 3-5-6

圖 3-5-7

緊急照明燈都必需有儲電功能，儲電電池有鉛酸電池、鎳鎘電池、鋰電池，光源有白燈泡式、PL 燈管式、LED 式，控制方式有繼電器式、無接點式，如表 3-5-1 所示，緊急照明燈就是平常存電，以備不時之需使用之。

表 3-5-1

	燈泡式	PL 燈式	LED 燈式
光源	白熾燈	PL 型省電日光燈	LED 燈模組
儲能裝置	鉛酸電池	鉛酸電池	鎳鎘電池、鋰電池
控制方式	繼電器式	繼電器式、無接點式	無接點式
消耗功率	20～60W	13～30W	1～10W

3-6 日光燈

3-6-1 日光燈的原理及構造

日光燈，又名螢光燈；係利用氣體之放電現象及螢光作用之冷光電燈。圖 3-6-1 所示即爲日光燈管之構造圖。日光燈管係一細長的玻璃圓管，管中注入水銀蒸氣及少許氬氣，管內側塗上螢光粉，兩端裝有燈絲，爲增強燈絲之放射能力，塗氧化鈣或氧化鋇於其上。燈絲本身可兼做電極。燈管兩端的構造係互相對稱。

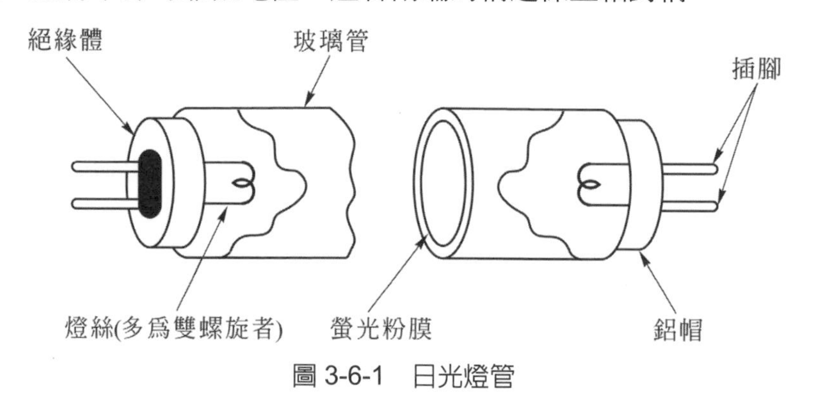

圖 3-6-1 日光燈管

當燈管兩端的燈絲加以高壓時，其陰極所放射出的大量電子將奔向陽極，於奔馳途中必與管內之氣體原子相撞，使之游離而放出電子。奔向陽極的電子將因游離作用而大增，當被正電壓吸引而奔向陽極的眾多電子，速率高達某一限度，即產生放電現象。由於管內裝的是水銀蒸氣，此時放出的是肉眼無法看出的紫外線，其中 90%以上爲 2537Å 紫外線，對螢光物質而言，此波長爲最有效的激發光，紫外線照於螢光粉膜上而被吸收後，螢光粉膜就放射出人可以看見的光線。換句話說，螢光粉把眼睛看不到的光線轉變成人眼可見的光線，我們用來照明的是螢光，而非水銀蒸氣所生之光。

由於所加的電壓係正負交變的交流電壓，故兩燈絲之極性將隨時間而變，自然交替做爲陽極及陰極。由於氬氣在較低的電壓就能放電，故注入燈管以使起動容易。

日光燈所發出的顏色和管壁上所塗的螢光物質有關，除了平常的日光燈管壁塗鹵化磷灰石(Cahalo phosphate)使發白光以外，其他如綠色用矽酸鋅(Zinc Silicate)，藍色用鎢酸鈣(Calcium Tungstate)，藍白色用鎢酸鎂(Magnesium tungstate)，淡紅色用硼酸鎘(Cadm1um borate)，橙紅色用矽酸鎘(Cadmium Silicate)，黃白色用矽酸鋅鈹(Zinc beryl1ium silicate)，以上的螢光塗物，未受到紫外線的照射時皆呈白色，所以日光燈未點亮以前，其外表看起來都一樣是白色的，不過金色或紅色的燈管除了螢光粉外，還要塗一層顏色，把不需要的光吸收。

日光燈之種類係以瓦特數來區分，目前流行於市面者有 10 瓦、15 瓦、20 瓦、30 瓦、40 瓦等。詳見 3-6-7 節。上述瓦特數係指日光燈管本身之消耗電力而言。

要使氣體游離而放電，在管的兩端，開始時必須加以高壓，低壓下的低速電子是不足以產生放電作用的，所以日光燈一定要附有起動設備，幫忙起動。第一、日光燈管內裝有燈絲，通以電流能供給大量的自由電子(能流動的電子即為自由電子)。第二、在附屬設備內產生(突然的)瞬間高壓，以激勵電子高速奔馳，產生放電。第三、放電一開始馬上將燈管兩端的電壓降低，並將燈絲電流切斷。安定器、起動器即為這些目的而設。

欲使燈絲放射大量電子，必須有足夠的溫度，故日光燈在起動之初須在燈絲通上電流加熱。其方式有二：

1. 按鈕式：用於一般檯燈。線路如圖 3-6-2。將開關 S_1 按下時，電流通過燈絲，使燈絲產生高熱，放射出電子。當放開 S_1 時，電流突然中斷，在安定器產生瞬時高壓，電子被吸引而高速奔馳進而開始放電。放電後只需較低電壓即可維持繼續放電而明亮。熄燈時只需將 S_2 按下切斷電路即可。(燈絲必須在高溫下才容易放射電子，日光燈一旦起動後，燈絲的溫度是靠電子的衝擊加以維持)。

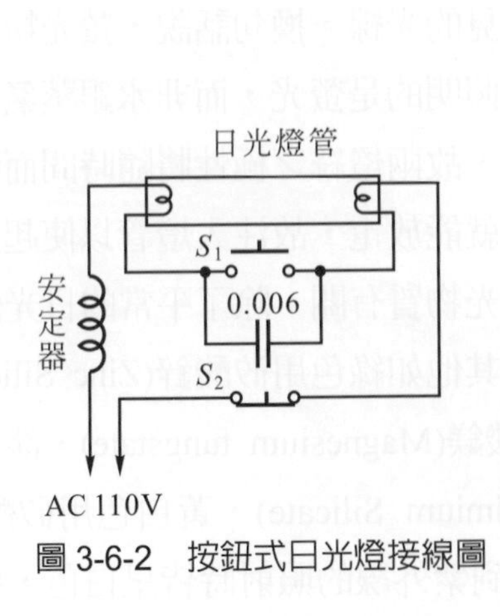

圖 3-6-2 按鈕式日光燈接線圖

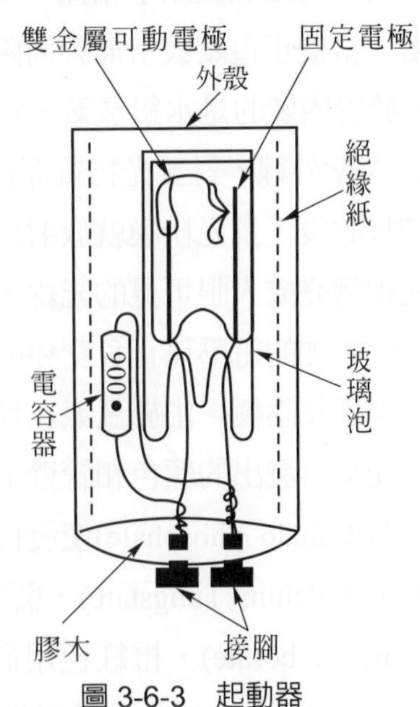

圖 3-6-3 起動器

2. 起動器式：對於非檯燈的日光燈起動，以按鈕開關啓動極不方便，故必須有一只相同功能的起動器(starter，又稱點燈管)來代替。圖 3-6-3 即爲起動器之構造圖。起動器係將小玻璃泡抽眞空後注入少量氦、氖、氬等稀有氣體，並裝上塗有氧化鋇之雙金屬片及一個固定電極而成。

日光燈未使用前兩個電極是分開的，當關上日光燈之電源開關後，外加電壓加於兩電極間，產生輝光放電(由於此時放出紫色火花，故亦有人謂之光芒起動)，產生的熱量很大而使雙金屬可動電極伸直(確切點應該說伸張而非伸直)與相距約半毫米的固定電極接觸。日光燈管兩端之燈絲即被串聯加熱。此時約有二倍的額定電流流過整個迴路，燈絲被加熱後即放出大量電子，此時由於輝光放電已因兩電極之接觸而消失，故 1～2 秒可動電極即因溫度降低而與固定電極分離，在這起動器開路的瞬間，安定器反抗電流的消失，因而感應一高壓使得燈管放電發光。起動以後，燈管內阻降低，電流增大(此乃放電管的固有特性)，只須較低電壓即可維持放電。整個起動過程請見圖 3-6-4。此圖係以 110V 20W 日光燈爲例。

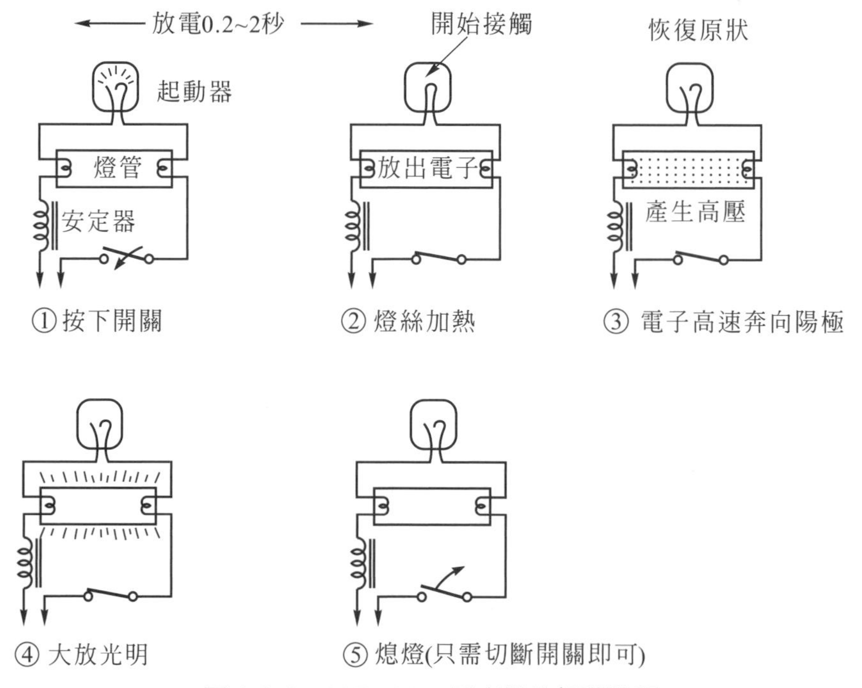

圖 3-6-4　110V 20W 日光燈的起動過程

圖 3-6-2 的 S_1 及圖 3-6-3 的起動器裡皆可看到並聯了一個 0.006μF 600WV 的電容器，其目的乃在起動時和安定器產生振盪作用，使安定器上的瞬時高壓之時間得以延長而幫助起動。除此之外，亦用來做雜音消除器，以防放電產生的高諧波干擾收音機。

由於起動時需較高的電壓方能加速電子游離水銀分子，起動後則只需較低的電壓即可維持放電。若不降低燈管兩端之電壓，將引起過大的電流，損壞燈管。欲達起動及使用時電壓變化之要求，需藉安定器來完成。

安定器亦有人稱之爲限流器或鎮定器。安定器之設計，依使用日光燈管之瓦特數及燈管數之不同而異，專對某種燈管所設計之安定器，方能發揮效用。

在家庭中使用的日光燈，其電源皆爲 AC 110V 者。P3-39 表 3-6-2 中“額定電壓”欄標明 100V 之燈管，所配用的安定器，結構如圖 3-6-5(a)所示，係以漆包線繞在矽鋼鐵心上而成的高漏磁抗流圈。表 3-6-1 中“額定電壓”欄標明 200V 之燈管，所配用的安定器，其結構則如圖 3-6-5(b)，係以漆包線繞於漏磁很大的矽鋼鐵心上，鐵心留有一漏磁分路，以獲得較大的漏磁電抗，是具有升壓作用之高漏磁變壓器。當燈管加熱完成，起動器的電極回復開路之瞬間，高壓加於燈管兩端使之放電明亮，此時電流在安定器上所生之壓降使燈管兩端之電壓降低，一方面保護日光燈管不致因電流過大而損毀，另一方面使起動器不致再行放電。

使用於工廠 AC 220V 電源的日光燈，其安定器爲如圖 3-6-5(a) 所示的高漏磁抗流圈，不管燈管是 20W 的或 40W 的。

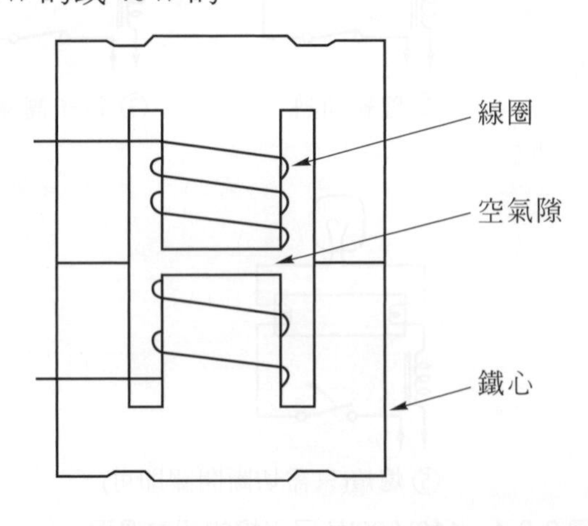

(a) AC 110V 10W及20W日光燈配用的安定器之結構圖

圖 3-6-5　安定器結構圖

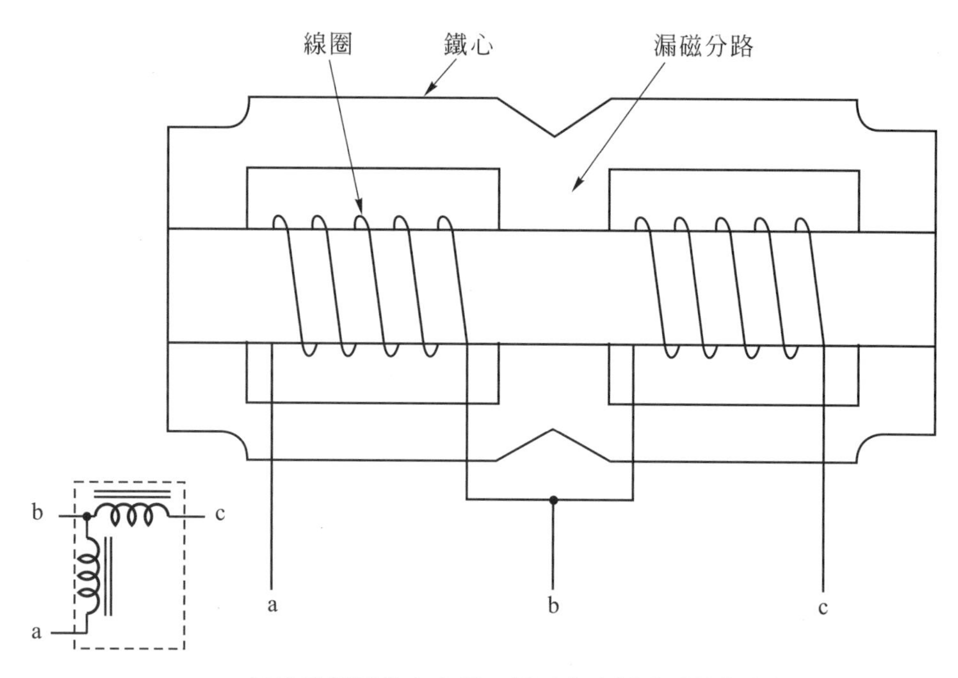

(b) AC 110V 40W日光燈配用的安定器，是具有高漏磁電抗的自耦變壓器

圖 3-6-5 安定器結構圖(續)

圖 3-6-6 所示為各種日光燈接線圖。茲分別說明如下：

(a)圖：110V 10W 檯燈之電路。以按鈕開關起動。開燈時，將紅色的按鈕"S_1"按下，兩燈絲即被串聯加熱而產生高溫，放射出大量的電子，1～2 秒後鬆手，S_1 回復斷路，安定器反抗電流的驟然減少而感應一個瞬時高壓，加於燈管兩端，使之放電明亮，燈管發光後，安定器將電源電壓降低大半，以免過量的電流通過燈管而使之損毀。熄燈時按下白色按鈕 S_2 切斷電路即可。

(b)圖：110V 20W 或 220V 40W 單管電路。在此圖中以起動器Ⓢ取代了(a)圖中的 S_1。當電源開關 ON 後，電源電壓加於起動器兩端(雖然電容器跨接在起動器的兩電極間，但容量很小，X_c 甚大，故通過迴路的電流甚小，在安定器上產生的微量壓降可忽略不計)，因此起動器內的氬氣游離而產生輝光放電，可動電極受熱伸張而與固定電極接觸。於是燈絲被串聯加熱而放射大量電子。由於電極的相互接觸，輝光放電消失，因此 1～2 秒後，可動電極因溫度降低而與固定電極分離，在這起動器回復斷路的瞬間，安定器反抗電流之消失，因而感應一個瞬時高壓，加於燈管兩端，使燈絲放射出來的大量電子高速奔馳，而令管內氣體游離，進而產生放電，放射出許多不可視的紫外線，這些紫外線被管壁上的螢光物質吸收而放出可視光。此時電流在安定器上的壓降使燈管兩端的電壓僅約電源電壓的一半，已不足以使起動器再次動作。故燈管亮時，起動器之兩電極保持常開。若是一次起動無法使燈管明亮，則起動器會一而再再而三的動作，直至發光爲止。熄燈時將電源開關 OFF，切斷電路即可。雙管者係以兩組電路並聯，裝組在同一個托架上而成，其工作原理與單管者同。(b)圖的起動過程示於圖 3-6-4。

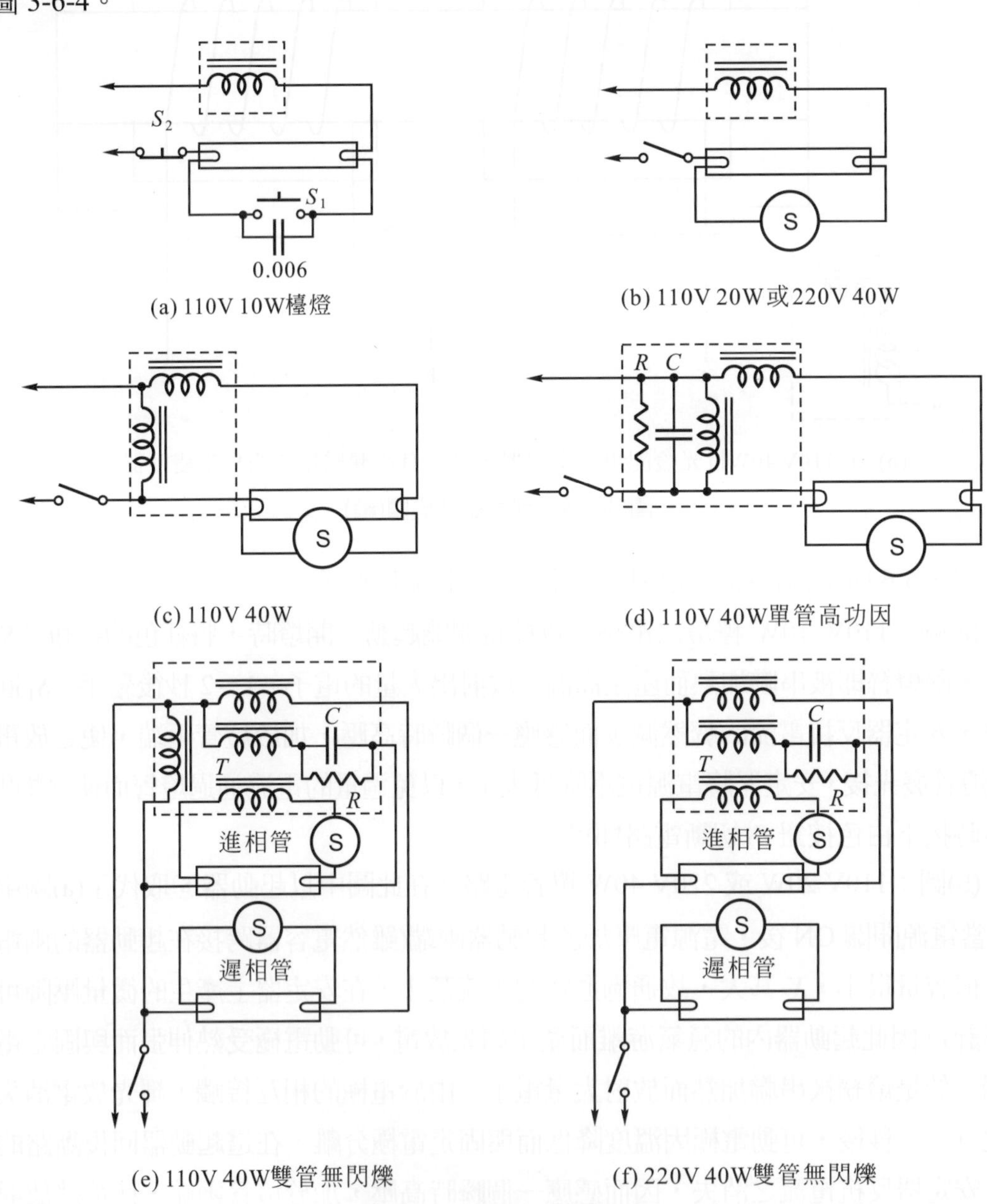

圖 3-6-6 日光燈之接線圖

(c)圖：110V 40W 單管電路。安定器有三個出線頭，係一高漏磁之自耦變壓器。起動前加於燈管兩端之電壓高達電源電壓的兩倍(約 220V)，使日光燈得以順利起動，起動後，漏磁電抗使燈管兩端之電壓降至 110V 左右，一方面保護燈管不致因電流過大而損毀，另一方面使起動器不致再行放電。雙管者係一式兩組並聯之。

(d)圖：110V 40W 單管高功率因數電路。由於安定器的關係，(c)圖電路之功率因數僅 50%～60%，功因太低對電源送電會有不良影響，依台灣電力公司之規定，「凡 40 瓦以上(包括 40 瓦)日光燈，應使用功率因數 80%以上之高功率因數安定器」，故並聯電容器 C 以改善功率因數。電阻器 R 係一個洩放電阻，電源 OFF 後電容器 C 即經電阻器 R 而放電，以免電源 OFF 後還有觸電之虞。在裝有甚多日光燈之場所，如辦公室或大工廠，非用此種高功因日光燈不可。

(e)圖：110V 40W 的雙管無閃爍日光燈電路。因為日光燈使用交流電源，其產生之光必為閃爍無疑。雖然平時沒有感覺，但在有高速旋轉機械的廠房，則有時可以察覺到。圖中的電容器 C 一方面擔任提高功率因數的任務，一方面使各自串聯一個安定器線圈的兩燈管相位不同，零點(60Hz 的交流電，每秒有 120 次電壓為零，亦有 120 次電流為零)不在同一瞬時，將閃爍的可能性減至最低程度。第一支燈管由於串聯了電容器 C，在起動之初會使燈絲的加熱電流過小，不易起動，故在該燈管的迴路中串聯一個補償線圈 T，以增加起動時通過燈絲之電流；啓動後，第一支燈管由於串聯了電容器，電流超前第二支燈管，故為進相管。R 為洩放電阻，電源 OFF 後電容器 C 即經電阻器 R 而放電。

(f)圖：使用於 220V 電源的雙管無閃爍電路。其利用電容器以產生異相電壓分別跨接兩燈管，以彌補單管的閃爍現象，其原理與(e)圖同。

【相關知識】

依據中國國家標準，起動器之規格如次：

1P：放電開始電壓 92V 以下	放電停止電壓 65V 以上
4P：放電開始電壓 180V 以下	放電停止電壓 135V 以上

3-6-2 日光燈的特性

一、日光燈的優點

1. 效率高：白熾燈放射的光線多為看不見的紅外線，故日光燈的效率比它高出甚多。

2. 可製成任何顏色：只需改變螢光物質，使其放出所需的光波即可。以同一顏色的白熾燈與日光燈比較，則日光燈的效率高出很多——綠色 95 倍，藍色 40 倍，晝光色 9 倍。
3. 輝度低：由於日光燈的發光面積大，故輝度極低，輝度低，換言之即不刺眼。
4. 壽命長：一般照明用白熾燈的平均壽命僅 1000 小時，但日光燈之平均壽命卻高達 7500 小時，足有 7 倍之多。
5. 耗電少：由於效率高、發熱少，日光燈的耗電僅有相同光束白熾燈的 $\frac{1}{4}$ 以下。
6. 光束穩定：電源電壓變動 1%時，白熾燈的變動達 3%之多，日光燈則僅變動 1～2%。
7. 形體優美：細而長的形體，及環形的日光燈，都有助於設計美妙的燈具。又因其形體較大，特別適於獲得均勻的照度。

二、日光燈的缺點

1. 所需附件較多。
2. 功率因數較低：由於安定器的加入，使得整個電路的功率因數降至 0.5～0.6，不過，使用裝有電容器的高功率因數安定器即可改善此缺點。
3. 起動需要時間：自開關 ON 到日光燈發亮需要 2～3 秒。
4. 電壓太低即不亮：電壓高或低於額定電壓，都足以縮短壽命，電壓過低時甚至無法起動。
5. 有閃爍現象：在有高速運轉機械的廠房會有此感覺，但在一般住家照明則沒有感覺。
6. 演色性差：日光燈的光譜缺少紅色成份，因此紅色的物體在日光燈下與在太陽光下所見者會有差異。

三、電壓與日光燈的關係

日光燈不管是提高或降低其電源電壓，均會縮短其壽命，降低其效率，此與白熾燈大不相同。電源若高於白熾燈的額定電壓，則燈泡的光束增加而壽命銳減；反之，則光束大減而壽命延長。日光燈是放電燈，電壓如高於安定器銘牌上之規定電壓，則管電流加大而管電壓降低，全光束雖略增，但因電流大而水銀蒸氣壓脫離最適當的範圍，故綜合效率降低。一方面由於燈絲輝點溫度過高，使放電物質消耗加快及燈絲加速蒸發，故壽命縮短，安定器也因電流過大而溫度上升增高，加速絕緣劣化，縮短安定器壽命。若電壓低於規定電壓，則除了管電流減小，管電壓提高而綜合效率降低外，由於燈絲輝點溫度不足，熱電子不易放射，結果造成起動不確實或需長時間起動，同時也因電子勉強放射，電極(燈絲)上之氧化物質加速崩潰，故亦縮短燈管壽命。

3-6-3 日光燈的使用

使用方法的正確與否對於日光燈的壽命及效率影響甚鉅，不可不注意。茲將所應注意之事項列之如下：

1. 開關不應連續操作：日光燈的亮熄若往復頻繁，則促使燈管壽命縮短。日光燈在啓動時，其燈絲加熱，若往復操作，則燈絲上之氧化物質容易散逸。
2. 起動器換裝需正確：每種型式的起動器均需配合燈管而使用，若誤用則日光燈無法正常明亮。正確的用法詳見表 3-6-1：

表 3-6-1

起動器的型式	直管型日光燈	環型日光燈
1P(或 2P)	10W、15W、20W	10W、30W
4P	30W、40W	
5P		32W、40W

3. 在低溫的環境需使用低溫用日光燈管：一般燈管在 20℃左右使用，效率最高，但在 5℃以下即很難以起動，此時需使用低溫用日光燈管，此特製日光燈管在外形上與一般燈管無異，並且使用相同的燈具。但在低溫下的放電開始電壓則迥然不同。我國的台灣日光燈公司的產品，在零下 20℃仍可順利起動。
   (註：低溫用日光燈雖可在低溫下順利起動，但其壽命低於一般日光燈，故只宜於低溫處使用。)

3-6-4 附小燈的單只按鈕壓按型檯燈

附有小燈的單只按鈕壓按型檯燈，其開關動作較複雜，且具有五個接點，較容易接錯，現將其畫於圖 3-6-7，以供檢修時之參考。

開關之 1、4 兩接點偏在一邊，2、3、5 三個接點則集中在另一側。

單鈕壓按型開關的動作情形如下：第一次壓按時 1、2 兩接點閉合，4、5 兩接點亦接通，但於手離開後 4、5 兩接點恢復開路狀態；日光燈亮。第二次壓按時接點 1

和 2 斷路，日光燈熄滅，同時 2、3 兩接點閉合，使 110V 2W 的小燈泡亮。第三次壓按時 2、3 兩接點切斷，小燈泡熄滅。壓按第四下時，依第一次壓按時之情形開始重復循環之。

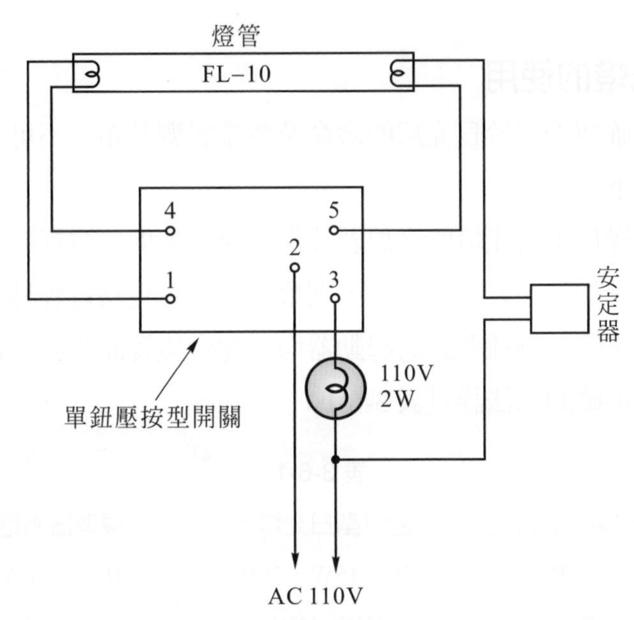

圖 3-6-7　附小燈的單只按鈕壓按型檯燈之實體接線圖

3-6-5　日光燈之故障判斷與處理

故障情形	同處燈管情形	檢查法	檢查結果	原因	處理
1. 不放電也不起動	a. 一樣	測定電源電壓	無電壓	停電或由於配線錯誤使 NFB 跳脫或保險絲熔斷	調查電源，並修護之。若為停電則候電力公司恢復送電。
			電壓正常 (95～115V 或 200～230V)	安定器品種錯誤；配線錯誤或鬆脫	換用合適的安定器；調查配線並接好
			電壓過低 (80%以下)	電源不良	配用升壓變壓器

(續前表)

故障情形	同處燈管情形	檢查法	檢查結果	原因	處理
1. 不放電也不起動	b. 都正常	測量電源電壓與安定器二次側電壓	輸入電壓正常，二次側電壓低	安定器不符、不良或燈具內配線錯誤	更換安定器，檢查配線並接好。
			都正常	燈管沒插好	插好燈管
				起動器不良或不符	換新品
				配線部份斷	查出斷線處，接牢。
				燈管燈絲斷	換新的燈管
	c. 點燈的也有，不點燈的也有	測量電源電壓	電壓低僅80%～90%	電源不良	配用升壓變壓器
2. 起動很慢	a. 一樣	測量電源電壓	電壓正常	安定器不符	換用適當的安定器
			電壓低	電源不良	配用升壓變壓器
	b. 都正常	測量電源電壓及安定器之二次側	二次電壓低	安定器規格不符，安定器不良	更換安定器
				燈具配線錯誤	調查配線並接好
			電壓正常	起動器不良	更換起動器
3. 兩端亮而不起動	a. 一樣	測量電源電壓	電壓低	電源不良	提高電壓或換用低壓用安定器
			正常	周溫太低	5℃以下的地方應換用低溫用日光燈管
	b. 都正常	測量電源電壓	正常	起動器兩電極不脫離	更換起動器
				起動器規格不符	更換起動器
				燈管的起動電壓高	更換燈管
				燈管漏氣(兩端發紅)	更換燈管

(續前表)

故障情形	同處燈管情形	檢查法	檢查結果	原因	處理
4. 一端亮一端不亮而燈管不起動	正常	換燈管	恢復正常	不亮端的燈帽內兩引線相接觸	更換燈管
5. 時亮時熄(一閃一滅)	正常	換燈管	恢復正常	燈管壽終	換燈管
		調查環境	露於通風過甚處	溫度低	以燈罩套入燈管
			溫度低於 5℃	溫度太低	改用低溫日光燈
6. 光度不足	a. 一樣	測量電源電壓	電壓低	燈管電流不足	提高電壓或換用低壓安定器
			正常	安定器規格不符	更換安定器
				安定器不良且週溫低	以燈罩套入燈管
	b. 正常	換燈管	恢復正常	燈管不良	換燈管
			依然如故	安定器不良	更換安定器
				燈具潮濕或有塵	拭乾淨
7. 光束不穩定有光柱搖動現象	正常	熄燈，稍後再點燈	恢復正常	新燈管初期現象	正常現象
			依然如故	放電不穩定	重複點燈幾次，如仍有放電不穩現象，更換燈管
8. 點燈後忽然兩端黑化	一樣或正常	繼續點燈	黑化慢慢消失	水銀聚集	正常現象
9. 點燈後忽然或不久黑化熄滅	a. 一樣	測量電源電壓	遠高於安定器規格電壓	電源錯誤。(多發生於三相四線式或單相三線式)	改正電壓。燈管多半已被燒毀故亦須更換燈管
	b. 正常	測量電源電壓及安定器二次電壓	非常高	安定器錯誤或電源錯誤	改正電壓或換用合適的安定器
				安定器的一次線圈層間短路	更換安定器
		測量管電流	非常大	安定器不良	更換安定器
		換安定器	恢復正常	安定器不良	更換安定器

(續前表)

故障情形	同處燈管情形	檢查法	檢查結果	原因	處理
10. 管端黑化	a. 同時期點燈的，有的黑化有的沒有黑化	調查使用日期	已使用相當時日	正常現象	正常現象
		如使用日期短，測量電源電壓	較安定器規格高或低頗多	電源不良	適當調整電壓，或用合適的安定器
			電壓變動大	電源不良	設法穩定電壓
			正常	燈絲預熱時間太短(起動太快)	更換起動器
	b. 同時期點燈的都無黑化，而且使用日期短	換燈管	結果良好	燈管不良	更換燈管
			仍在短時期發生黑化	安定器不良	更換安定器
				起動器不良	更換新品
				如為瞬時起動式則可能為燈管沒有插牢	插緊燈管
11. 雙燈用燈具一燈亮一燈不亮	都正常	察看燈具配線，若無錯誤則測量燈管兩端電壓	配線錯誤	配線錯誤	改正配線
			燈座內銲錫脫落	焊接不牢	重新焊接
			安定器斷線	安定器不良或負載偶有短路	更換安定器
			一切正常	起動器不良或脫落	旋緊起動器或更換起動器
				燈管不良	更換燈管
		於無閃爍電路，把兩支燈管更換位置	不亮的一邊仍不亮	進相側較難起動	加以適當的起動補償線圈
			不亮的燈管仍不亮	燈管不良	更換燈管
12. 無閃爍電路一燈明一燈暗	一樣	測量電源頻率	週率變動	因週率變動，進相管與遲相管的電流不同	唯有忍受到電力公司調度正常
13. 離管端約 5 公分處生成褐色環	一樣或正常				易於點燈初期產生，對壽命沒有妨害

(續前表)

故障情形	同處燈管情形	檢查法	檢查結果	原因	處理
14. 燈管壽命短	a. 一樣	測量電源頻率及電壓	與安定器規格不符	電源不良	調整電壓或更換適當的安定器
	b. 正常	換燈管	恢復正常	燈管不良	更換燈管
			依然如故	起動器不良	換起動器
				安定器不良	更換安定器
		調查使用狀況	經常反覆點滅	燈絲物質消耗過大	減少點滅次數
			使用於屋外	屋外使用，壽命減低	無可避免
15. 看高速物體有閃爍現象				放電燈的特性	無礙。可改用無閃爍電路
16. 燈具發出嗡嗡聲	多數如此	測量電源電壓	較安定器規格高	電源不良	設法降低電源電壓或更換合適的安定器
			正常	安定器或燈具某部份螺絲鬆動	旋緊一切螺絲加強安定器的固定
	正常	察看安定器振動與安裝情形		安定器鐵心振動或安裝不良	在安定器與燈具間加橡皮墊，如仍無效，更換安定器
17. 安定器太燙或填充物流出	多數如此	測量電源電壓與頻率	電壓太高或頻率降低	管電流過大	降低電壓，使用高電壓用安定器
			正常	安定器規格不符	更換安定器
	正常	察看點燈狀態	燈管兩端發紅而不起動	經常流通燈絲預熱電流而過熱	更換起動器或燈管
			燈管一閃一滅		更換燈管
			點燈狀態正常	安定器散熱差	改善安定器的散熱
			點燈電流過大	安定器特性不良	更換安定器

(續前表)

故障情形	同處燈管情形	檢查法	檢查結果	原因	處理
18. 點燈後瞬間明亮旋即全熄	正常	測量燈管燈絲	一端或兩端燈絲斷線	配線錯誤	糾正錯誤並更換新燈管
		測量電源電壓	正常	燈管燈絲製造不良	更換燈管

3-6-6 省電型日光燈

近年來，由於國際能源危機的衝擊，國內各廠商紛紛將產品加以研究改良，陸續推出了省電型日光燈，不但耗電少，同時光度也提高了，因此爲各界所注目。那麼省電型日光燈到底與一般日光燈差別在哪裡呢？其實，所用的燈具(安定器、起動器等)是完全相同的，不同的是"燈管"。

省電型日光燈管之構造與一般燈管並無兩樣，但卻採取了以下改良措施：

1. 管徑縮小，只需較低的電流即可，因此較省電。
2. 採用高輝度的螢光物質。如此可使日光燈管之輝度提高，全光束亦隨之提高。
3. 把燈絲間的距離加長。讀者若加以留意的話，當發現燈管的兩端各有一小段較不亮的區域，假如把燈絲的支持物縮短，而使兩燈絲間的距離加長，則可把燈管兩端那一小段較不亮的區域縮短，使燈管所發出之全光束提高。

   以表 3-6-1 中之 FL-405D 加以比較，即可看出，FL-405D 雖然耗電較小，但全光束卻反而比 FL-40D 高。

3-6-7 燈管規格表

P3-39～P3-41 各表爲燈管規格表，可供選用時之參考。

表 3-6-2 一般直管型日光燈

消耗電力	種類	光色	燈管長度	燈管直徑	額定電壓 V	燈管電流 A	全光束 Lm
10W	FL-10D	晝光色	330mm	25mm	100	0.23	450
	FL-10W	白色	330mm	25mm	100	0.23	480
	FL-10WE	明白色	330mm	25mm	100	0.23	460

表 3-6-2　一般直管型日光燈(續)

消耗電力	種類	光色	燈管長度	燈管直徑	額定電壓 V	燈管電流 A	全光束 Lm
15W	FL-15D	晝光色	436mm	25mm	100	0.30	760
	FL-15W	白色	436mm	25mm	100	0.30	860
	FL-15WE	明白色	436mm	25mm	100	0.30	800
20W	FL-20D	晝光色	580mm	38mm	100	0.375	1050
	FL-20SD	晝光色	580mm	32mm	100	0.340	1080
	FL-20W	白色	580mm	38mm	100	0.375	1150
	FL-20SW	白色	580mm	32mm	100	0.340	1180
	FL-20SWE	白色	580mm	32mm	100	0.340	1100
30W	FL-30D	晝光色	580mm	38mm	100	0.620	1550
	FL-30W	白色	580mm	38mm	100	0.620	1750
	FL-30D	晝光色	895mm	38mm	200	0.390	1750
	FL-30SD	晝光色	895mm	32 mm	200	0.375	1900
	FL-30SSD	晝光色	895 mm	35 mm	200	0.355	2050
	FL-30W	白色	895 mm	38 mm	200	0.390	2000
	FL-30SW	白色	895 mm	32 mm	200	0.375	2150
	FL-30SSW	白色	895 mm	35 mm	200	0.355	2250
40W	FL-40D	晝光色	1198 mm	38 mm	200	0.435	2700
	FL-40SD	晝光色	1198 mm	32 mm	200	0.415	2800
	FL-40W	白色	1198 mm	38 mm	200	0.435	3000
	FL-40SW	白色	1198 mm	32 mm	200	0.415	3160
	FL-40SWE	白色	1198 mm	32 mm	200	0.415	2950

表 3-6-3　環型日光燈

消耗電力	種類	光色	燈管內徑	燈管外徑	燈管直徑	額定電壓 V	燈管電流 A	全光束 Lm
10W	FCL-10D	晝光色	112 ± 6mm	177mm 以下	30mm 以下	100	0.200	440
	FCL-10W	白色	12 ± 6mm	177mm 以下	30mm 以下	100	0.200	480

表 3-6-3 環型日光燈(續)

消耗電力	種類	光色	燈管內徑	燈管外徑	燈管直徑	額定電壓 V	燈管電流 A	全光束 Lm
30W	FCL-30D	晝光色	165 ± 6mm	242mm 以下	36mm 以下	100	0.620	1400
	FCL-30W	白色	165 ± 6mm	242mm 以下	36mm 以下	100	0.620	1500
	FCL-30WE	明白色	165 ± 6mm	242mm 以下	36mm 以下	100	0.620	1450
32W	FCL-32D	晝光色	240 ± 6mm	317mm 以下	36mm 以下	147	0.435	1700
	FCL-32W	白色	240 ± 6mm	317mm 以下	36mm 以下	147	0.435	1850
40W	FCL-40HD	晝光色	240 ± 6mm	317mm 以下	36mm 以下	147	0.600	2000
	FCL-40HW	白色	240 ± 6mm	317mm 以下	36mm 以下	147	0.600	2200

表 3-6-4 彩色日光燈

	光色 \ 消耗電力	10W	20W	30W	40W
種類	紅色	FL-10R	FL-20R	FCL-30R	FL-40R
	淡紅色	FL-10P	FL-20P	FCL-30P	FL-40P
	青色	FL-10B	FL-20B	FCL-30B	FL-40B
	綠色	FL-10G	FL-20G	FCL-30G	FL-40G
	黃色	FL-10Y	FL-20Y	FCL-30Y	FL-40Y
備註	1. 彩色日光燈除 30W 爲環型日光燈外，其他均爲直管型日光燈。 2. 彩色日光燈之構造尺寸、額定電壓、燈管電流等規格皆與一般用相同。				

3-7 瞬時起動日光燈

3-7-1 瞬時起動日光燈之構造、原理

普通日光燈，自電源接通至燈管發亮得 2～3 秒鐘，雖在使用上並無礙，但究竟是日光燈的缺憾。瞬時起動日光燈的發明，解決了此一缺點。

瞬時起動日光燈必須配用瞬時起動式安定器與燈具才能發揮其機能。其安定器與一般安定器有下列兩相異處：

1. 設有燈絲加熱線圈，經常加溫燈絲。

2. 有起動補助用接地電路。

瞬時起動方式燈具設有密接導體，當日光燈管裝上後密接導體將緊密接觸著燈管的管壁。

瞬時起動日光燈由於起動電路的不同，所用日光燈管的構造亦與一般日光燈管相異。除了燈絲採用三重繞外，依其構造之不同可分爲三種型式：

1. 燈管外貼上或塗上導電條(膜)。此種型式不但全光束減少，有損美觀，且有觸電之虞。
2. 燈管內壁全面塗裝透明導電膜。此種型式起動最切實，但缺點是全光束減少，而且使用中偶而有螢光體針狀剝落的現象發生。
3. 燈管外壁全面施以矽膜絕緣處理，使外壁具有撥水性。此種型式特性頗佳，但在灰塵多和潮濕的地方往往起動不切實。我國產品，多爲此種型式。以下說明即以此種型式爲準。

圖 3-7-1 爲瞬時起動日光燈之電路圖，圖中使用旭光牌 FRH-4112B 型安定器。

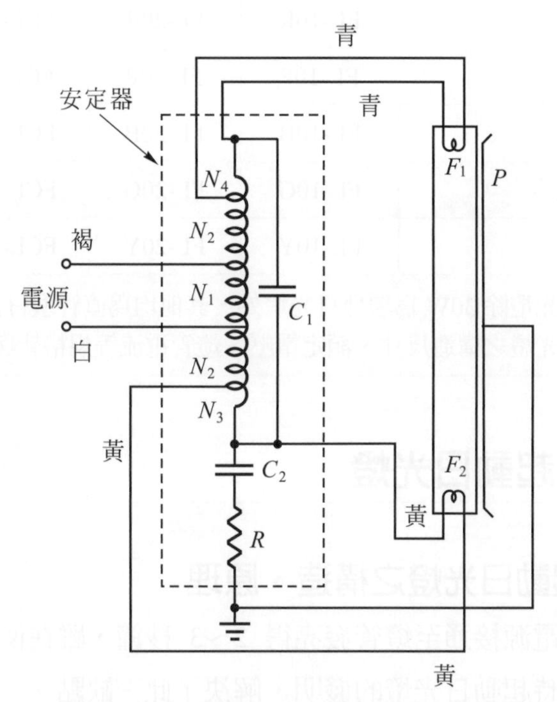

圖 3-7-1 瞬時起動日光燈(使用旭光牌 FRH-4112B 型安定器)

圖中 N_1 為一次線圈，N_2 為二次線圈，N_3 及 N_4 為燈絲加熱線圈，C_1 為雜音防止用電容器，$C_2 + R$ 為接地用阻抗，P 為密接導體，F_1 及 F_2 為燈絲。$C_2 + R$ 與 P，兩者均需接地或安定器外殼，故兩者在電路上是相連的。

電源加上後 N_3 與 N_4 對燈絲加熱，使成易放射電子之狀態，同時燈管兩端加有約 230V 之電壓，此時燈絲 F_1 與密接導體 P 之間亦有約 230V 之電位差，此電位差使 F_1 與 P 間產生微小放電，此微小放電迅即往 F_2 發展為正常的輝光放電而使燈管點亮。以上步驟在 1 秒內完成。

此種起動機構必須藉助於燈絲與密接導體間的電容(電場)性放電，故為了促使放電的開始，密接導體宜有相當的寬度與足夠的長度(與燈管同長)以增加靜電電容，同時燈絲 F_1 與密接導體 P 間之電位差宜在 180V 以上。

在公共場所，如中山堂、大會廳等，需要調光之處所，如舞台等，當然以使用瞬時起動日光燈為佳，然濕氣與塵埃是矽塗膜式瞬時起動日光燈的大敵，若燈管表面阻抗僅有 5 MΩ 至 500 MΩ 範圍內時，燈管需極大之起動電壓，經過矽塗膜處理之日光燈管，在乾燥清潔的環境下，其表面阻抗在 1000 MΩ 以上，故燈管極易起動。由於矽塗膜有撥水性，故在 60% 至 90% 以上的相對濕度下仍可維持相當高的阻抗，可是萬一在水氣上積有灰塵，情形就大不相同了，因管壁表面的塵埃，在高濕度下足以減低矽塗膜的效果，故在潮濕及多塵埃之處所，仍以使用有起動器的普通日光燈為佳。

表 3-7-1 新亞及旭光牌瞬時起動日光燈

消耗電力	種類	光色	燈管長度	燈管直徑	回路電壓 V	燈管電流 A	全光束 Lm
20W	FLR-20D	晝光色	580mm	38mm	170	0.375	1050
	FLR-20W	白色	580mm	38mm	170	0.375	1150
40W	FLR-40D	晝光色	1198mm	38mm	230	0.435	2700
	FLR-40W	白色	1198mm	38mm	230	0.435	3000
60W	FLR-60HD	晝光色	1148mm	38mm	230	0.800	3700
	FLR-60 HW	白色	1148mm	38mm	230	0.800	4000

3-7-2　瞬時起動日光燈之優點

瞬時起動日光燈，由於安定器與燈具之異於尋常，故有著下列四大優點：(1)不需起動器。(2)可多燈一起點亮。(3)可配合調光裝置使光度作圓滑調節。(4)消燈電壓低。意即是以同樣速率降低電源電壓時，有起動器之普通日光燈先熄滅。

3-7-3　瞬時起動日光燈之故障檢修

有關日光燈共同的故障現象，請參閱 3-6-5 節，於此僅述瞬時起動日光燈之特有問題：

一、起動很慢或不起動

同一處其他燈管的情形	檢查法	檢查結果	原因	處理
一樣	測定電源電壓	正常	安定器極性不對	調換電源極性或換用無極性型安定器
	調查使用環境	潮濕或灰塵多	燈管表面絕緣電阻低	改用一般日光燈(即3-6節所述之日光燈)
點燈的也有，不點燈的也有	測定電源電壓	正常	沒有接地	做好接地
			燈管沒有插緊	切實插好燈管
	調查使用環境	潮濕多塵	不適合使用瞬時起動日光燈	改用一般日光燈
都正常	測定安定器二次電壓及燈絲電壓	都低	安定器不符合規格	更換適當的安定器
			燈管沒有插緊	切實插好
			燈管的起動電壓高	更換燈管

二、早期黑化

原因	處理
a. 燈管與座接觸不良，以致燈絲的加熱電流不足 b. 電源電壓太低 c. 安定器不良(加熱線圈層間短路) d. 點滅過份頻繁	a. 換用良好管座，使確實接觸 b. 配用升壓變壓器 c. 換用良好安定器 d. 減少不必要的點滅或改用白熾燈

3-8 直流日光燈

在野外露營，或颱風停電時，有可用直流電供應之日光燈可用，豈不順當。尤其是船上、火車上、汽車上，直流日光燈更是不可或缺的照明器。

直流日光燈者無它，乃是利用換流器(說的明白點，就是振盪器)將蓄電池或乾電池之低壓直流電，轉變爲高頻(一般的直流日光燈約爲 6kHz～22kHz)高壓的交流電，然後加於一般日光燈管而成。

圖 3-8-1 所示，是一個直流日光燈電路圖，採用間歇振盪器將 12V 的直流電變換爲高頻高壓(圖中所用之變壓器爲升壓變壓器)的交流電，然後加於一個 10W 的日光燈管而成。此直流日光燈由於有一端的燈絲經常在加熱狀態中(在圖 3-8-1 中是在燈管的左端)，故點燈情形良好。當使用日久起動困難時，表示經常受加熱的燈絲，其上之放電物質(氧化鋇或氧化鈣)已消耗崩潰殆盡，須將燈管兩端對調。對調後使用一段日期，若再度發生起動困難之情形，那只有將燈管換新一途可行了。

由於換流器的工作頻率頗高，所以不但變壓器的體積可大大的縮小，而且可以完全消除閃爍現象。

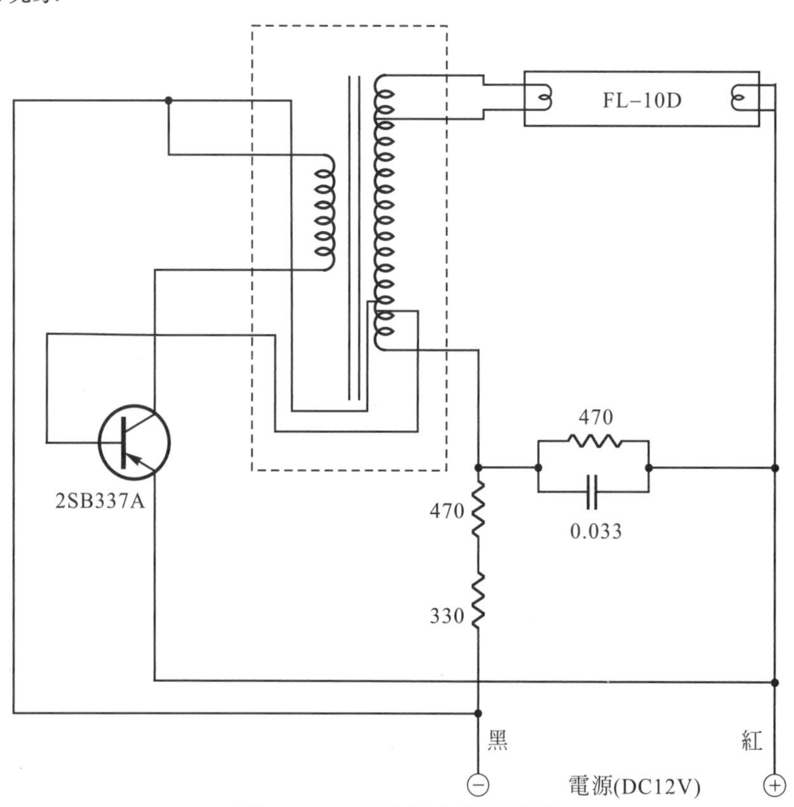

圖 3-8-1 直流日光燈電路圖

3-9　電子閃光燈

由於照相機的普及，閃光燈已成了每個家庭不可或缺的東西。其燈管是由一個密封的玻璃管或石英管內充惰性氣體(如氙氣)，並於兩端分別封入陽極及陰極(陰極之色較黑)而成。放電管的中央另有用細漆包線纏繞而成的觸發線圈。基本電路如圖 3-9-1 所示。高壓脈波加至觸發線圈時，管內氣體產生游離現象，電容器就迅速經由燈管放電，造成一道明亮而短暫的閃光。如同其他光源一樣，閃光燈亦有一定的壽命期限。燈管每閃一次，離子撞擊陰極，使陰極上一部份物質撞出而積沈於燈管內部，此沈積物質會形成一黑跡。當陰極物質愈消耗，此黑跡區域會愈擴大，最後，閃光燈不是不閃就是失常。工作壽命依燈管陰極結構而異，約在五千至十萬閃之間。當然，使閃光燈工作在低於其最大額定值之內，可大大的增長其有效壽命。

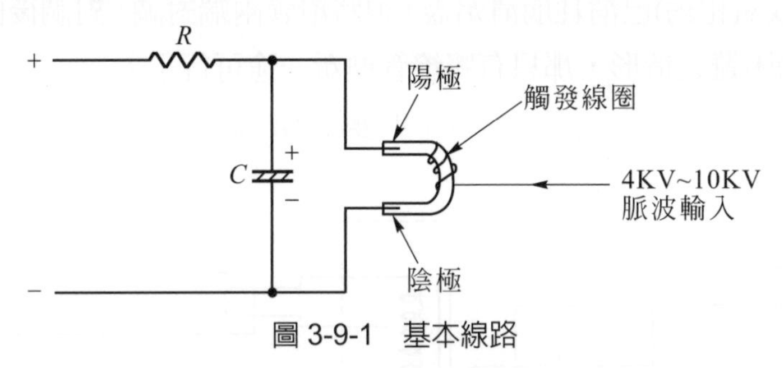

圖 3-9-1　基本線路

常見的閃光燈管有 U 字型及 I 字型兩種，如圖 3-9-2 所示。

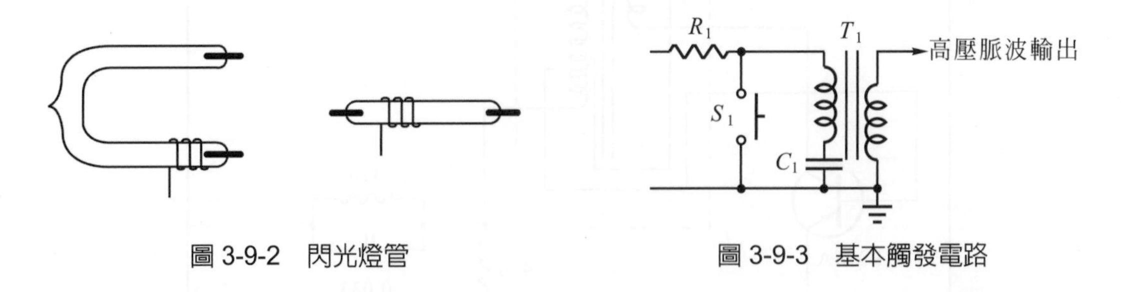

圖 3-9-2　閃光燈管　　圖 3-9-3　基本觸發電路

圖 3-9-3 所示是一個基本的觸發電路。平時 S_1 打開，C_1 經 T_1 之初級圈及 R_1 而充電，當 S_1 被按下而閉合時，C_1 所儲存之電荷迅速經升壓變壓器之一次側線圈放電(升壓變壓器 T_1 之初級圈大約是 20 匝，次級圈則 500～1000 匝)，在次級圈(二次側)就產生了 4000～6000 伏特的瞬間高壓，此高壓脈波即被送至觸發線圈。

圖 3-9-4 是四種常見的觸發電路。其原理與圖 3-9-3 相同。

早期的閃光燈，其電源大都由交流市電倍壓整流而得，有些則使用 6V 的電瓶經振動子升壓後再整流而得，用起來極不方便且振動子亦常故障，最近的閃光燈則使用換流器(一種固態式的低週振盪器)將低壓升高或乾脆使用 240V 的積層電池來供給所需的高壓直流。

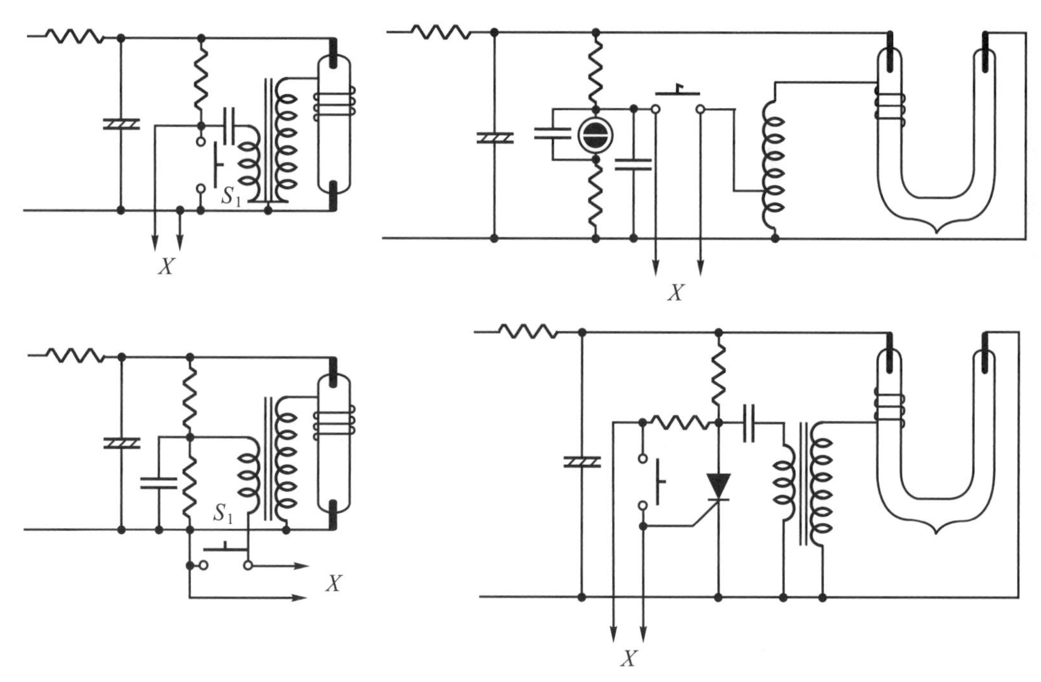

圖 3-9-4 各種觸發電路(圖中 S_1 為試驗開關，X 為快門接點)

下面就常見的數種實際電路作詳細分析。

一、倍壓整流式閃光燈

圖 3-9-5 所示是一種日製交流專用的閃光燈電路，電源爲倍壓整流電路。當 C_1 充滿電時，其端電壓約爲 200 伏特，此時氖燈 NL 發亮，表示可以使用了。此時 C_1 兩端的電壓直接加在燈管兩端，正電壓接到陽極，負電壓接至陰極(陰極的顏色較黑)。C_2 雖然串聯著兩枚 6 MΩ 的電阻，然其端電壓亦充電至約 200 伏左右，此時若將試驗按鈕 S_1 按下，或按下照相機快門使 X 接點閉合，則 C_2 所儲存的電荷迅即通過變壓器之初級圈放電而在二次側感應一甚高的電壓，閃光燈即瞬時放電，放電後 C_1 之端電壓約降至 60 伏特。直到 C_1 再度充電完畢而指示燈 NL 發亮，即可做第二次的拍照工作。

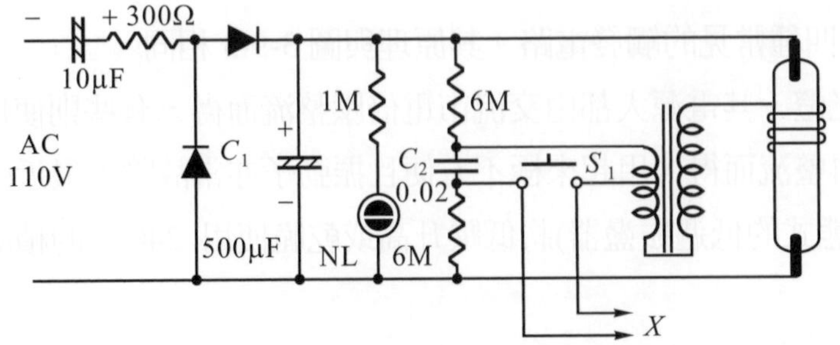

圖 3-9-5　倍壓整流式閃光燈電路圖

二、換流器式閃光燈

圖 3-9-6 所示是一個換流器式閃光燈電路。圖中左半部由兩個 2SB33 與升壓變壓器 T_1 組成一個電晶體低週振盪器。兩個功率晶體管輪流導電使 T_1 初級圈得到 6V 的交流電，因此 T_1 得以順利完成其升壓的使命。將 SW 關閉(ON)而換流器在正常工作時應該可以聽到「西西」的聲音，若聽不到「西西」聲即表示換流器有故障。若換流器振盪得很正常，但 C_1 兩端之電壓極低，此表示(1)整流二極體 D_1 失效(2)C_1 漏電頗爲厲害或開路。至於右半部電路之動作原理與圖 3-9-5 同，只是觸發用的升壓變壓器 T_2 採用自耦變壓器而已，於此不再贅述。

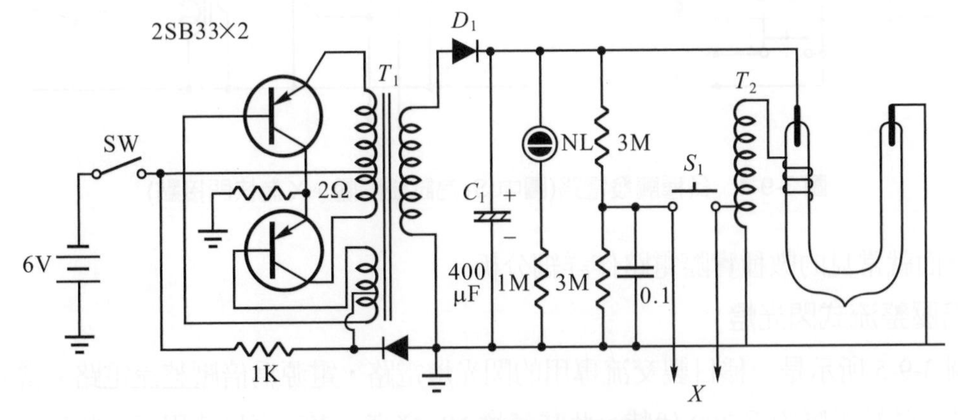

圖 3-9-6　換流器式閃光燈電路圖

三、積層電池式閃光燈

圖 3-9-7 所示的兩個閃光燈電路，皆以額定電壓 240V 的＃491 電池做電源。

(a)圖與前述電路類同，並無特殊之處。(b)圖則以 SCR 當無接點開關使用。茲將圖 3-9-7(b)的動作原理說明如下：

積層電池裝上後電容器 C 經 R 而充電至 240V，同時 C_1 亦經觸發變壓器之初級圈及 R_1 而充電至約 120V，當照相機的快門按下時 X 接點被閉合，SCR 被氖燈 NE-2 的電流觸發而導通呈短路狀態，此時 C_1 即經觸發變壓器之初級圈，並經過 SCR 而放電，在次級圈感應一高壓脈波促使燈管內氣體產生游離，C 所儲存之電荷即迅速經由燈管放電，因此產生一道極亮的閃光。由於 C_1 的放電電流不經 X 接點而取道 SCR，故照相機快門接點的壽命得以延長。

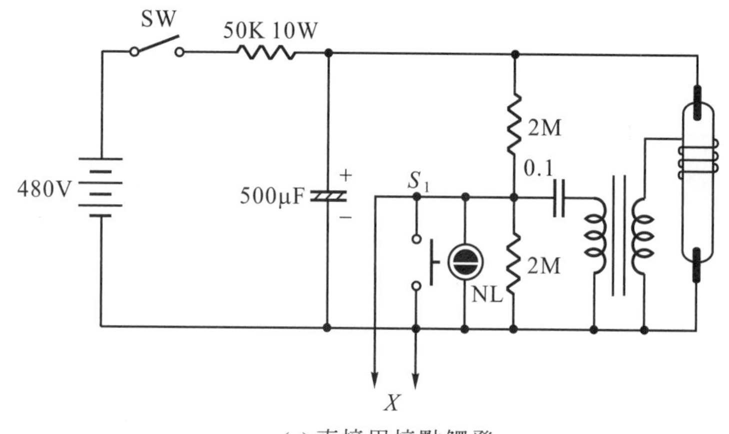

(a) 直接用接點觸發

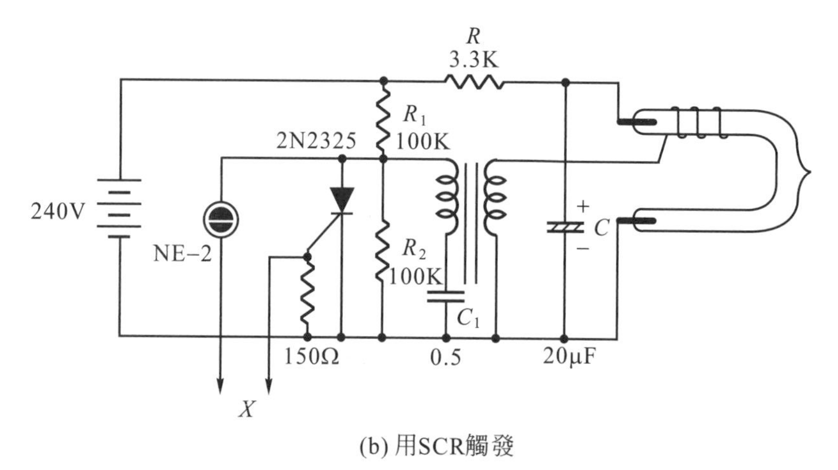

(b) 用SCR觸發

圖 3-9-7　積層電池式閃光燈電路圖

3-10 燈光自動點滅器

前幾節所述及之白熾燈、日光燈等照明器，電源之通斷係以手操作。庭院的燈、門燈、路燈等，若一到天暗下來即自動開燈，到了天亮(光度增至某程度)又自動消燈，豈不很好。本節所述之燈光自動點滅器即能完成此種任務。

一、熱控式自動點滅器

此種型式的自動點滅器，乃由光敏電阻、發熱器及雙金屬片所組成的熱控電驛，封於半透明的塑膠殼內而成。如圖 3-10-1 所示。

光敏電阻由硫化鎘(CdS)所製成，如圖 3-10-2 所示。在黑暗中，其電阻可高達數 10 MΩ，在一般陽光照射下，其電阻降至僅有 100Ω。

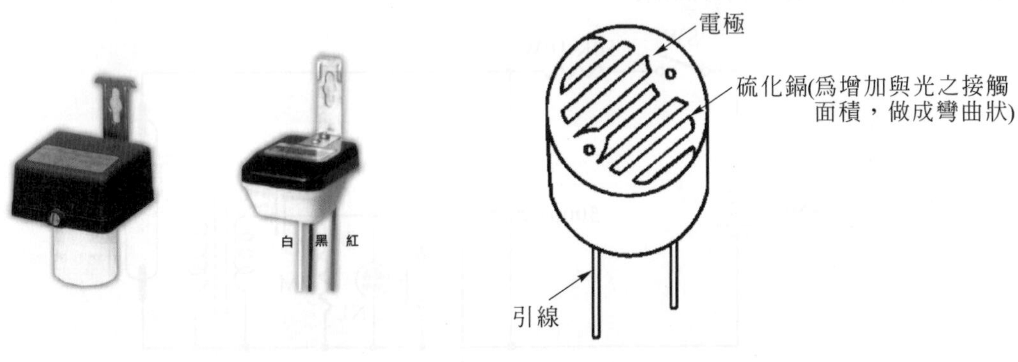

圖 3-10-1　燈光自動點滅器　　圖 3-10-2　光敏電阻 CdS

圖 3-10-3 為熱控式自動點滅器的電路及實體接線圖。夜晚光線弱，光敏電阻 CdS 呈現高電阻狀態，電流甚小，在發熱器上所生之熱量，不足以使雙金屬片彎曲，其接點閉合，電源經接點送至負載。白天光度強，光敏電阻呈現極低之阻值，電源電壓幾乎全加在發熱器上，電流在發熱器上所生之熱量，使雙金屬片彎曲，其接點打開而切斷加到負載之電源。

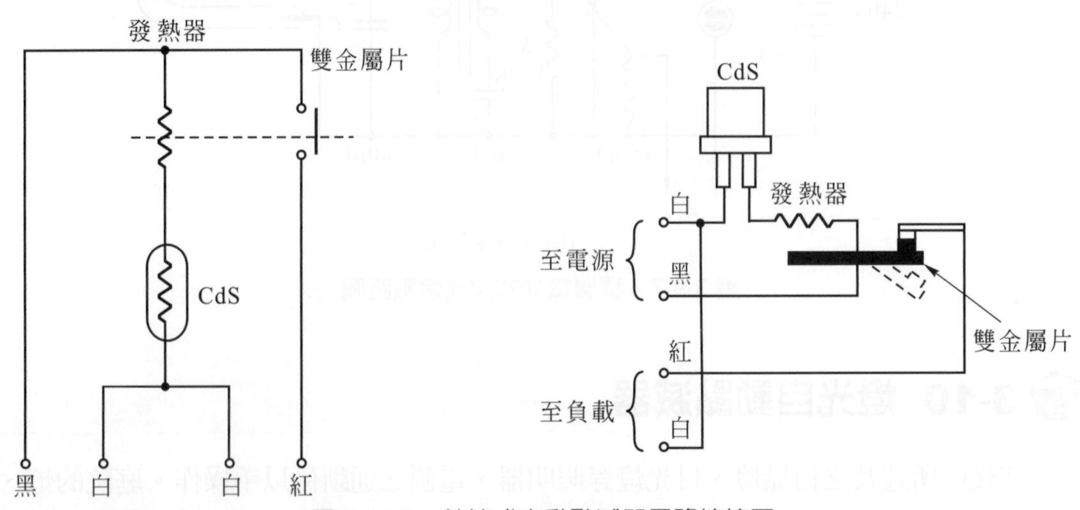

圖 3-10-3　熱控式自動點滅器電路接線圖

雙金屬片之長短寬窄厚薄與通過電流之大小及動作靈敏度有關。寬且厚之雙金屬片通過電流大，但動作遲鈍，需攝取較多熱量。反之，薄而窄的雙金屬片雖動作較靈敏，所需攝取之熱量較少，但所能通過的電流較小。故應視載流之大小，而加以選擇，並配合發熱器。當然載流愈大，銀接點亦需較大。

由於在光線弱時，電源電壓幾乎全加在 CdS 上，因此 CdS 得採用大型者。

二、繼電器式自動點滅器

上述熱控式自動點滅器，雖然構造簡單，價格低廉，但其動作較緩慢，且載流之大小受到雙金屬片限制，無法做較大電流之控制，遂有採用繼電器的自動點滅器出現，圖 3-10-4(a)爲其電路。繼電器式自動點滅器之特點爲接點的啓斷、閉合，動作較爲迅速，且可視載流量之大小而採用適當的繼電器，載流量較大之自動點滅器多屬此種型式。圖 3-10-4(b) 爲其接線圖。

R_1、R_2 及 R_3 直接接於電源，構成分壓電路，R_2 兩端之分壓則經光敏電阻 CdS 及橋式整流而加於直流繼電器(DC Relay)。夜晚光線弱時，光敏電阻呈現高阻值，流過繼電器線圈之電流微乎其微，無法使繼電器動作，其接點閉合，電源得以送至負載。白天光度強時，光敏電阻呈現極低之阻值，通過繼電器線圈之電流大增，使繼電器動作，其接點打開，而切斷加至負載之電源。圖中之電解電容器 C 是一個濾波電容器，使加於繼電器線圈之電壓(亦可說是通過繼電器線圈之電流)較爲平穩，不會因零點(60Hz 的市電，每秒有 120 次電壓爲零)而產生振動，發出噪音。

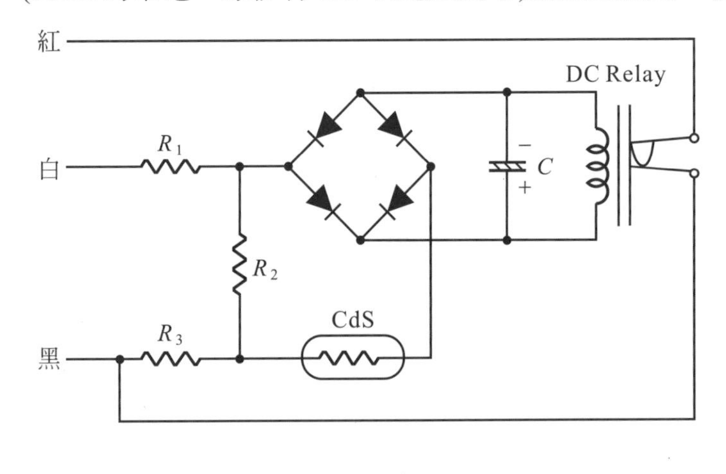

(a) 電路圖

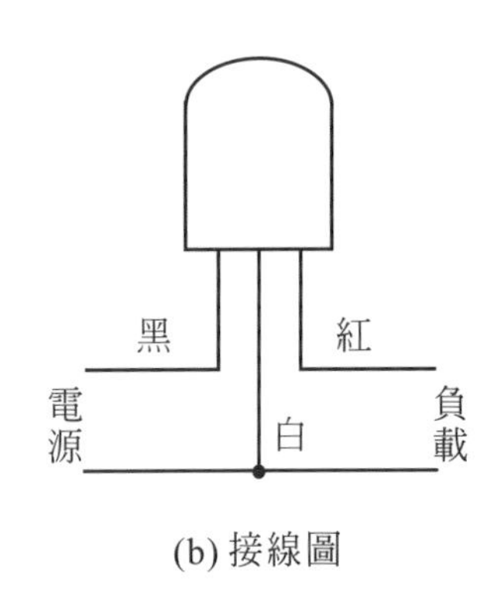

(b) 接線圖

圖 3-10-4　繼電器式自動點滅器

爲了使直接跨接於電源的 R_1、R_2 及 R_3 所承受之消耗功率得以減少，直流繼電器應選用高靈敏度的(在同一額定電壓下，線圈通過較小電流即能動作者，謂之靈敏度較高；換句話說，相同額定電壓的兩個繼電器，線圈的電阻值較大者，其靈敏度即較高)。

三、燈光自動點滅器之安裝

自動點滅器需裝於負載(燈)所發出之光線照射不到的地方；並且其安裝之處，在白天，光線不能被遮，否則不能正常動作，以達自動控制之目的。圖 3-10-5 即其安裝法。

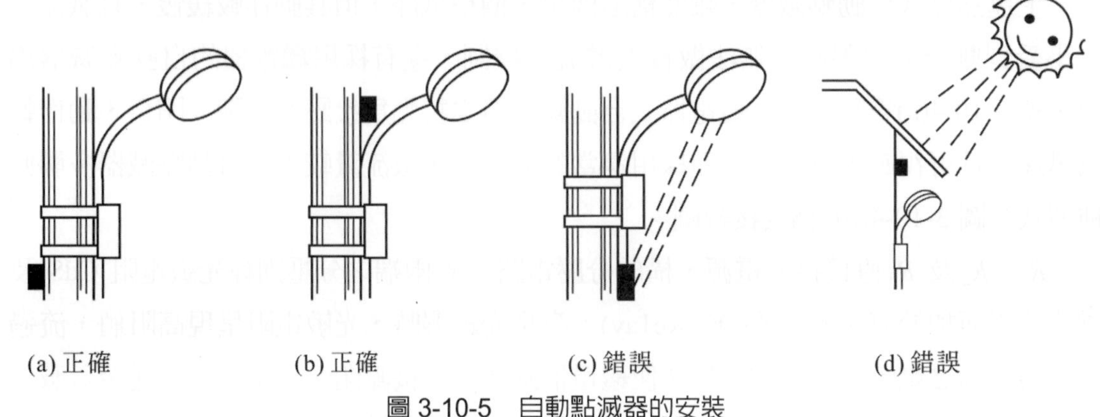

圖 3-10-5　自動點滅器的安裝

(a)圖及(b)圖都是正確的安裝法。(c)圖之點滅器裝在其控制之燈的照射範圍內，(d)圖的自動點滅器，裝在屋簷裡，縱然是白天，太陽光亦照射不到，故(c)(d)兩圖之安裝法都會使自動點滅器無法正常動作，安裝時宜注意之。

四、燈光自動點滅器規格表

1. 新亞電器公司自動點滅器規格表

型式	適用電壓	適用負載電流
PB 1003 PB 2003	110V 220V	3A 3A
PB 1006 PB 2006	110V 220V	6A 6A
PB 1010 PB 2010	110V 220V	10A 10A
PB 1020	110V	20A

2. 日製自動點滅器規格表

型式	適用電壓 (AC.V)	適用頻率 (Hz)	適用負載電流		電力消耗(W)	
			白熾燈	放電式燈	ON 時	OFF 時
PRA 1003	100	50～60	3	經常 3	0	1.50
PRA 1203	120	50～60	3	經常 3	0	1.72
PRA 2003	200	50～60	3	經常 3	0	1.54
PRA 2203	220	50～60	3	經常 3	0	1.67
PRA 2403	240	50～60	3	經常 3	0	1.85
PRA 2503	250	50～60	3	經常 3	0	1.92
PRA 1006	100	50～60	6	經常 6	0	1.80
PRA 1206	120	50～60	6	經常 6	0	2.05
PRA 2006	200	50～60	6	經常 6	0	1.82
PRA 2206	220	50～60	6	經常 6	0	2.01
PRA 2406	240	50～60	6	經常 6	0	1.86
PRA 2506	250	50～60	6	經常 6	0	2.01
PB 1010	100	50～60	10	起動時 10	2.6	0.8
PR 1210	120	50～60	10	起動時 10	2.9	1.1
PR 2010	200	50～60	10	起動時 10	4.0	1.8
PR 2210	220	50～60	10	起動時 10	4.2	2.0
PR 2410	240	50～60	10	起動時 10	4.4	2.2
PR 2510	250	50～60	10	起動時 10	4.6	2.4
PR 1020	100	50～60	20	起動時 20	2.6	0.8
PR 1120	110	50～60	15	起動時 20	2.7	0.9

註：(1) 適用電壓爲額定電壓 ±10%，溫度範圍 －10℃至 ＋40℃。
(2) 照度 50 勒克司時 ON，150 勒克司時 OFF。

3-11 省電燈泡

市售的省電燈泡有球型、U 型、螺旋型，如圖 3-11 所示。

爲了方便直接把傳統的電燈泡換成日光燈，廠商把日光燈的體積盡量縮小，並用和傳統電燈泡一樣的 E27 燈頭供電，所以省電燈泡其實就是日光燈。

因爲日光燈本來就比傳統的電燈泡省電，所以廠商將圖 3-11 這種燈泡造型的日光燈稱爲省電燈泡。

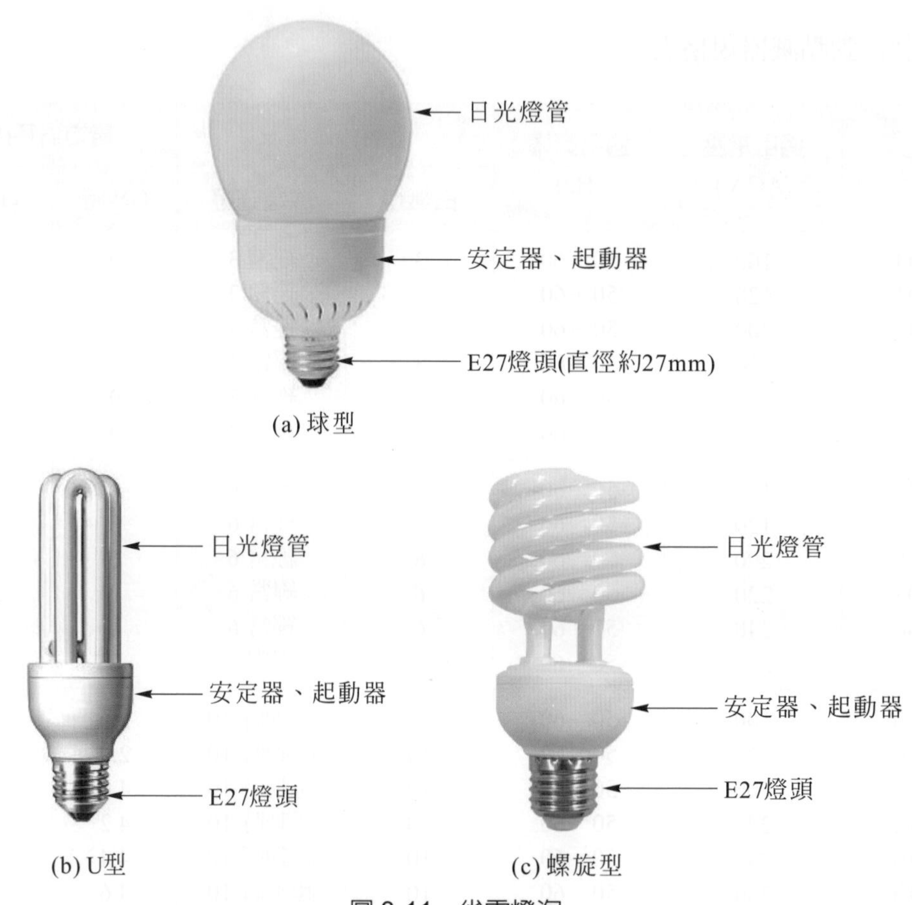

圖 3-11　省電燈泡

3-12 T5 新型省電日光燈

在 1994 年，飛利浦推出高功率 T5 日光燈管(如圖 3-12-1 所示)，德國歐司朗、美國 GE、日本各廠相繼加入高功率 T5 日光燈管開發的行列並推出產品。T5 日光燈管就是日光燈玻璃管口徑$\frac{5}{8}$英吋之代號，$\frac{5}{8}$英吋約等於 1.6 公分。相對於傳統 T9 日光燈管口徑$\frac{9}{8}$英吋(= 2.9 公分)，或 T8 日光燈管口徑$\frac{8}{8}$英吋(=2.6 公分)，T5 日光燈管口徑較細小，但其發光效率卻高於 T9 與 T8 燈管。

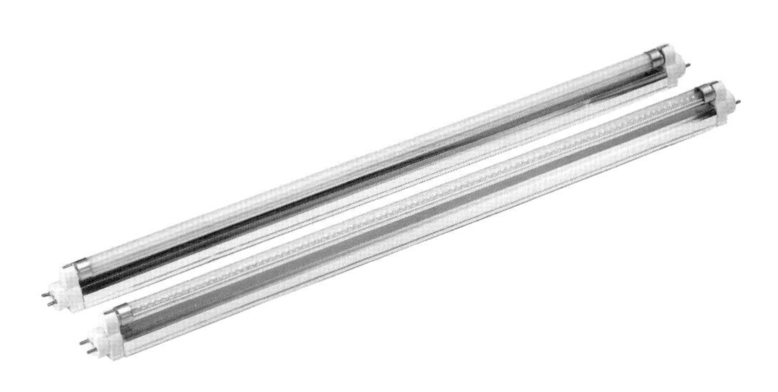

圖 3-12-1　T5 日光燈

T5/T8/T9 皆屬於螢光燈管，基本發光原理相同，都是利用燈管電流引起汞蒸氣去刺激燈管內壁的螢光塗料發光，差別主要在於燈管管徑的不同，含汞量的不同。

T5 日光燈管的優點是省電，採用電子式安定器功率因數高約在 97%～99%之間，採用三波長螢光粉製造，演色性高，顯色指數 CRI 達到 85 以上，使用壽命長可免除頻繁更換燈管之麻煩，T5 日光燈管之管徑 1.6 公分減少物耗，縮小體積，方便倉儲與運輸，減低成本。

T5 日光燈有 T5/14W、T5/28W、T5/35W 等目前常用規格，T5 日光燈管平均使用壽命在 10,000 小時以上，若採用品質良好之安定器，使用壽命可達 20,000 小時。相較於 T9 日光燈管之使用壽命 6,000～7,500 小時，T5 日光燈不僅可以節省購買燈管之成本，且可免除頻繁更換之麻煩。汞(水銀)的使用量減少對環境污染相對減低。雖然 T5 日光燈的使用壽命較 T8 傳統日光燈長，無起動器降低閃頻，採用汞合金改善低污程度，但是 T5 燈具和 T8、T9 的燈管因尺寸大小不同，必須花錢重新採購專用燈具，更換費雖一直降低但依舊比 T8、T9 日光燈高，這是無法普及的原因。

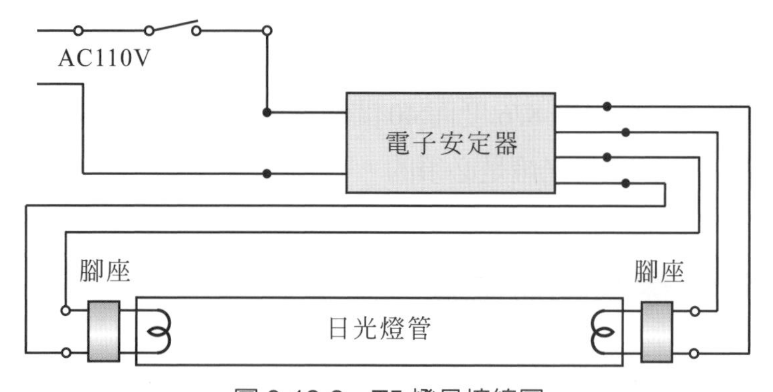

圖 3-12-2　T5 燈具接線圖

T5 與 T9 消耗用電比較，如表 3-12 所示。

表 3-12

日光燈型式	T9/40W	T5/28W
燈管功率	40W	28W
燈具燈管數量	2 支	2 支
安定器	傳統式	電子式
功率因數	55%～66%	95%以上
燈管壽命	7500 小時	15000 小時
燈管直徑	25mm	16mm
材質	液態汞含量 15mg	固態汞含量 3mg
每支燈管光通量	2,700 lm	2,900 lm
整組燈具消耗功率	80W	56W
每天平均點燈時數	10 小時	10 小時
每天平均消耗度數(1 仟瓦小時= 1 度)	0.8 度	0.56 度
每年消耗度數(以 365 日計)	292 度	204.4 度
每年節省用電度數		87.6 度
省電率		30%

由上表可知使用 T5 日光燈至少可省下 30%的用電，如果以目前學生教室至少有 10 組燈具則每年將可節約用電 876 度而 40 間教室就可省下 35,040 度，有此可知要降低用電量逐年逐具汰換 T5 日光燈是必須的。

3-13 紅外線自動感應燈

市面上有很多紅外線自動感應燈，人來燈就亮，人走燈就熄滅，如圖 3-13-1 所示。

感應燈由紅外線感應器和電燈(電燈泡，省電燈泡，LED 燈泡)所組合而成，目前最廣泛使用在夜間走道照明及防盜保全上和搭配監視攝影機使用。

(a) 室外型

(b) 屋內型

圖 3-13-1 紅外線自動感應燈

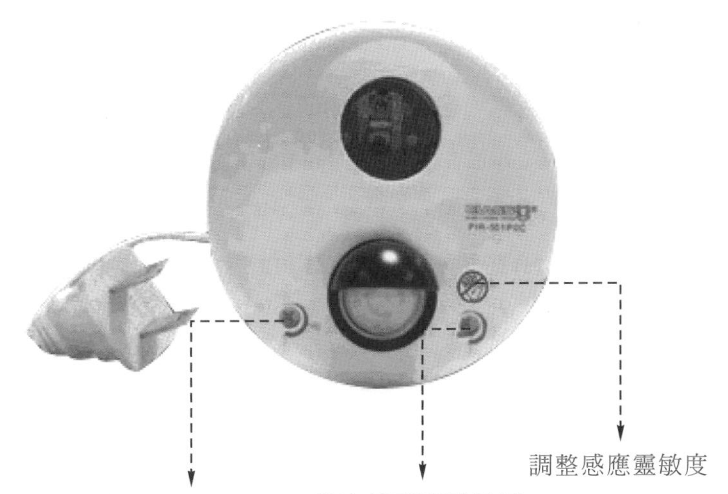
調整感應靈敏度
晚上：夜晚才運作
白天：24小時運作
設定燈亮時間長短
例如：設定燈亮時間為四分鐘，則在四分鐘內不動或離開，偵測器感應不到，燈會於四分鐘時間終了熄滅

圖 3-13-2 屋內型各部構造

3-13-1 紅外線自動感應燈的工作原理

紅外線自動感應燈的電路結構如圖 3-13-3 所示。茲說明如下：

1. 感測器 PIR 如圖 3-13-4(a)所示，是專門感測人體紅外線的焦電紅外線感測器(Pyroelectric Infrared Radil Sensor)，又稱為被動式紅外線感測器(Passive Infrared Detector)，是感測人體 5μm～14μm 紅外線的熱能感測器。

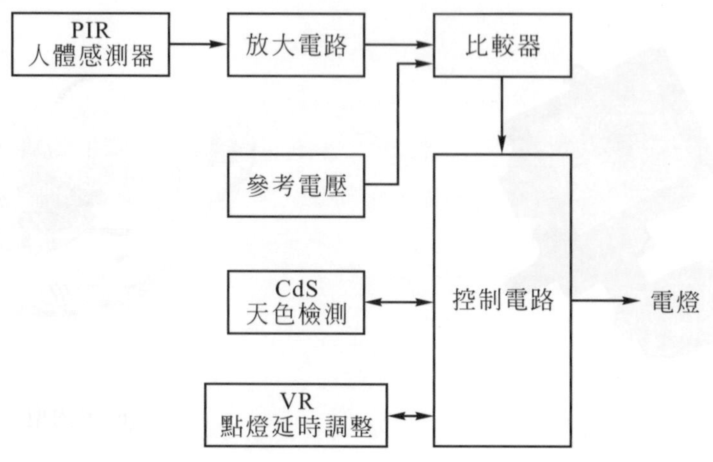

圖 3-13-3　紅外線自動感應燈的電路結構

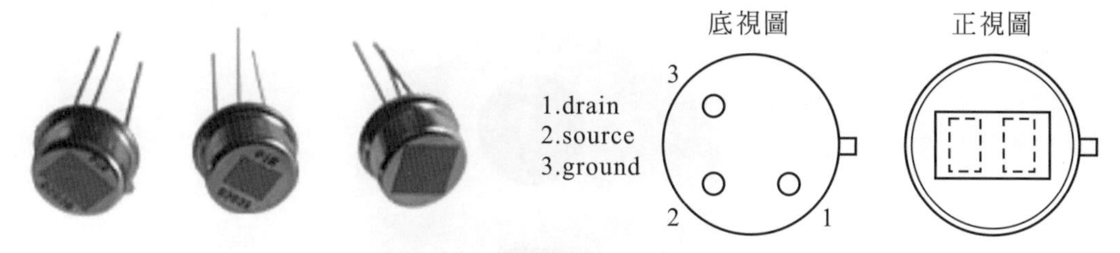

(a) 紅外線人體感應器 PIR

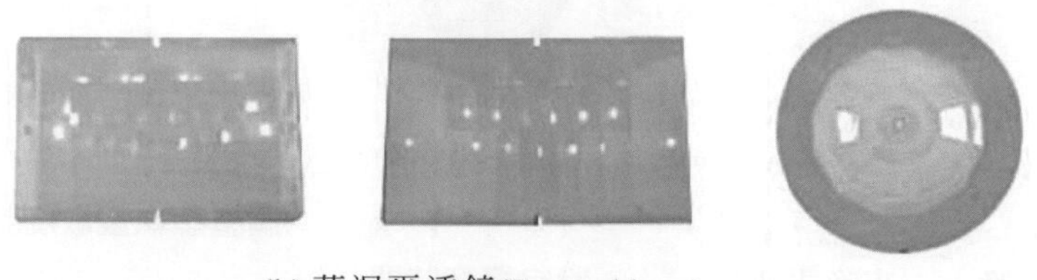

(b) 菲涅爾透鏡(Fresnel lens)

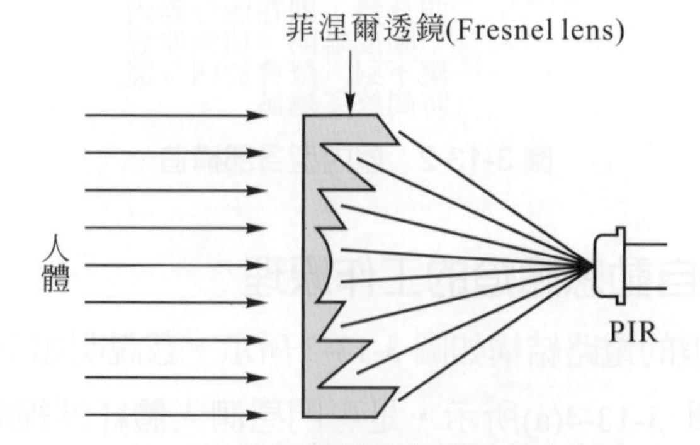

(c) 菲涅爾透鏡有強烈聚光作用

圖 3-13-4　紅外線自動感應燈的重要元件

它在視窗內是由兩片感測器結合成差動感應。人移動時，人體發射的紅外線經菲涅爾透鏡投射至感測器上，會在兩片感測器之間產生差動電壓，一般感應範圍約十幾公尺。因爲人移動速度很慢，因此 PIR 輸出電壓的頻率很低，可以用低通放大器把高頻濾除至幾赫茲以下來降低雜訊干擾，避免誤動作。

2. 在 PIR 前面所加那一片有許多像小凸透鏡般的格子的聚焦鏡片稱爲菲涅爾透鏡(Fresnel lens)，如圖 3-13-4(b)所示。

   菲涅爾透鏡，又稱爲螺紋透鏡，也許看起來像一片單獨的透鏡，但仔細檢查會發現他是由許多微小的片狀結構組成的，因爲透過它的光線比透過普通透鏡的亮度高，而且焦距短，能增加 PIR 的偵測角度及距離，可以提高 PIR 感應的範圍，所以是自動感應燈的重要元件。而光學塑料的誕生也使得菲涅爾透鏡的製作變得容易。

3. 當放大器的輸出電壓超出參考電壓時，比較器會輸出觸發信號給控制電路，假如現在是晚上，則控制電路就會點燈。
4. 光敏電阻器 CdS 是用來檢測天色，白天時電阻值小，夜晚則電阻值變大。
5. 點燈延時調整是一個可調電阻器，用來改變燈點亮後經過多少時間才要熄燈。
6. 目前紅外線自動感應燈已經有專用 IC，稱爲 PIR Controller，放大器、比較器、控制電路等都做在同一個 IC 內，所以電路板的體積很小。
7. 電路圖請參考圖 3-13-5 及圖 3-13-6。

3-13-2 紅外線自動感應燈的電路圖

如圖 3-13-5 所示。

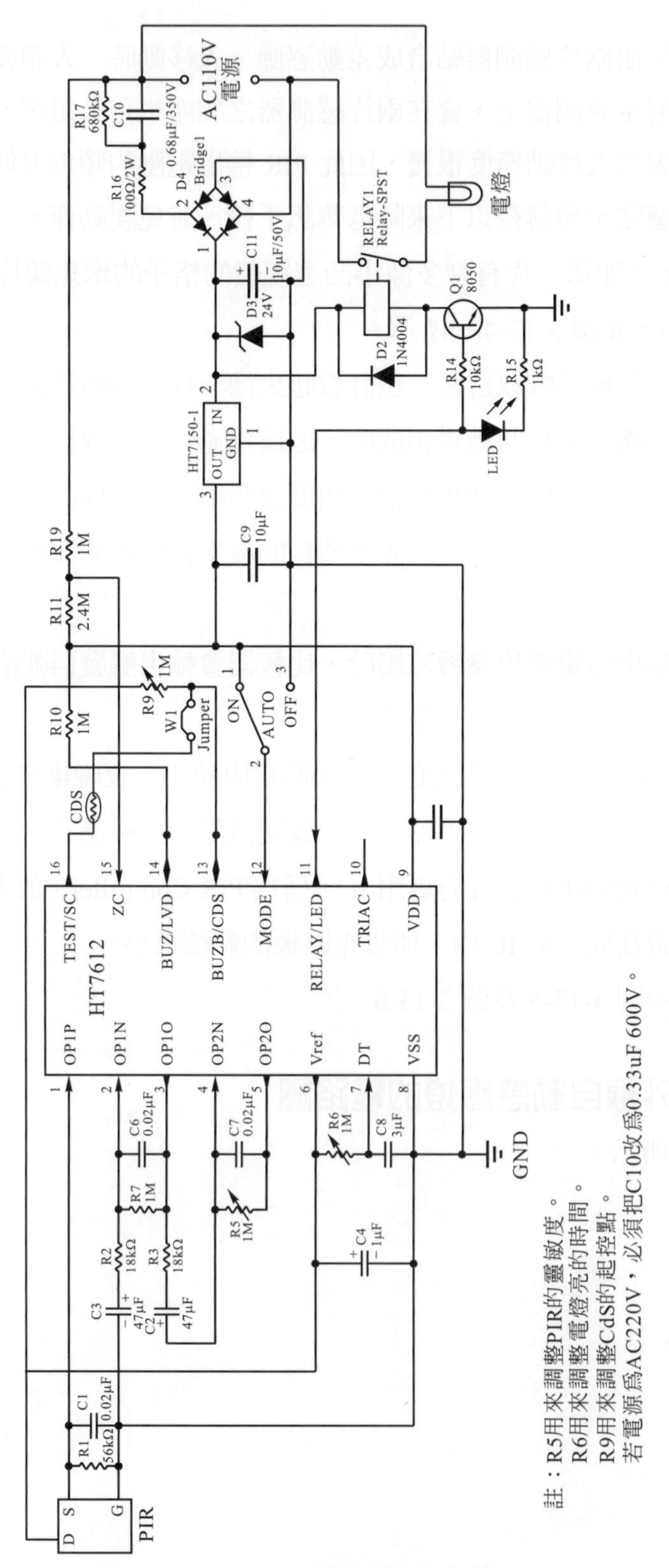

圖 3-13-5　紅外線自動感應燈的電路例(1)

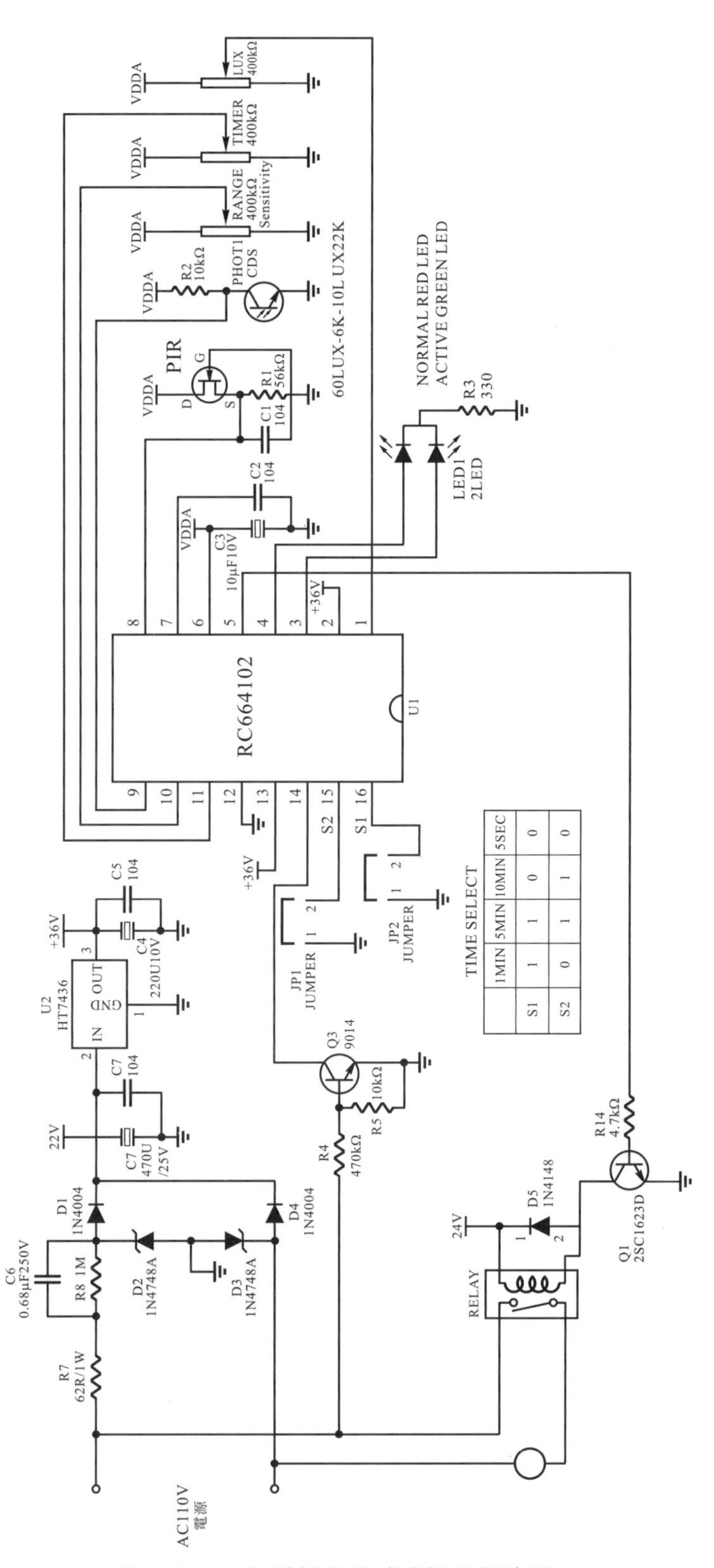

圖 3-13-6　紅外線自動感應燈的電路例(2)

3-14 捕蚊燈

捕蚊燈是利用昆蟲的趨光性設計而成，當蚊蟲受到燈光吸引，飛向捕蚊燈時會因接觸圍在燈管外圍的高壓網電擊而瞬間燒焦死亡。捕蚊燈主要是以長波紫外光(UVA)來吸引昆蟲靠近，捕蚊燈管放出的波長及紫外光大小均會影響捕蚊的效果。捕蚊燈雖然能電擊蚊子，但也有可能電擊到自己的手指造成觸電危險。由於捕蟲燈管發出紫外光，不宜長時間直接照射，可能會產生生理變化，使皮膚曬黑，故被視為皮膚老化及皮膚癌的原因之一。眼睛若長期曝露於紫外光下，容易產生眼球的病變，如白內障等疾病，所以使用捕蚊燈時，應避免長時間的眼睛直視。捕蚊燈最好擺放在超過膝蓋的高度，但也不要超過 180 公分，因為這是蚊子經常飛行的範圍，隱僻的地方是最好的選擇。由於蚊蟲喜歡酸性食物，如果在捕蚊燈的底部蚊子收集盤加醋，將增加捕蚊燈的效果。定期清理捕蚊燈且常保乾淨，室內燈光需低於捕蚊燈的燈光，以提高捕蚊燈的效果。

捕蚊燈如圖 3-14-1 所示，由捕蟲燈管、倍壓電路、觸擊網、保護網、底部收集盤所組成，其各部構造分述如下：

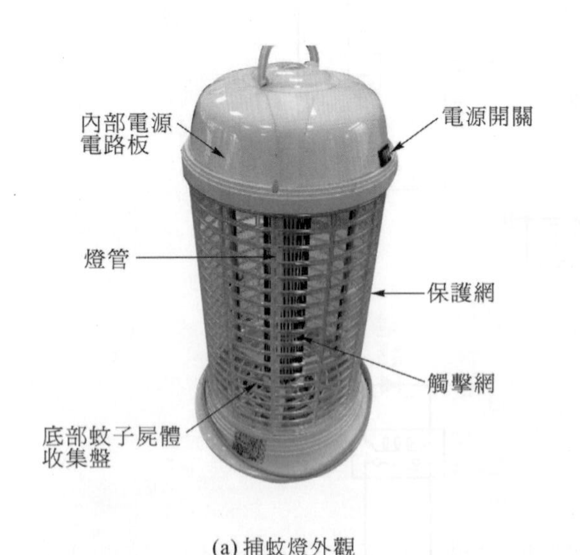

(a) 捕蚊燈外觀

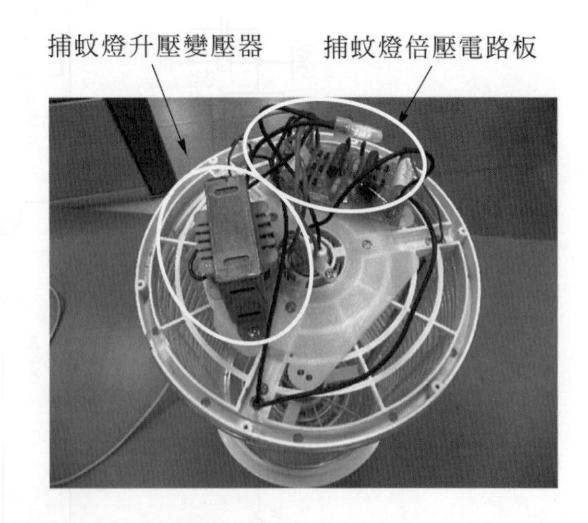

(b) 變壓器及電路板

圖 3-14-1 捕蚊燈結構圖

捕蚊燈的燈管稱為捕蟲燈管，如圖 3-14-2 所示，所散發的光是屬於紫外線的一種，而捕蚊燈的波長集中在 370 奈米左右長波紫外光。

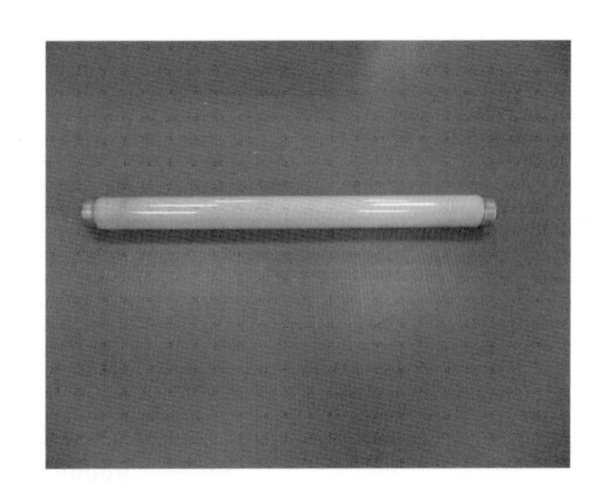

(a) 捕蟲燈管更換處　　(b) 捕蟲燈管

圖 3-14-2　捕蚊燈的捕蟲燈管

捕蟲燈的電路如圖 3-14-5 所示。升壓變壓器為 110V：610V 10mA，如圖 3-14-3。

升壓變壓器的初級線圈兼做安定器，串聯在捕蟲燈管。升壓變壓器次級線圈的高壓，再用由二極體與電容器組成的 4 倍壓電路(如圖 3-14-4)升壓，因此觸擊網的電壓大約 2000 伏特，蚊子一接觸就被擊斃。

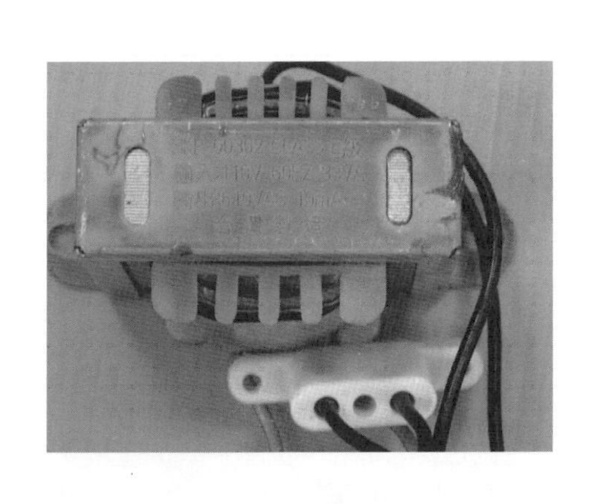

圖 3-14-3　升壓變壓器

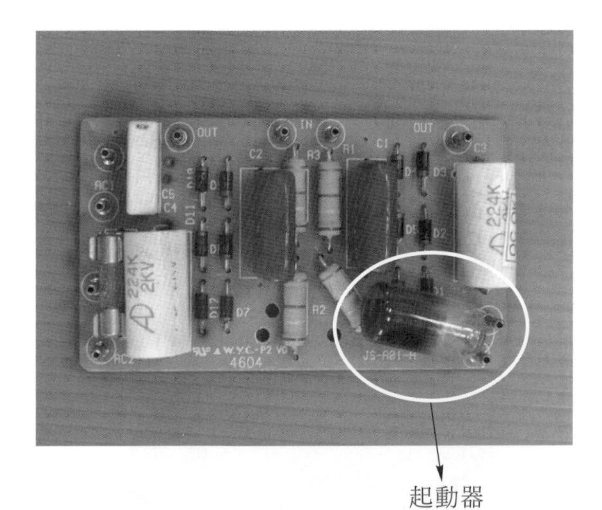

圖 3-14-4　捕蚊燈的倍壓電路板

當捕蚊效果不佳時您就要考慮更換燈管，因捕蚊燈通常亮度愈亮補蚊效果愈好。使用毛刷清理捕蚊燈，因為蚊子看到其他夥伴的屍體，較不會靠近捕蚊燈。定期清理捕蚊燈底部將蚊子清除，常保衛生乾淨。

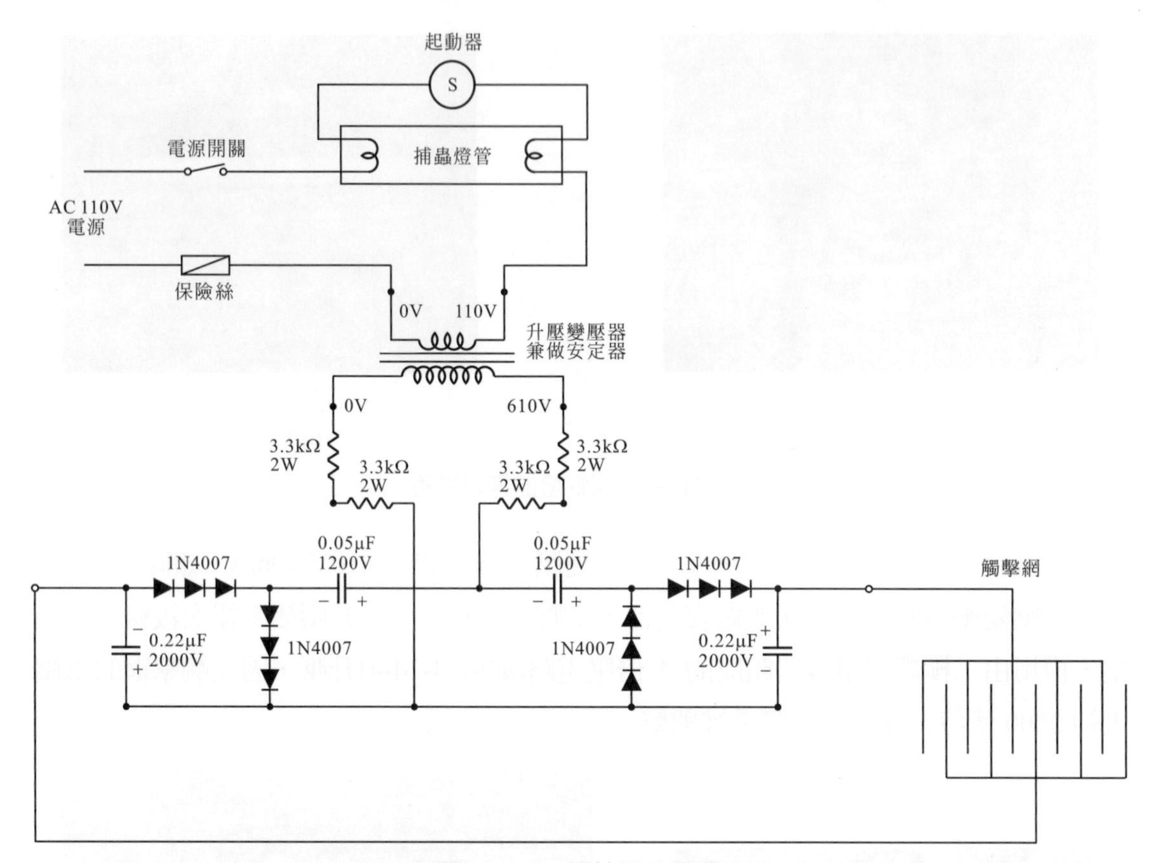

圖 3-14-5　捕蚊燈的電路

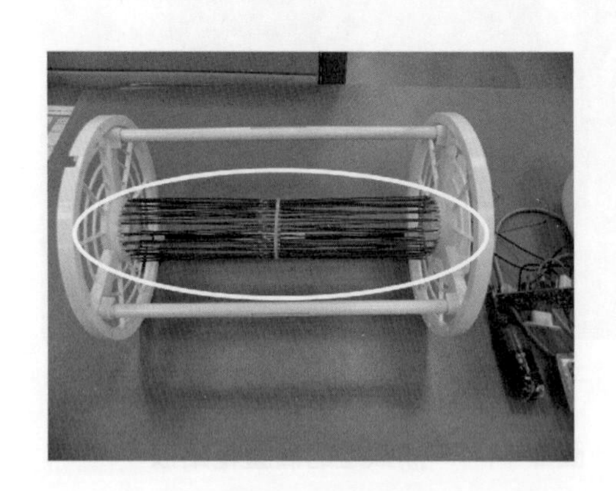

(a) 捕蚊燈觸擊網

(b) 捕蚊燈保護網

圖 3-14-6　觸擊網與保護網

(a) 捕蚊燈底部

(b) 蚊子收集盤

圖 3-14-7 捕蚊燈底部

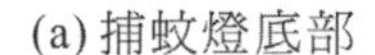

3-15 LED 燈泡

LED 燈泡具有亮度高、壽命長，可連續使用 20000 小時以上，比傳統鎢絲燈泡壽命長，耗電量小、溫度較低，反應速度快、高耐震、不易碎。

LED 燈泡是由 LED 模組、燈罩、散熱構造、控制電路與 E27 燈頭組成。LED 燈泡的電路請參考圖 3-15-3 至圖 3-15-6。好的 LED 燈泡必須具備足夠的散熱機構、穩定的控制電路，不容易破碎的燈罩，不會再有傳統白熾燈破掉後的碎玻璃的問題了。

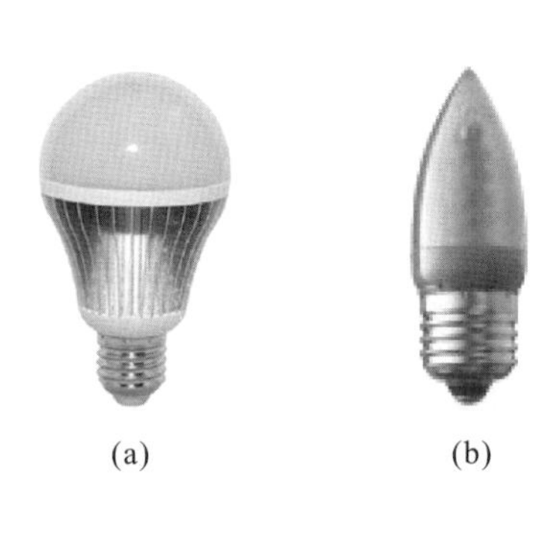

(a) (b)

圖 3-15-1 LED 燈泡外觀

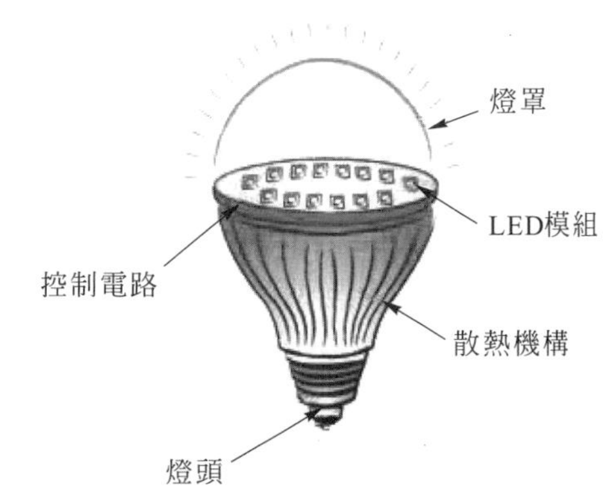

圖 3-15-2 LED 燈泡結構說明

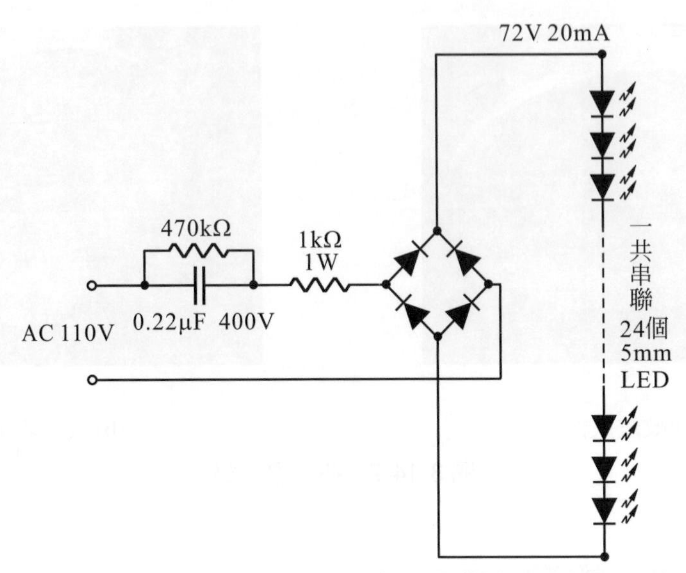

圖 3-15-3　LED 燈泡的電路例(1)

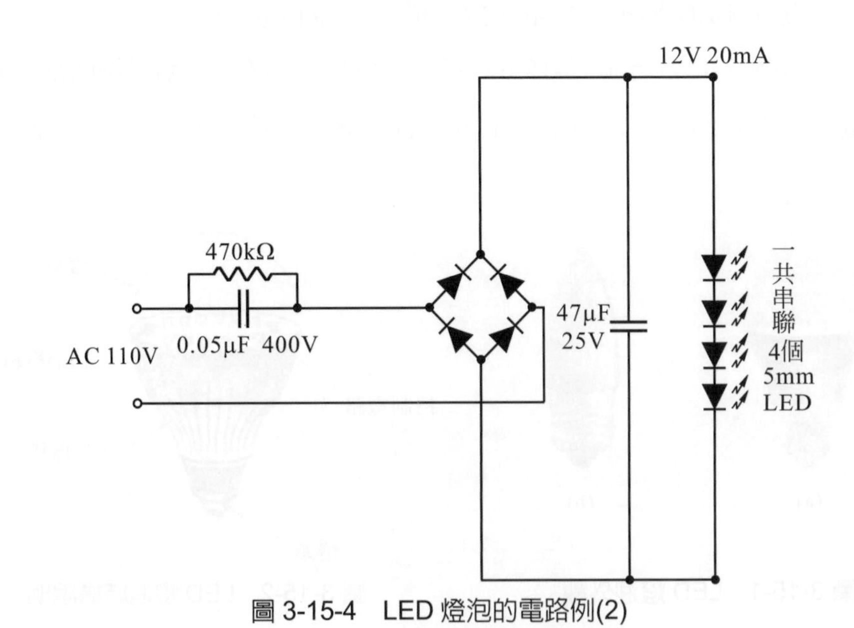

圖 3-15-4　LED 燈泡的電路例(2)

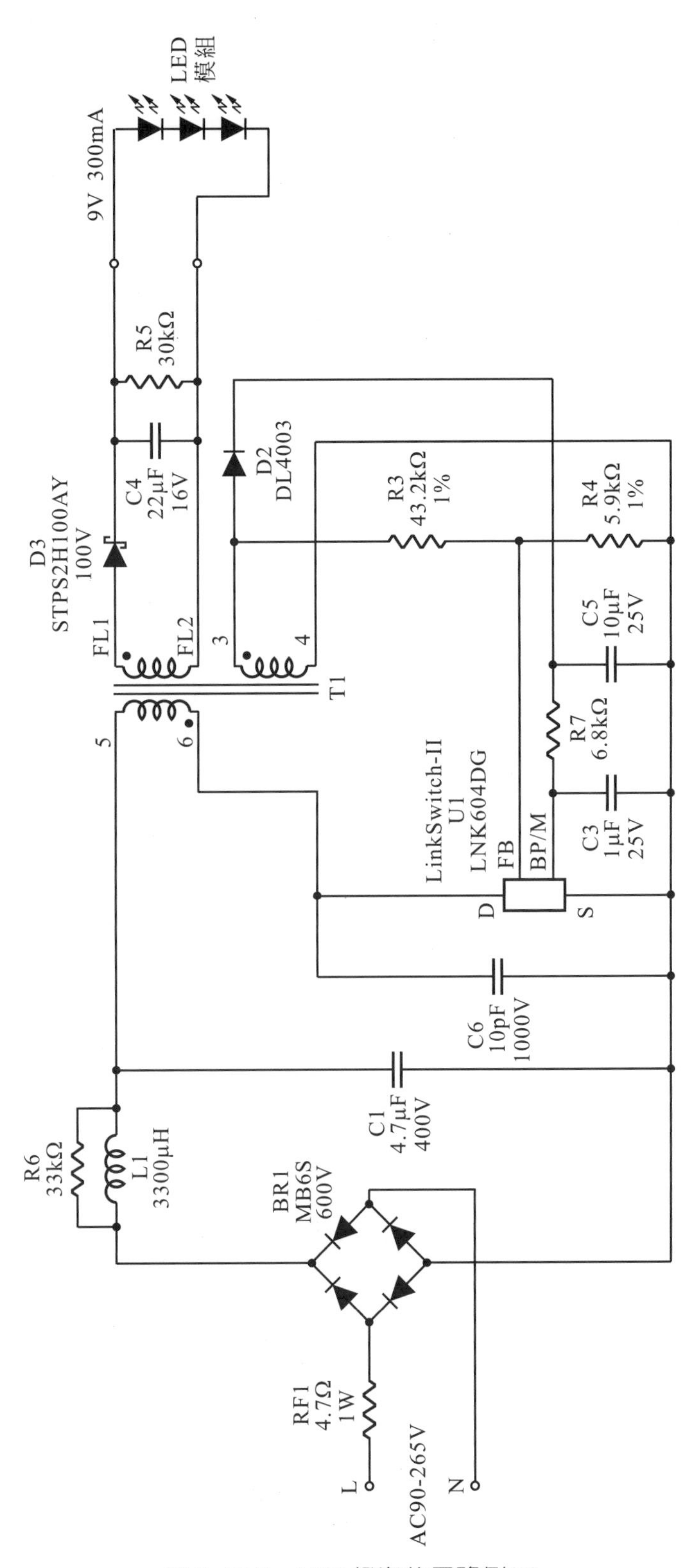

圖 3-15-5 LED 燈泡的電路例(3)

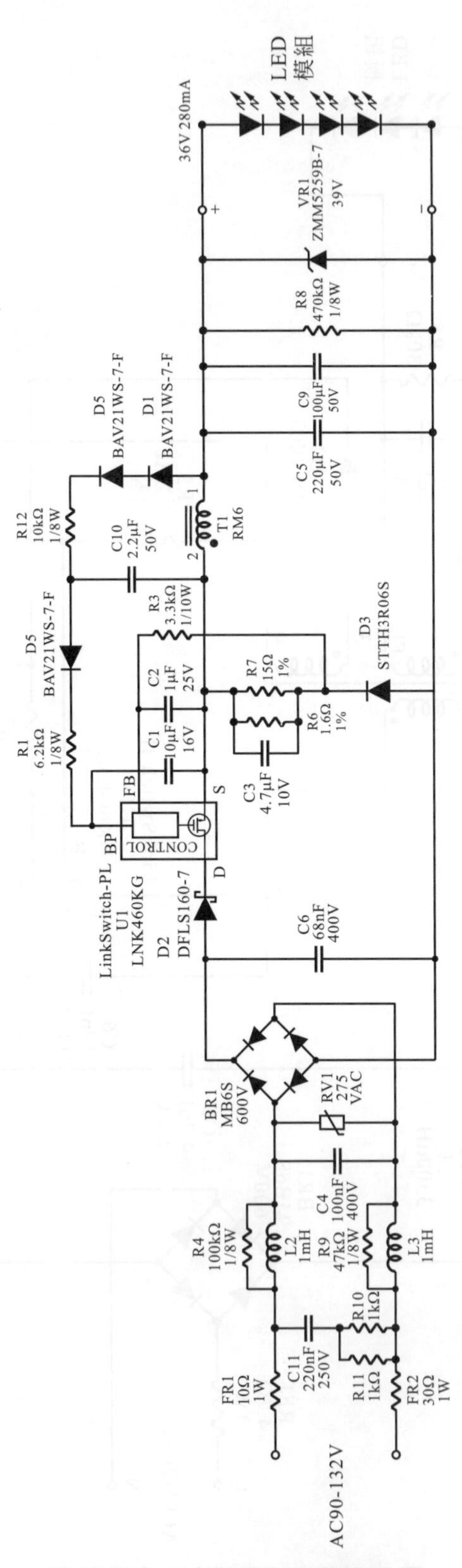

圖 3-15-6　LED 燈泡的電路例(4)

3-16 LED 燈管

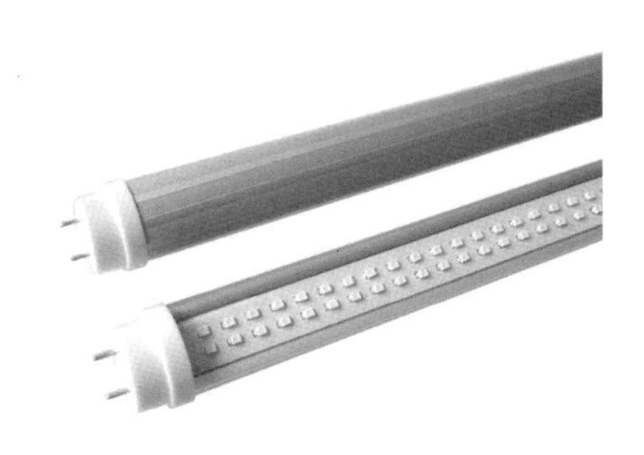

圖 3-16-1 LED 燈管內部

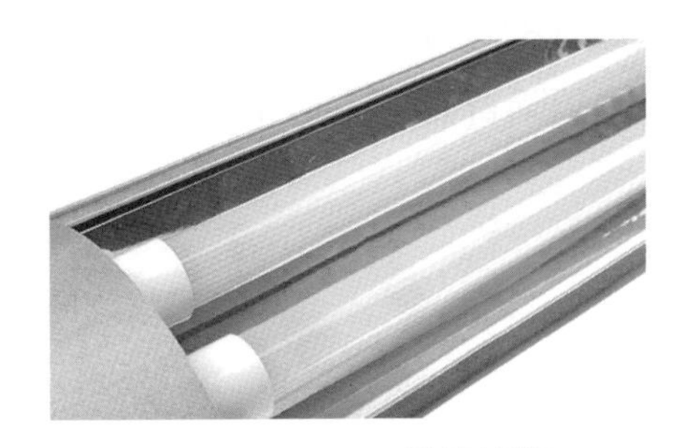

圖 3-16-2 LED 燈管外觀

LED(Light-Emitting Diode 發光二極體)是一種能發光的二極體。從 1962 年只能夠發出低光度的紅光，隨著白光發光二極體的出現，近年逐漸發展至被普遍用作照明用途。

LED 是將電能轉化成光能的電子零件，同時具備二極體的特性。LED 只在通過順向電流時才會發光。LED 有紅、藍之間不同波長的光線，高亮度白光 LED 是在藍光 LED 塗上黃色螢光粉而成。

LED 有如下優點：

(1) 能量轉換效率高，即比較省電。

(2) 壽命比電燈泡和日光燈長。

(3) 不易破裂。

LED 的缺點：不耐高溫。

LED 燈管立即點亮不閃爍，不致使眼睛產生疲勞及不適感，不含汞拋棄後不會有大量有毒物質造成二次污染，故障時可採部份維修，再加上尺寸與傳統日光燈 T8 相同更換容易。

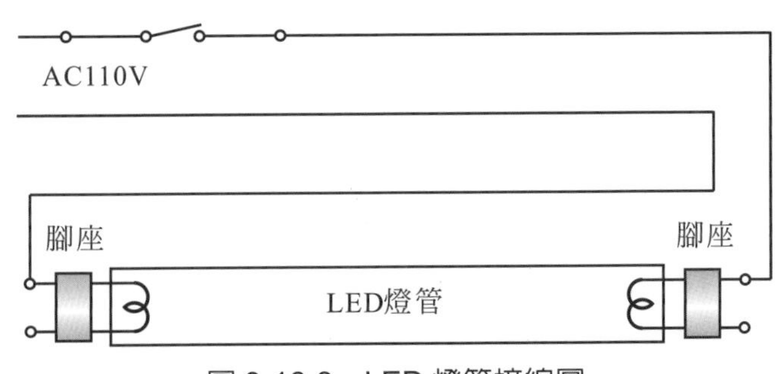

圖 3-16-3 LED 燈管接線圖

3-17 日光燈的改裝

一、傳統 T8 燈具改裝為 T5 燈管方法如下所述

首先須購買如圖 3-17-1 所示之 T8 轉 T5 轉接頭。

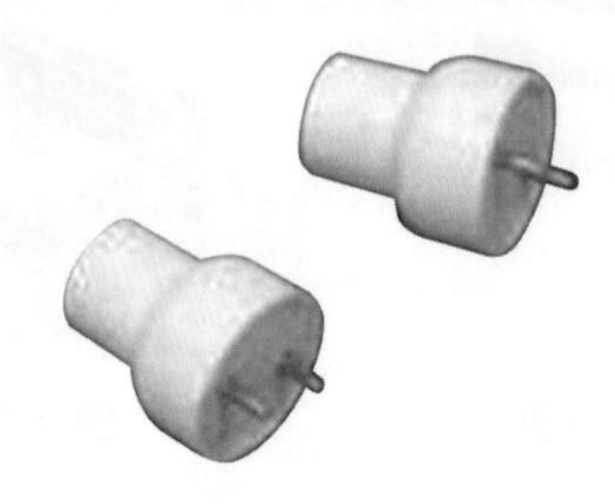

圖 3-17-1　轉接頭

第二步驟購買 T5 專用新型電子安定器，接著將原來 T8 的日光燈管安定器、起動器、改善功率因數電容器移除，最後重新依照 T5 日光燈接線圖(如圖 3-17-2 所示)接線即可完成。請注意！安定器之規格有 14W、28W、35W 等，須配合燈管使用。

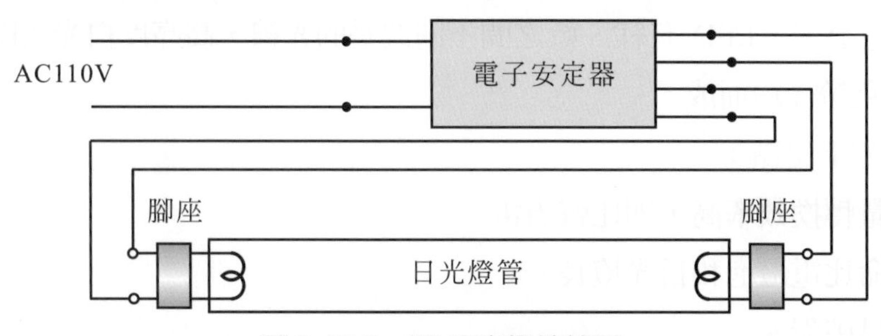

圖 3-17-2　T5 日光燈接線圖

二、傳統 T8 燈具改裝為 LED 燈管方法如下所述

首先須準備如圖 3-17-3 所示之 LED 燈管。

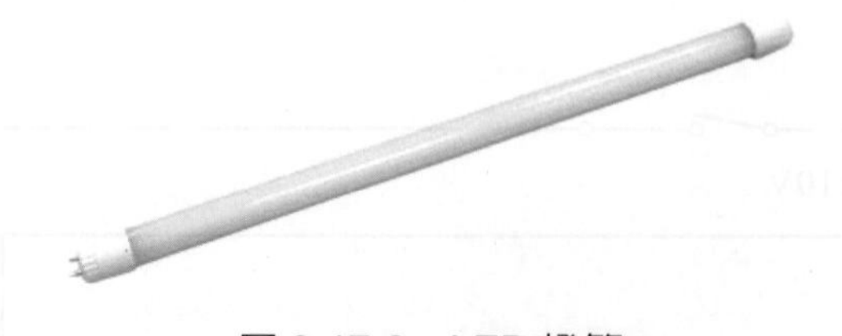

圖 3-17-3　LED 燈管

第二步驟將原來 T8 的日光燈管、安定器、起動器、改善功率因數電容器移除，最後重新依照 LED 燈管接線圖(如圖 3-17-4 所示)接線即可完成。(註：若要省事，則只需把起動器拔除，然後用 LED 燈管代替原來的 T8 日光燈管即可。)

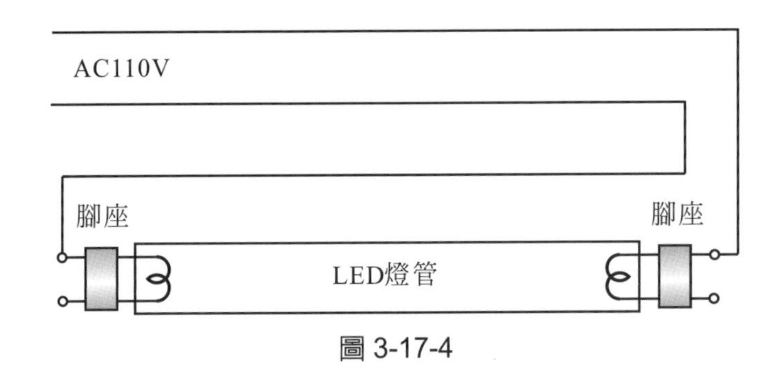

圖 3-17-4

常用燈管及燈泡之特性比較，列於表 3-17-1 與表 3-17-2 以供參考。

表 3-17-1　常用燈管之特性比較

	T8/T9 傳統日光燈 (20W)	T5 省電日光燈 (14W)	LED 燈管 (10W)
管徑	26mm	16mm	26mm
安定器	傳統式	電子式	電子式控制電路
啓動器	有	無	無
使用壽命	7,500 小時	10,000～20,000 小時	20,000 小時以上
照度	85Lux(1200mm)	85Lux(1200mm)	140Lux(1200mm)
閃爍性	啓動較慢、易閃爍、隨交流電變化	啓動較慢、易閃爍、隨交流電變化	無閃爍、點燈速度快
發光效率	60 lm/W	90 lm/W	105 lm/W
環保	水銀汞	水銀汞(固態)	無

表 3-17-2　常用燈泡之特性比較

	白熾燈 (60W)	省電燈泡 (21W)	LED 燈泡 (9W)
使用壽命	1,000 小時	7,500 小時	20,000 小時以上
光通量	650Lm	715Lm	500Lm
發光效率	131 Lm/W	551 Lm/W	710 lm/W
環保	無汞	有水銀汞(固態)	無汞

LED 燈泡是否能急起直追取代省電燈泡、白熾燈，LED 燈管是否能取代 T5 日光燈、T8 傳統日光燈，都必須看 LED 產品的售價是否已降至能讓大家接受。

良好的照明環境應該是具備充份的照度、適當的輝度、避免刺眼的眩光、鮮艷自然的色彩演色性、調整氣氛感受的色溫、減低影響生理健康的閃爍。

3-18 水銀燈

水銀燈是一種產生強光的照明裝置。把水銀充入眞空的硬質玻璃管或石英玻璃管內，通電後，水銀蒸氣放電而發出強光。多用於挑高的廠房照明或街道照明。

水銀燈工作原理：水銀燈分內外二層，內管是發光管，用耐高溫之玻璃或石英做成，在內管注入水銀蒸氣或少許氬氣。外管和內管之間的空間，先被抽成眞空再灌入少許氮氣，其目的是保溫。外管採用耐高溫玻璃製成，其目的是保護內部構造，並散發光源。在內管兩端內各有一主電極，稱爲陽極與陰極，陰極旁邊又多加一個輔助電極，兩主電極均用鎢絲製成，輔助電極又可稱爲起動電極，其目的就是輔助預熱主電極，輔助電極本身串聯一個啓動電阻再與陽極相接通，當送電瞬間，陰極與輔助電極之間產生放電火花，其目的先做預熱，經數分鐘後陰陽兩極產生電弧而開始大量放電，內管中，水銀蒸氣因放電而被激發出光線。

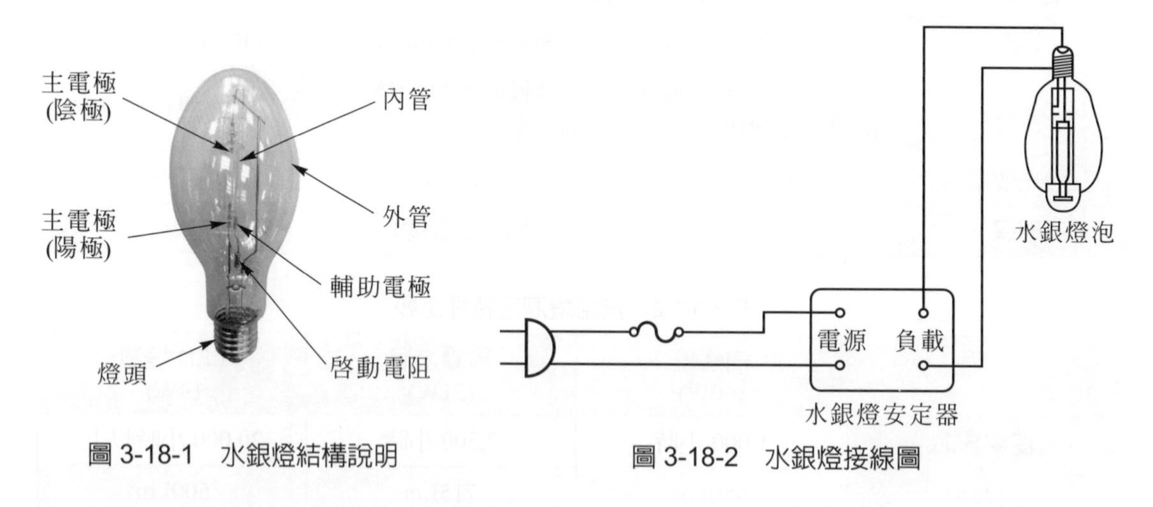

圖 3-18-1 水銀燈結構說明　　圖 3-18-2 水銀燈接線圖

3-19 護眼 LED 檯燈

檯燈之演進由白熾燈、日光燈、無段調光、PL 省電日光燈一直到現今採用 LED 燈爲光源，發展出護眼 LED 檯燈，具備光線充足，色彩鮮明發光不閃爍，省電壽命長、無高頻磁波輻射。

多用途護眼 LED 檯燈，內建 1200mA 智慧型 USB 充電系統、可三軸旋轉，燈臂可任意移動不傾倒、用最適合閱讀的自然色溫 5000K～5500K、利用光學反射設計消除眩光不疊影、濾光片應用光線柔和。

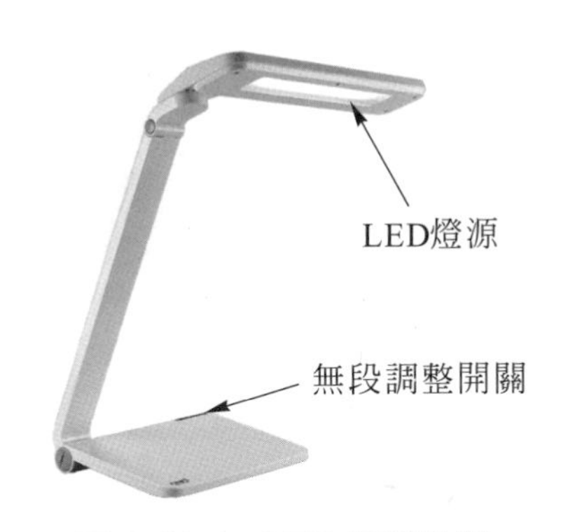

圖 3-19-1　LED 檯燈外觀

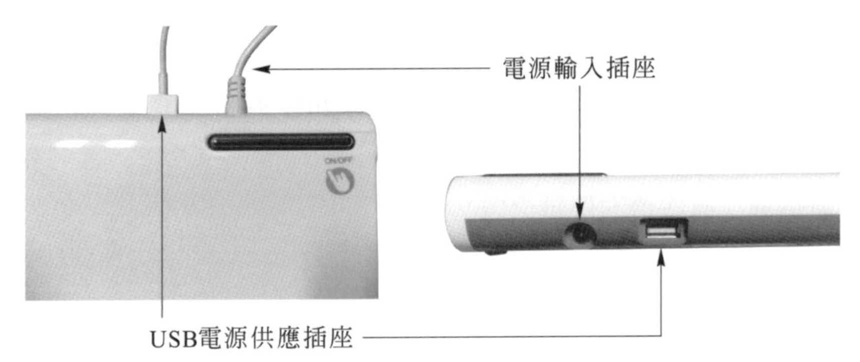

圖 3-19-2　插座位置

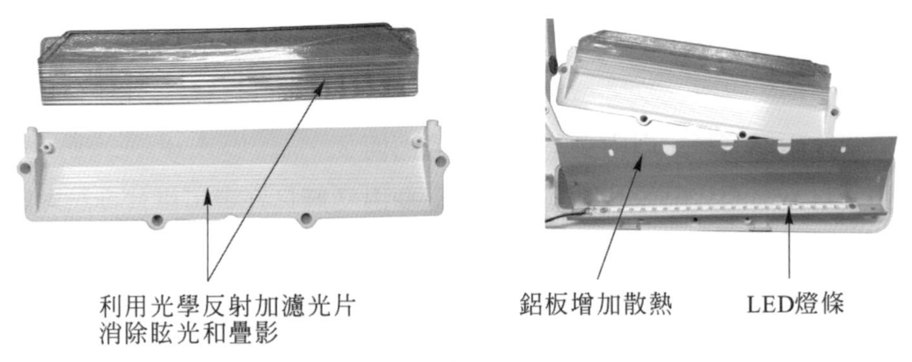

圖 3-19-3

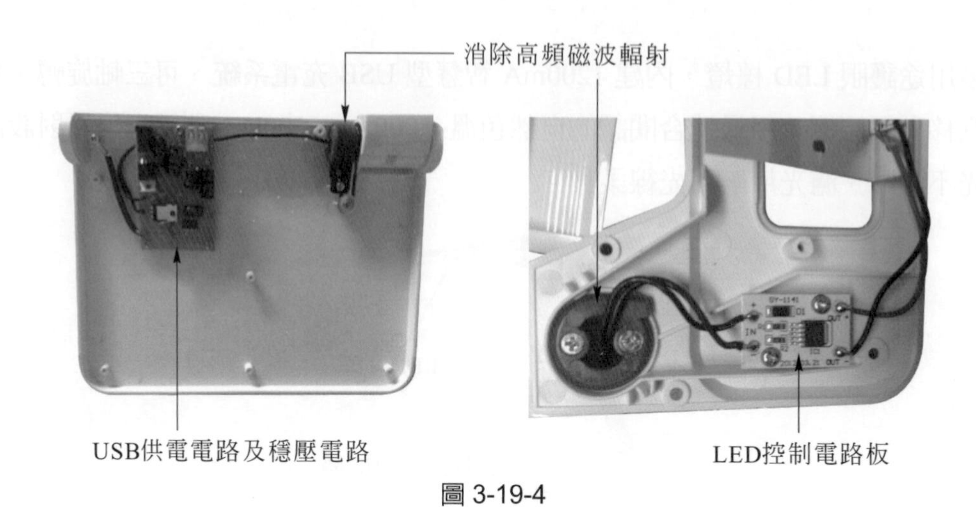

圖 3-19-4

3-20 第三章實力測驗

1. 電燈泡的耗電爲什麼比日光燈多？
2. 一般人稱呼 60W 的燈泡爲「60 燭光的」，稱 20W 的日光燈爲「20 燭光的」，其錯誤程度如何？
3. 試述充氣燈泡比眞空燈泡優越之處？
4. 試述安定器的功用。
5. 試述起動器之動作原理。
6. 日光燈一次起動不成時，起動器爲何會一而再，再而三的動作，直至日光燈點亮？
7. 日光燈點亮後起動器爲何不會再繼續動作？
8. 使用瓦特計測量 40W 日光燈的消耗功率時，瓦特計的指示都超過 40W，試述其原因。
9. 日光燈管的兩端發亮，但中央不亮，故障爲何？
10. 當你懷疑日光燈的故障是起動器損壞，但身邊又無良好者可供代換試驗時，你如何判別之？
11. 電源電壓升高或降低時對日光燈管之壽命有何影響？
12. 欲控制燈光的強度有何方法？
13. 一般水電行皆稱 110V 電源所用之 10W 日光燈管爲「1 尺」，20W 爲「2 尺」，40W 爲「4 尺」，試述其原因。
14. 試繪圖說明相位控制器之動作原理。

15. 以三用電表 AC250V 檔，跨接於無段調光抬燈的電燈泡兩端，並將調光器之可變電阻器轉動至阻值最小處，三用電表指示數 10V 的電壓值，燈泡卻不亮，但換上一個燈泡後(已知為良好者)三用電表之指示值近乎 AC110V，試述故障處，並說明處理方法。
16. 燈光自動點滅器有何功用？
17. 以 DC12V 的電源直接加於 10W 日光燈管是不是可將其點亮？為何以低壓的直流電源供應直流日光燈能將日光燈點亮？
18. 試述直流日光燈之優點。
19. 試述電子閃光燈之用途。並說明其動作原理。
20. 一般家庭用 20W 日光燈多附有小燈泡，其電路如圖 3-15-1 所示，試說明其動作原理。

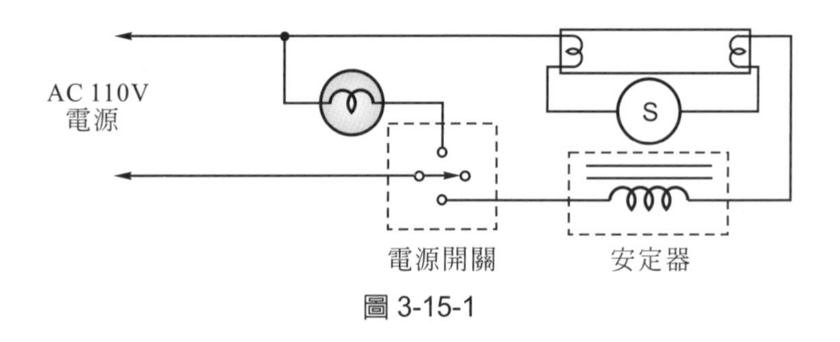

圖 3-15-1

21. 試述 LED 燈泡及 LED 燈管與傳統的電燈泡、日光燈相比較，各有何優缺點？

chapter 4

電磁類電器

4-1 直流電鈴
4-2 交流電鈴
4-3 音樂電鈴
4-4 電蟬(蜂鳴器)
4-5 按摩器
4-6 電鐘
4-7 繼電器
4-8 水位自動控制器
4-9 電鎖對講機
4-10 第四章實力測驗

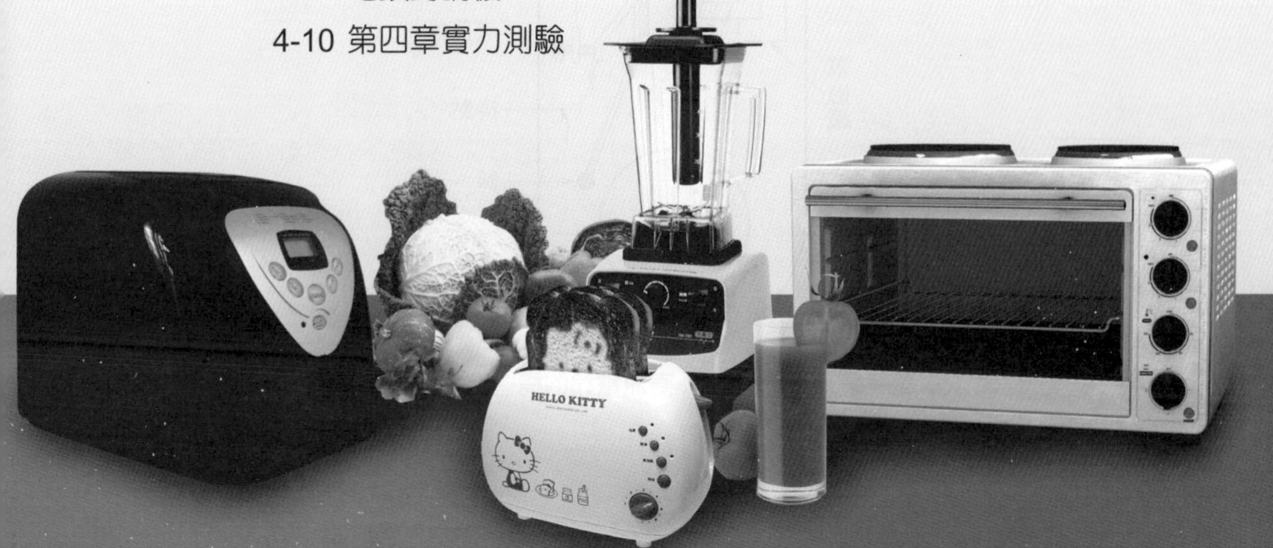

磁鐵具有吸引鐵、鈷、鎳及其合金之特性，及磁力線割切到線圈會有感應電勢產生之現象，被廣用於各方面，以造福人群。

磁鐵有永久磁鐵及電磁鐵兩種。永久磁鐵具有永久保持磁性的特性。電磁鐵則係在鐵心上繞以漆包線而成，通以電流時才產生磁力，電流停止後，磁性也跟著消失，其磁力之強弱係隨著電流之多寡而變。

舉凡電鈴、電鐘、按摩器及磨電器等，莫不是磁力作用之功。

4-1 直流電鈴

電鈴有交流電鈴和直流電鈴兩種。直流電鈴的構造如圖 4-1-1 所示。

當通上直流電時，電流流經線圈、振動片及接點，成一迴路，於是電磁鐵將振動片吸動，錘打在鐘上發出「叮」的一聲，此時由於振動片的左移，接點打開，電流停止流通，振動片乃彈回原來位置。當振動片回復原來位置時，接點復通，電磁鐵又產生磁力吸引振動片，產生打鐘作用，如此往復不斷的循環，即能發出連續不斷的鈴聲。

直流電鈴多為 1.5～12V 的低壓，以便用乾電池或蓄電池做電源。直流電鈴若通入等電壓之交流電亦能動作。注意！“接點”在直流電鈴中非有不可，此為直流電鈴與交流電鈴構造上之最大相異處。

調節螺絲乃用以調節鈴音大小，螺絲往前進時，錘與鐘之距離小、音量小；反之，若將螺絲往後退，則振幅加大、音量大。

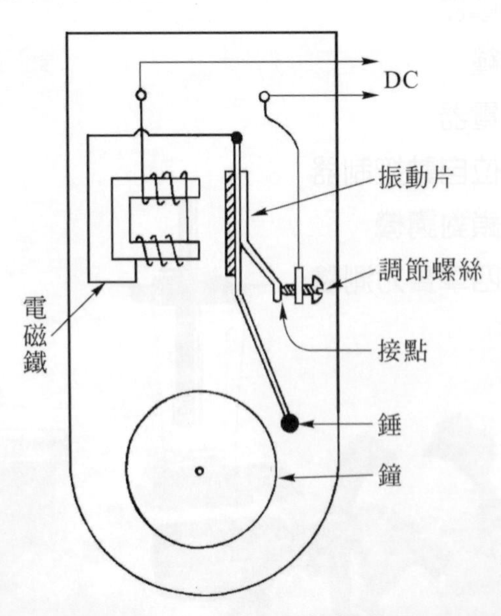

圖 4-1-1 直流電鈴的構造圖

4-2 交流電鈴

交流電鈴的結構較直流電鈴來的簡單，如圖 4-2-1 所示。由於通上的是交流電，其磁力是變動而非穩定的，故不需用接點。當通以 60Hz 的交流電時，每秒有 120 次拉力爲零，此種振動被用來使錘振動而打鐘。電鈴多設計於短時間運用，如長時間接上電源，其線圈甚易燒毀。表 4-2-1 爲交流電鈴之特性表，可供比較。

值得注意的是，交流電鈴千萬不可加入等值的直流電壓，否則將立即燒毀。若通入低壓直流則可能叮的一聲以後即不響，甚或根本不響。

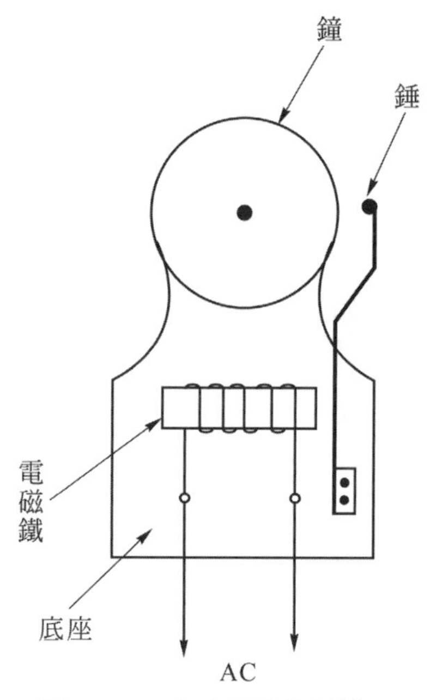

圖 4-2-1 交流電鈴的結構圖

表 4-2-1 交流電鈴特性之比較

鐵心尺寸	線圈數	所用漆包線	所加電壓	電流	可聽距離	最長通電時間
$\frac{3''}{8}\phi\times1\frac{1''}{2}$	2000 匝	SWG38	110V	0.8A	35 米	25 秒
$\frac{3''}{8}\phi\times1\frac{1''}{2}$	2800 匝	SWG38	110V	0.6A	30 米	35 秒
$\frac{3''}{8}\phi\times1\frac{1''}{2}$	3500 匝	SWG38	110V	0.5A	28 米	45 秒

4-3 音樂電鈴

音樂電鈴係以兩片長短不一的金屬板(音樂板)代替鐘，置於電磁鐵兩側而成，如圖 4-3-1 所示。當通電後電磁鐵吸引振動錘(在此亦做爲鐵心)敲向左側的短鐵板，發出「叮」聲，當電流切斷時振動錘彈同敲擊右側的長鐵板，發出「咚」聲，將按鈕連續一按一放的，即能發出悅耳的「叮——咚——叮——咚」。

電磁鐵之所以能吸引鐵心敲向左側，乃因線圈通電後，磁力線之路徑將如圖 4-3-2 將如圖 4-3-2 所示，但磁力線有縮短所經路程之特性，故在磁力線收縮時鐵心即被帶動而敲向左側。

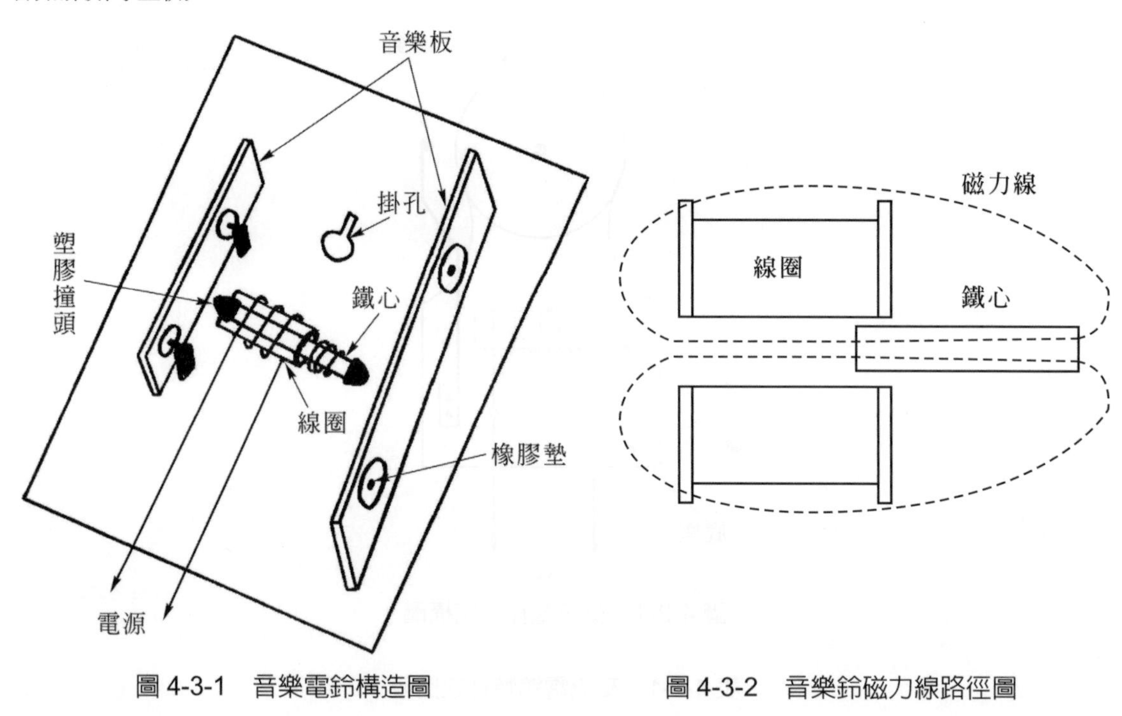

圖 4-3-1　音樂電鈴構造圖　　圖 4-3-2　音樂鈴磁力線路徑圖

4-4 電蟬(蜂鳴器)

4-4-1 電蟬之構造及原理

電蟬又名蜂鳴器。電蟬不用鐘，而以薄而結實的振動片發聲。當通上交流電時電磁鐵即產生與電流變化一致之強弱磁力，當磁力強時，振動片被吸下而拍擊鐵心，磁力減弱至幾乎爲零時振動片彈回(因慣性作用，常越出原位)，如此振動不已即能發出似蜂振翅的聲音。因爲振動片所發出之聲音不大，因此需置於一具有相當容積之盒內(通常爲塑膠盒)，以產生共鳴作用，將聲音適度放大(此作用與吉他的共鳴箱相同)。

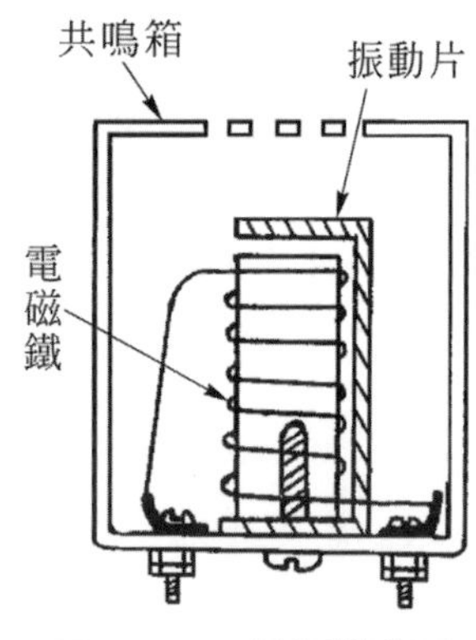

圖 4-4-1 電蟬構造圖

4-4-2 電蟬之簡易設計

一、鐵心的選擇

鐵心可採用磁性材料，一般皆用塊狀軟鐵。其大小並沒有嚴格的限制，形狀可用圓柱形者。

二、線圈匝數的決定

線圈可繞成多層螺管式，層與層間不必絕緣。線圈重疊亦無不可，只要均勻整齊即可。其匝數可用下式求之：

$$N>7.5\times\frac{E}{A}\times\frac{60}{f}$$

式中 N：線圈之匝數，匝。

E：所加電壓之有效值，伏特。

A：鐵心的截面積，吋^2。

f：電源頻率，赫(Hz)。

三、容量的決定

電蟬(蜂鳴器)之容量以伏安計，即電壓與電流的乘積。容量越大，聲音越大，反之，容量越小，聲音越小。一般設計在 10～50 伏安之間。

四、漆包線線徑之決定

線徑之粗細照理應以能勝載線圈所通過之電流為原則(容量除以電源電壓 E 即可得電流值)，但當門鈴用時，是短時間應用，故設計上，只要能勝載 0.6 倍的電流大小即可，故

$$I=\frac{容量}{電壓}\times 0.6$$

此時由表 4-4-1 即可查得所需用漆包線之線號。

表 4-4-1　漆包線表(繞製電蟬適用)

線號 S.W.G.	容許電流 安培	線徑 mm	截面積 mm^2	線號 S.W.G.	容許電流 安培	線徑 mm	截面積 mm^2
1	128.57	7.620	45.600	22	1.120	0.7112	0.39730
2	108.82	7.010	38.600	23	0.830	0.6096	0.29190
3	90.72	6.401	32.180	24	0.690	0.5588	0.24520
4	76.90	5.893	27.270	25	0.570	0.5080	0.20270
5	64.20	5.585	22.770	26	0.460	0.4572	0.16420
6	52.66	4.877	18.680	27	0.390	0.4166	0.13630
7	44.25	4.470	15.700	28	0.310	0.3759	0.11100
8	36.57	4.064	12.970	29	0.270	0.3454	0.09372
9	29.62	3.658	10.520	30	0.220	0.3150	0.07791
10	23.40	3.251	8.302	31	0.190	0.2946	0.06818
11	19.22	2.946	6.818	32	0.170	0.2743	0.05913
12	15.45	2.642	5.481	33	0.140	0.2540	0.05067
13	12.35	2.337	4.289	34	0.120	0.2337	0.04289
14	9.14	2.032	3.243	35	0.100	0.2134	0.03575
15	7.41	1.829	2.627	36	0.080	0.1930	0.02927
16	5.85	1.626	2.075	37	0.070	0.1727	0.02343
17	4.48	1.422	1.589	38	0.050	1.524	0.01824
18	3.29	1.219	1.167	39	0.040	0.1321	0.01370
19	2.29	1.016	0.811	40	0.033	0.1219	0.01167
20	1.85	0.915	0.657	41	0.028	0.1118	0.00981
21	1.46	0.813	0.519	42	0.023	0.1016	0.00811

但若欲作長時間應用的機器(故障報訊、機器開動報訊等訊號器)，則不得乘以 0.6，以免燒毀。

五、調整

製作完成後通電試驗之，時間最好不超過 20 秒，並應適當調整振動片與鐵心間之距離，使蜂鳴器發聲最大。

4-5 按摩器

按摩器係利用電能產生按摩作用的電器。由其構造之不同可分為電動式及電磁式兩種。

一、電磁式按摩器

我國較常見者為電磁式按摩器，其構造如圖 4-5-1 所示。鐵心由矽鋼薄片疊置而成。當線圈通以交流電後，電磁鐵即產生吸放吸放作用使振動片上下振動，在振動片上安裝上適合各部位的按摩頭(又稱為人體接觸器)即可傳到良好的按摩效果。矽鋼鐵心上所套之橡皮墊係用以防止可動鐵心與固定鐵心問距離過近以致互相敲擊發出聲響。可動鐵心與固定鐵心間之適當距離為 3～5mm。

欲改變按摩的強度，可利用開關改變線圈匝數，如圖 4-5-2(a)所示。當全部線圈加入時，阻抗大、電流小、得弱按摩。匝數少時，阻抗小，電流大，可得強按摩。另一種控制方式係於電路中串聯整流二極體(或稱為振動整流子)，以半波整流來得到間歇性的大振幅，如圖 4-5-2(b)所示，(由於振動片有充分的時間復位，故振幅比較大)。

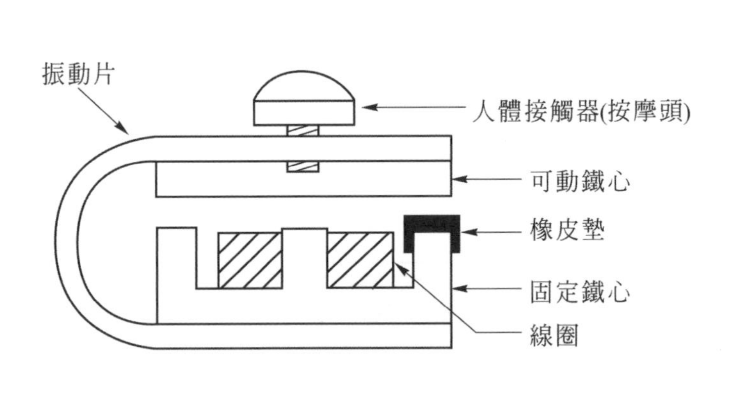

圖 4-5-1 電磁式按摩器

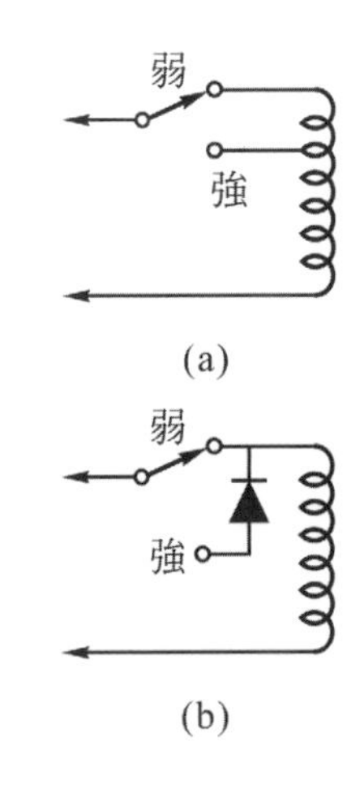

圖 4-5-2 電磁式按摩器電路

二、電動式按摩器

電動機式按摩器係將一偏心輪利用彈簧裝於電動機軸，電動機旋轉時，因重心不在軸心，故產生不平衡的快速搖動。將其安放於按摩部位，即可達到按摩效果其結構如圖 4-5-3 所示。

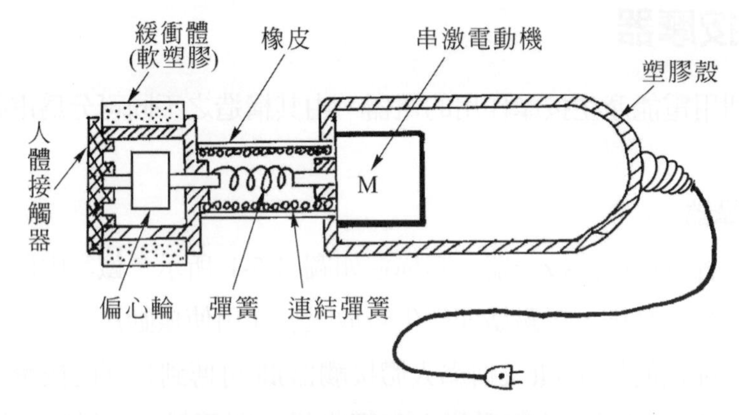

圖 4-5-3　電動機式按摩器結構圖

該小型串激電動機，轉速約 5000～10000 rpm，故按摩器之振動次數，亦如該轉速之多。串激式電動機之轉速高，轉矩大，係一種交直流兩用電動機。若想改變電動機式按摩器之強度，只需改變電動機之轉速即可。電動機的輸入電壓高時轉速大，輸入電壓低時轉速小，故可插入整流器變化輸入電動機之電壓，以獲得轉速之控制。電路如圖 4-5-4。當開關撥至“弱”時，係半波整流，電動機之輸入電壓爲電源電壓有效值的 0.45 倍，轉速低。開關切換至“強”時，係爲全波整流，輸入電動機之電壓爲半波整流時之兩倍，電動機之轉速變快。

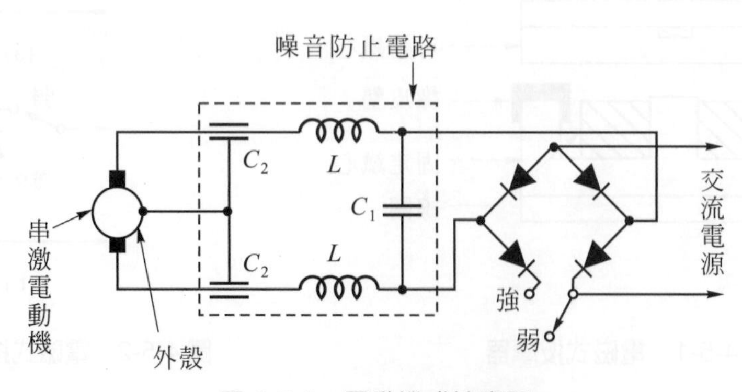

圖 4-5-4　電動機式按摩器

因爲串激電動機轉動時，將在碳刷與換向器間產生火花，干擾收音機。比較講究的電動機式按摩器有裝上雜音防止電路，C_1 爲 0.01μF 者，C_2 爲 0.003μF 者，L 爲 1mH 的電感器。C_2 亦可用銅片包在小瓷管上，再將導線穿入。L 則可用 SWG23 號漆包線在紅鉛筆上繞 100～200 匝。

圖 4-5-5 係按摩器之實體圖。

(a) (b)

圖 4-5-5 按摩器之實體圖

三、故障判斷與處理

故障情形	原因	處理
不振動	a. 停電 b. 插座損壞 c. 電源線斷線 d. 碳刷不良(電動式) e. 線圈斷線 f. 線圈燒毀 g. 開關不良	a. 俟電力公司恢復送電 b. 調整接觸片或換新的插座 c. 查出斷線處接好或換新的電源線 d. 換新品 e. 查出斷線處連接好 f. 重繞 g. 調整或換新
不能改變振動	a. 整流子不良 b. 強、弱銲接處鬆脫 c. 線圈層間短路	a. 換新品 b. 重新銲接 c. 拆開重繞
溫升太高(過熱)	a. 使用過久 b. 使用電壓過高 c. 線圈層間短路	a. 每次使用時間以不超過 30 分爲宜 b. 改用合適之電壓 c. 拆開重繞
使用時產生異常聲音	可動鐵心與固定鐵心間距離過近以致互相敲擊發出聲響	適當調整其間距離(約 3～5mm)
振幅之強弱不當	a. 可動鐵心與固定鐵心間之距離不當，太近則振幅過大，太遠則振幅過小 b. 電源電壓不當	a. 適當調整之 b. 改用適當電壓

4-6 電鐘

電鐘可分爲交流電鐘與直流電鐘。交流電鐘靠小型同步電動機推動齒輪帶動指針，直流電鐘則以磁力爲原動力。

4-6-1 交流電鐘

交流電鐘以圖 4-6-1 所示構造使用的最多。是一種約 2 瓦的小型同步電動機，藉激磁線圈與蔽極線圈的聯合作用產生旋轉磁場(請參閱圖 6-3-7 之說明)，轉子爲硬鋼圓盤，因係美國 Warren Telecron Co.出品，故又稱華綸式電動機。此華綸式電動機接於 60Hz 頻率的電源時每秒轉動 60 轉(每秒的轉速與電源頻率相同)，必須利用齒輪組降低轉數。當頻率變動(電源頻率由電力公司控制，事實上很少變動)或停電時，就指示不正確，故漸有取代的趨勢。

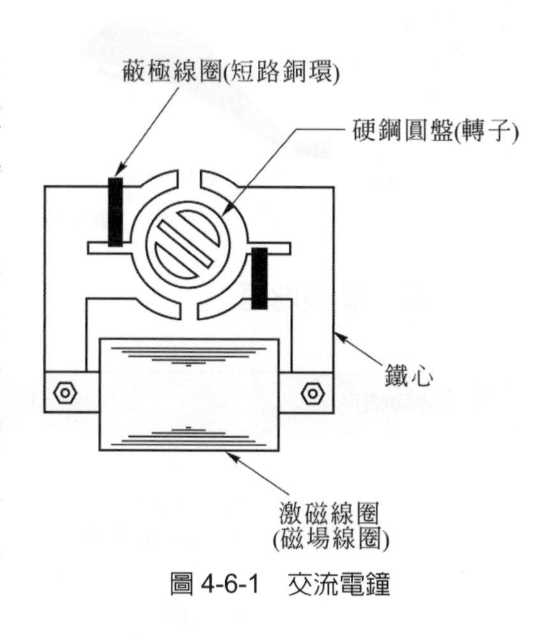

圖 4-6-1　交流電鐘

4-6-2 直流電鐘

直流電鐘以乾電池爲電源，可避免交流電鐘受停電影響之弊。且由於電池製造技術的進步，品質已大爲提高，故直流電鐘的使用已較普遍。

一、接點式擺錘電鐘

圖 4-6-2 之擺錘電鐘係使用線圈代替擺錘貫穿於永久磁鐵，利用同性相斥的原理擺動而行走。每當擺錘擺動至左邊時，接點即閉合，此時線圈所生之極性與永久磁鐵同，產生反撥的力量而向右擺，如此週而復始即能不停擺動。其機械結構與一般上發條式擺錘時鐘並無不同。

二、電晶體擺錘時鐘

接點式擺錘電鐘的接點不停的 ON——OFF——ON——OFF，所產生的火花雖不大，但若時鐘掛在電視機附近，則電視機將受干擾而在畫面上產生許多白點(稱爲雪花)。若以電晶體做爲無接點開關，則能改進此缺點。圖 4-6-3 即是以電晶體製成的擺錘電鐘。

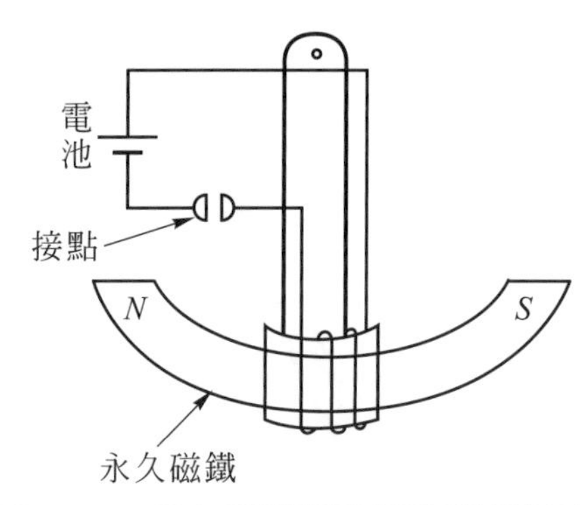

圖 4-6-2 永久磁鐵製擺錘電鐘構造圖

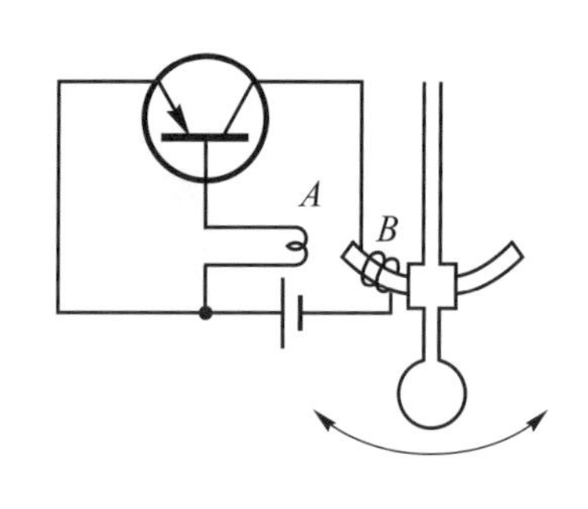

圖 4-6-3 電晶體製擺錘電鐘構造圖

擺錘擺到左邊時，永久磁鐵插入偏壓線圈“*A*”，電晶體的基極感受一個正電壓，電晶體在逆向偏壓時是不導電的，因此擺錘會向右邊擺回。當擺錘擺向右邊而永久磁鐵離開線圈“*A*”之瞬間，線圈“*A*”反對磁力的消失，感應一個電勢使電晶體之基極爲負，因此電晶體導電，電流流過驅動線圈“*B*”而將擺錘吸回至左邊，如此周而復始循環下去，擺錘即能不停的左右擺動。(註：此種時鐘，剛裝上電池之初，需用手撥動擺錘，使之起動。)

三、電晶體電鐘

此型電鐘如圖 4-6-4 所示，係以馬達每隔 3 分鐘自動旋緊彈簧一次，每當彈簧鬆簧之前即自動再將彈簧旋緊。由於不以馬達直接帶動指針，如此可不受電池新舊而影響時鐘之準確計時。電池亦因間歇使用，壽命得以延長。

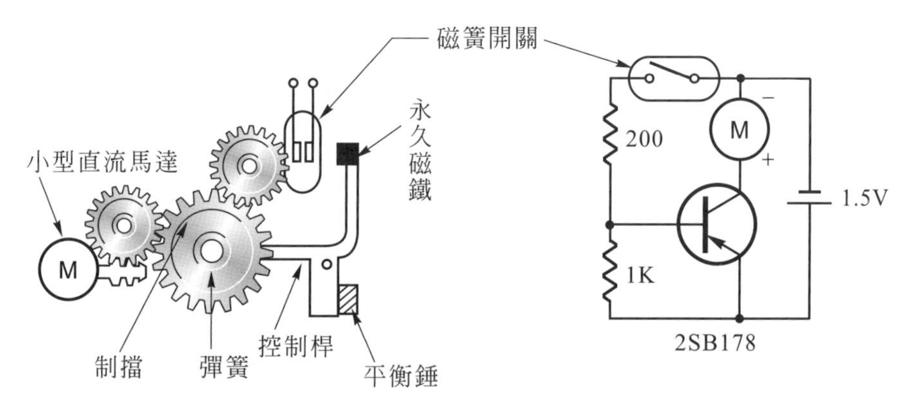

圖 4-6-4 電晶體電鐘

磁簧開關係以兩片磁性材料作爲常開接點，封於小玻璃管內而成。如圖 4-6-5 所示。當靠近磁鐵(或插入通電的線圈內)其接點即閉合，磁鐵移去後(或將繞在玻璃管上線圈之電流切斷)接點即恢復開路狀態。

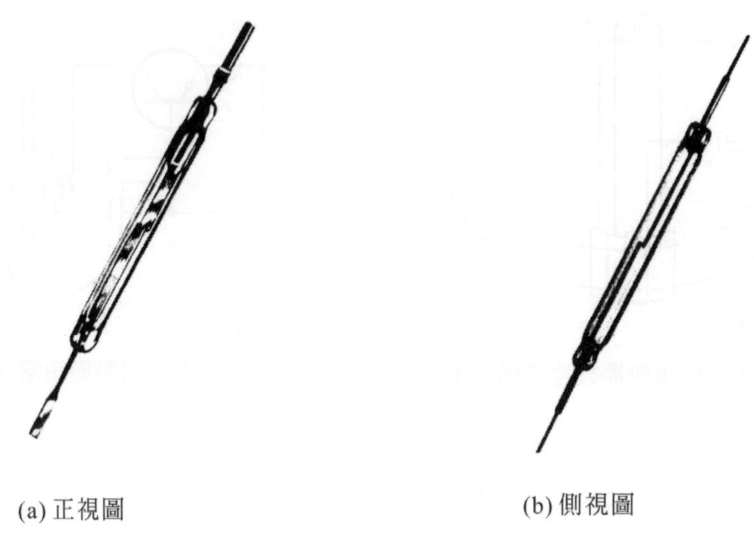

(a) 正視圖　　(b) 側視圖

圖 4-6-5　磁簧開關

圖 4-6-4(a)係彈簧已經上好之情形，此時固定在控制桿上之磁鐵，由於平衡錘的關係，離開磁簧開關。當彈簧鬆簧至剩餘的彈力尙足使時鐘繼續走 20～30 秒時，與彈簧連鎖移動之“制擋”壓及控制桿，使磁鐵靠近磁簧開關。磁簧開關受磁力作用，其接點閉合，電晶體獲適當偏壓，以至集－射極導通而開動馬達。

馬達將彈簧旋緊之後，制擋受機構控制使控制桿恢復平衡狀態，於是磁簧開關之接點開啓，電晶體失去偏壓而截止，馬達停止運轉。

若以開關直接控制馬達，則此小型馬達的消耗電流雖然不很大(僅數 10mA)，但一年需起動 175200 次，因此開關極易損壞。電路中利用低頻功率晶體 2SB178 作無接點開關，其放大作用使得磁簧開關僅需控制低達數分之一 mA 之基極電流，因此開關之壽命得以大爲增長。

電晶體電鐘之故障，不外下列二種：

1. 馬達故障

   (1) 以導線將電晶體 *C-E* 間短路，若馬達不動即爲馬達故障。

   (2) 馬達不動，故障大部份出在電刷(僅用兩根具有彈性之金屬線)與換向片(大部份只有三片)之接觸不良。可用乾布細心擦拭，並酌量調整金屬線的彈力。

   (3) 若馬達之線圈燒毀(機會甚少)，可按原線徑及匝數重繞之(僅數拾圈而已)。

2. 電晶體損壞

   (1) 以導線將電晶體之 *C-E* 間短路時，若馬達轉動，則爲電晶體電路故障。

(2) 以三用電表測量時，矽晶體之 V_{BE}≒0.65V，鍺晶體之 V_{BE}≒0.15V，則為正常，否則為電晶體不良，應更換之。

(3) 懷疑電晶體之 C-E 間打穿時，可用三用電表 DCV 檔量之若 V_{CE}≒0V 即為所料，宜換新品(測試時電鐘要加電池)。

四、無接點式電晶體電鐘

另一種常見的電晶體電鐘如圖 4-6-6 所示[(b)圖中之零件值為日本東芝牌產品，整個電路係裝於印刷電路板中]。此種電鐘，與圖 4-6-2 同樣是利用磁鐵同性相斥之原理製成。驅動線圈“A”及回授線圈“B”係併合固定於擺翼當中，擺翼裝有兩小塊永久磁鐵。整個擺翼是依其轉軸為中心，作圓弧擺動，以其連鎖傳動錘帶動電鐘之減速齒輪旋轉。

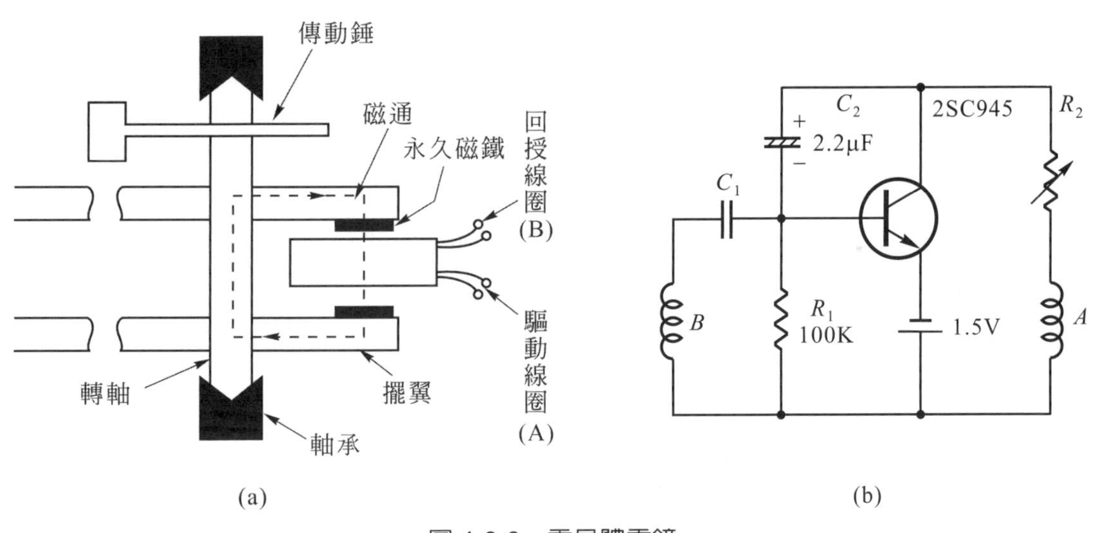

圖 4-6-6 電晶體電鐘

現將其動作原理說明如下：

當電池放入電池夾後，電晶體經由 R_1 獲得順向偏壓，同時電晶體亦經由 C_2——R_2——驅動線圈“A”之迴路獲得一個順向偏壓(電池剛裝上時，流向 C_2 之充電電流頗大)，使電晶體瞬間即進入飽和狀態，流經驅動緩圈之電流(受 R_2 限制)，產生磁力線與擺翼上之永久磁鐵相排斥，結果使擺翼逆時針方向擺動，而驅動傳動錘。同時，擺翼在離開回授線圈時，由於永久磁鐵的移開，通過回授線圈之磁力線突然減少，因而感應一個電壓，經 C_1 使電晶體之基極感受一個負電位，令電晶體截止。

當擺翼的擺動力量與所連結之“節制彈簧”的力量相互平衡後，擺翼受到節制彈簧之力量而依順時針方向回擺至原位置。當永久磁鐵回至原位，通過回授線圈之磁力線突然上升，回授緩圈即感應一個電壓，經 C_1 而使電晶體之基極感受一個正電位，令電晶體飽和；通過驅動線圈之電流再度產生磁力與永久磁鐵相作用，而使擺翼再度向逆時針方向擺動，再驅動傳動錘。同時，電晶體亦再次受到回授線圈之逆向偏壓而截止。於力量平衡時，擺翼又受節制彈簧之力量而往回擺，如此交替擺動，即能使電鐘之齒輪旋轉不停。

由以上說明，我們知道，電容器 C_2 只在電池剛裝上之初，產生“起動作用”，其後，回授線圈即取代了 C_2 而負起使電晶體適時進入飽和狀態之任務。(電容器充滿電後，若不將其電荷放掉將不再容許電流通過。)

4-7 繼電器

4-7-1 繼電器概述

繼電器由電磁鐵、銜鐵、彈簧、銀接點及托架等組成。其接點因用途之不同而設計成不同的組數。繼電器之構造如圖 4-7-1 所示。

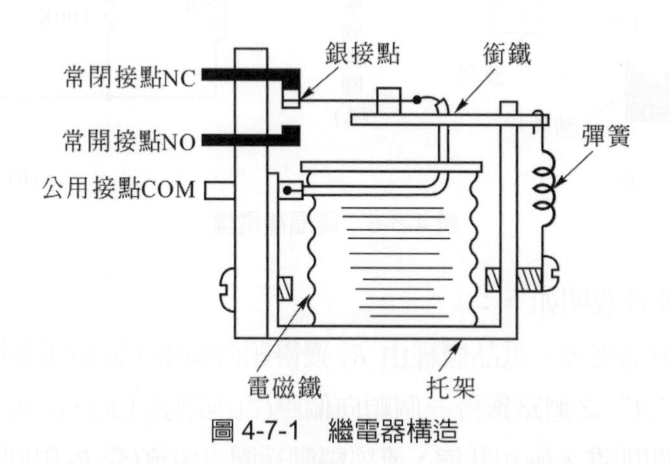

圖 4-7-1 繼電器構造

繼電器之公用接點以 COM 表之(common)。繼電器未動作時與 COM 相通，而繼電器動作後即與 COM 成斷路狀態之接點，稱爲常閉接點或 *b* 接點，以 NC(Normally close)表之。平常不與 COM 相通，繼電器動作後才會與 COM 相通之接點稱爲常開接點或 *a* 接點，以 NO(Normally open)表之。

圖 4-7-1 係在平時(未動作時)之狀態，NC 與 COM 相通，NO 則與 COM 成開路狀態。當電流通過電磁鐵(由線圈繞在鐵心上而成)時，線圈會產生磁力而將銜鐵吸下，上述情況即會轉變爲接點 NO 與 COM 相通，NC 與 COM 成開路狀態。如此，即能利用其接點之通斷控制電路。

繼電器在自動控制方面扮演了極重要的角色。其四大優點爲：

1. 以小電流輸入即能使其接點動作，將大電流啓閉，且可利用其多組接點同時啓閉許多電路。
2. 接點的啓閉確實：接點打開時可認爲具有無限大之阻力；接點閉合時，具有極低之阻力，可認爲阻力爲零。
3. 售價低廉。
4. 控制簡便。

圖 4-7-2 爲幾種常見的繼電器。

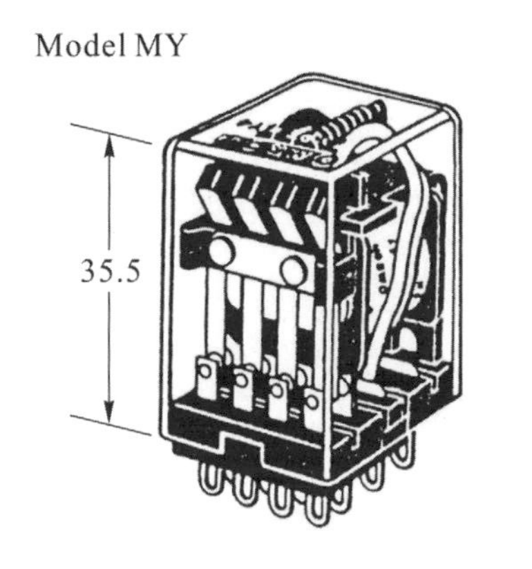

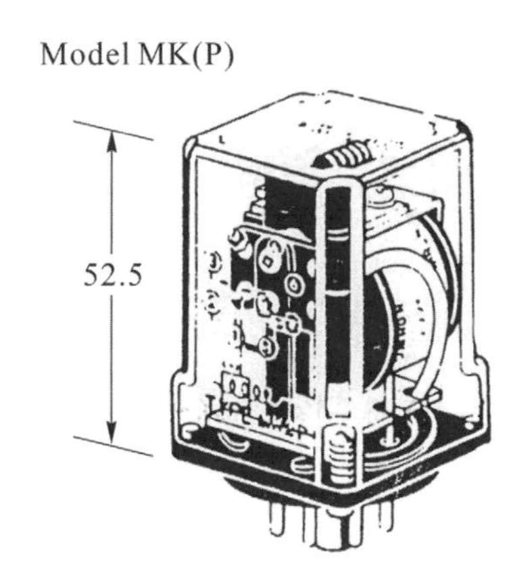

圖 4-7-2　繼電器

4-7-2　交流繼電器與直流繼電器的差異

交流繼電器與直流繼電器，在結構上，最大的不同處爲電磁鐵所用之鐵心。

直流電磁鐵之鐵心，用整塊的軟鐵製成即可；交流電磁鐵之鐵心，爲減少渦流損失，則必須採用矽鋼片。同時，交流係不但有大小變化，而且有正負方向變化之電源，當通入線圈之電流大小不爲零時(不論正負)，銜鐵被吸引，但當電流之大小爲零時(60Hz 的市電，每秒有 120 次電流爲零，如圖 4-7-3)，線圈所生之磁力亦爲零，銜鐵將被彈簧所拉，如此，則將使銜鐵振動不已。故交流電磁鐵的鐵心必須如圖 4-7-4 所示加上一個短路銅環(蔽極線圈；或稱罩極線圈)。

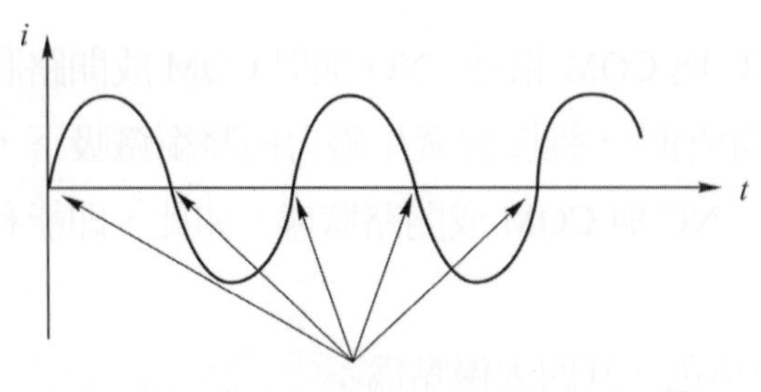

圖 4-7-3

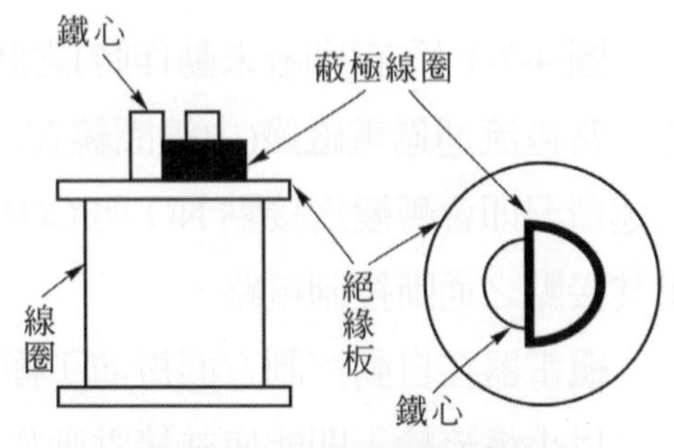

圖 4-7-4　蔽極線圈構造圖

由楞次定律可知，蔽極線圈恆反抗磁力線之變動。故電磁鐵之線圈所通過的電流降至零之瞬間，蔽極線圈所生之磁強最大，結果交流電磁鐵並不因電流爲零而失去磁力(在通入線圈之電流爲零之瞬間，電磁鐵之總磁力線不爲零)，因此銜鐵恆被吸引而不致產生振動。

由以上說明可知，交流繼電器與直流繼電器之最大差異處，在於直流繼電器之鐵心以軟鐵製作即可，交流繼電器之鐵心則不但必須使用矽鋼片製成，而且還需加上一個“蔽極線圈”。

4-7-3 繼電器之規格

【額定電壓】

繼電器之額定電壓如表 4-7-1 所示。

表 4-7-1　標準額定電壓表

6V	12V	24V	48V
100V	110V	200V	220V

通常，加上 85%～110%額定電壓，繼電器都能正常動作。

表 4-7-1 中，交流繼電器大部份使用 100V 與 200V 者，直流繼電器則多數使用 12V 與 24V 的製品。

依據筆者的經驗，交流繼電器，只需以$\frac{1}{3}$額定電壓的直流電壓，即可使其動作。

【接點容量】

繼電器的接點較大者，所能負載的電流較大，接點小者，只能負載較小的電流；在規格表中，都會載明接點容量(安培數)之大小。但是，繼電器的接點若是用以控制電感性電路(負載)，則需將其接點容量打 7 折來使用，否則接點將極易因電弧放電而損耗。

4-8 水位自動控制器

近幾年來，隨著公寓、大廈之大量興建，水塔用的水位自動控制器亦方興未艾的被廣用著。

一、浮球式水位自動控制器

過去，一般家庭所裝置的水位自動控制器，皆為如圖 4-8-2 所示之浮球開關。水位低時浮球開關(floating switch)之接點閉合，抽水機打水入水塔，水位高時，接點打開，馬達停止打水。

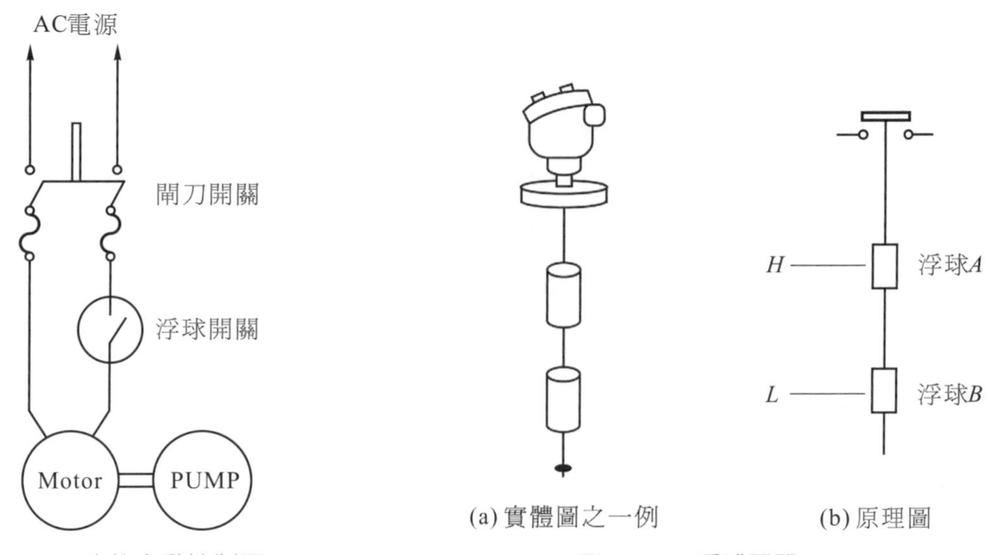

圖 4-8-1　水位自動控制圖

圖 4-8-2　浮球開關

那麼浮球開關如何完成上述動作呢？且讓我們看看圖 4-8-2(b)。其動作情形如下：

1. 當水位低於 L 時，浮球 B 與浮球 A 兩者之重量使接點閉合，電路接通，抽水機送水入水塔。
2. 水位高至 L 後，雖然浮球 B 隨著水面上浮，但是浮球 A 的重量，使接點保持接通，抽水機繼續抽水。
3. 水位升高至 H 後浮球 A 亦隨著水面上浮，則浮球 A 及 B 均不加重量於接點，接點靠彈簧的力量打開。
4 用水而使水塔的水面降至 H 以下 L 以上時雖然浮球 A 對接點施以重力，但浮球 B 還浮於水面(被水托住)，因此接點保持打開。

5. 直至水位低於 L 時，浮球 A 及 B 之重量和使接點閉合，成爲 1.之狀態，抽水機再次轉動。
6. 重複以上動作，即能達成自動控制水位之目的。浮球 A 及 B 之位置應配合水塔高度適當調整之。

浮球開關雖然構造較簡單，然而卻容易因爲受潮而使接點接觸不良、腐蝕等而生故障。已有漸被電極式水位控制器取代之勢。

二、電極式水位自動控制器

近來，新設水塔大都採用電極式水位自動控制器(商名爲 Automatic Floatless Level controling Relay，以無浮球爲標榜)控制水塔自動抽水。由於控制迴路採用低電壓，故頗安全。線路如圖 4-8-3 所示，控制器一共用了兩個小型繼電器(power Relay)。

變壓器將市電降爲 24V 作爲控制迴路的電源。當水槽內之水面低於電極 E_2 時(圖 4-8-3 所示，即爲此狀態下之情形)，變壓器二次側電路爲斷路，CR_1 及 CR_2 皆不動作，故 CR_2 的常閉接點使電磁開關受電而使抽水機之馬達轉動抽水，水位達到 E_1 時，變壓器二次側由 E_1 與 E_3 間之水完成通路(電極棒間之水猶如一個電阻)，經橋式整流並經濾波後供給 CR_1，CR_1 的接點閉合，使 CR_2 亦緊跟著動作，其兩組接點同時向左移動，電磁開關失去激磁而釋放其接點，馬達停止轉動。當水位降至低於 E_1 時，E_2 與 E_3 間尙經水而完成迴路，故馬達保持停轉。直至水位低於 E_2 時，CR_1 之迴路斷開，CR_2 失去激磁，接點釋放而移回右邊，回復圖 4-8-3 之狀態，抽水機始再度運轉。重複上述動作，即能使水塔自動抽水。

簡而言之，當水位低於 E_2 時抽水機自動抽水，水位達於 E_1 時自動停止抽水，如是循環之。

圖 4-8-3，實線表示用於 AC 110V 單相二線式電順(一般家庭用電)時之接線，若欲使用於由 220V 三相電動機驅動之抽水機，(工廠用電多半是 220V 三相三線式)則變壓器的一次側改接於 220V 之接線端，電磁開關改用額定電壓 220V 者，並將虛線接上即可。圖中所示各數値爲日立牌產品。

若將電磁開關接在給水位置之引線改接至排水端子，則抽水機改爲將水槽的水排出，當水槽的水快積滿時，抽水機將水抽出水槽，而水槽的水快排完時，抽水機停止排水。其情形恰與上述使用於供水情況時相反，此乃因 CR_2 的接點已用“常開接點”。

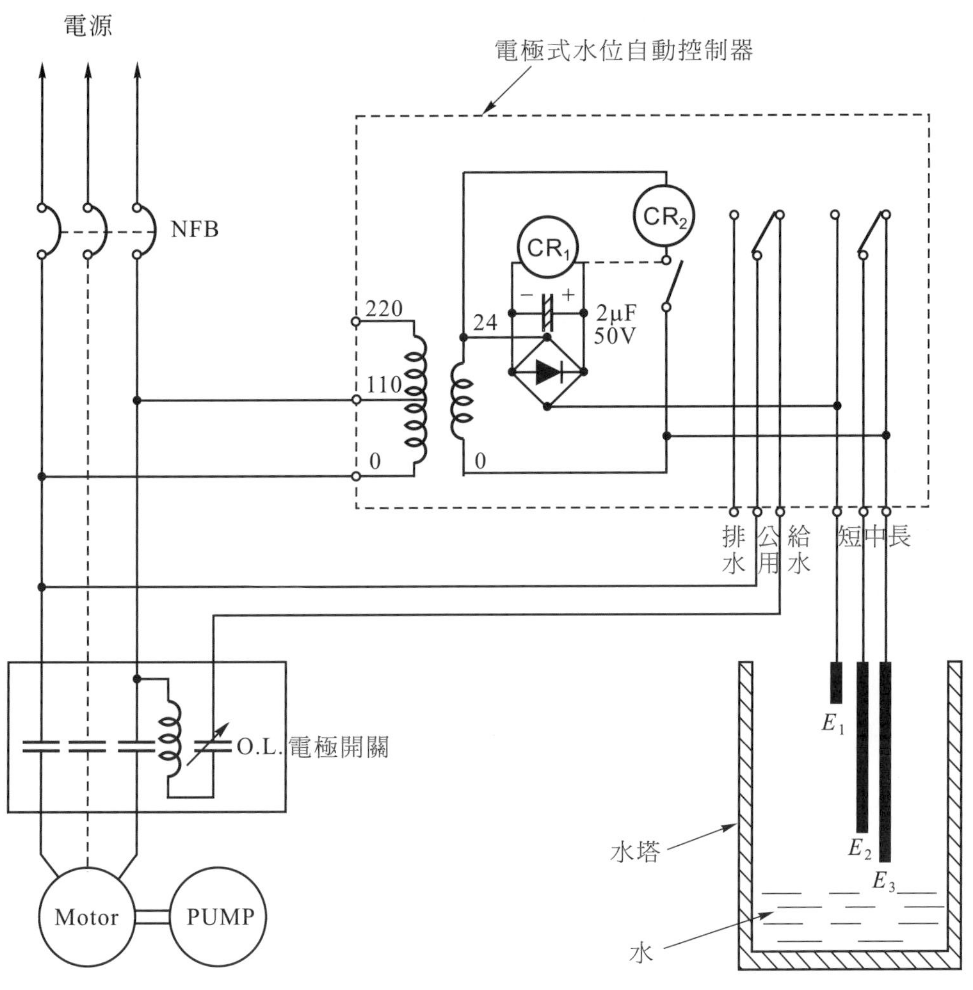

圖 4-8-3 電極式水位自動控制器

4-9 電鎖對講機

隨著大廈的林立及公寓的大量興建，公寓式電鎖對講機已被大量的加以採用。

這大時代的寵物，雖然一般家用電器方面的書籍及電工實習課本均不述及，然而這方面的資料不但能使在學的讀者增廣見識，對於從事電氣實務的工作人員來說，更是不可或缺的(電路圖都未曾見過，對於結構及動作原理一無瞭解，根本就談不上維護或檢修)。因此筆者深覺有加以詳述的必要。

4-9-1 動作原理

圖 4-9-1 即為公寓大樓所用的「電鎖對講機」電路。圖中之符號為：

一、電鎖部份

1. M 為大門門鎖之吸持線圈。
2. L.S.為受門閂控制的微動開關，大門被打開時，其接點閉合。

二、室內機部份

1. H.S.是話筒開關，話筒被提起時其接點閉合。
2. 送話器為炭精式麥克風。受話器為一般的永磁式揚聲器(俗稱"喇叭")。

三、室外機部份

1. *L* 與 *C* 組成倍增器(Booster)，使受話器的音量得以提高，以避免聲音小時，因室外吵雜而使訪客聽起來吃力。
2. 送話器為炭精式麥克風。受話器為永磁式揚聲器。

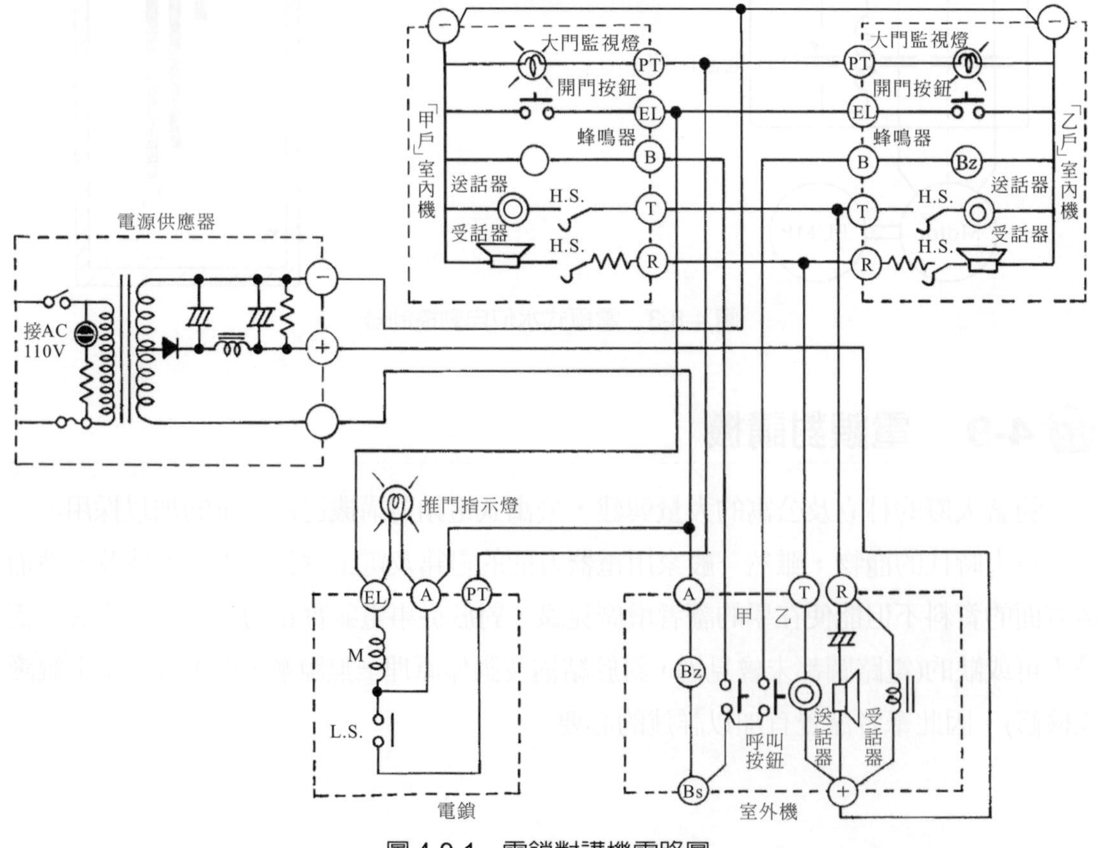

圖 4-9-1 電鎖對講機電路圖

四、電源部份

1. !端子輸出 DC 14V 電源。
2. Ⓐ端子輸出 AC 24V 電源。
3. @端子為共用點。

電鎖對講機之電源係以變壓器降壓後，一組經整流、濾波成純直流，供送話器、受話器等對講電路用，通常為 DC 14 伏特，另一組為交流，一般是 AC 24V，供遙控公用大門之電鎖及蜂鳴器、大門監視燈等電路用。

大門的電鎖係利用電磁線圈動作一支門閂，通電時門可打開，無電時，閉鎖住。亦可用鑰匙由門外打開。

茲將電鎖對講機之動作情形詳述於下：

1. 當訪客欲拜訪某樓的住戶時，壓下標有該戶名牌之「呼叫按鈕」。例如欽拜訪「甲戶」，則壓下標有「甲戶」之呼叫哄按鈕。
2. 此時室外機之蜂鳴器 BZ 經呼叫按鈕而串聯甲戶室內之蜂鳴器接於 AC 24V 的電源，故兩個蜂鳴器同時響。
3. 甲戶聞聲，知道有客來訪，即提起話筒，此時 H.S.之接點閉合，室內機的送話器串聯室外機的受話器接於 DC 12V 之電源，室外機的送話器亦串聯室內機的受話器而接於 DC 12V 之電源，故室內的人可與大門口的訪客對講。(參閱 4-25 頁之“相關知識”)。
4. 當問明來客身分後，若欲讓其進入，則可壓按「開門按鈕」使電鎖的線圈 M 通電(加上 AC 24V 電源)，吸下閉鎖門閂，同時亦使大門上的「推門指示燈」明亮，以告知來客──請推門而入。如此，則主人不必下樓即可開門。
5. 大門被推開後電鎖上之 L.S.接點閉合，室內機的「大門監視燈」亮，表示大門已開啓，此時主人即可鬆掉壓住「開門按鈕」的手。
6. 客人進入大門後，若將大門順手關好，則電鎖上鎖，同時 L.S.接點打開，室內機的「大門監視燈」熄滅，指示“大門已關好”。大門監視燈的使用乃在監視大門的啓閉，以防肖小登堂入室。
7. 以上各步驟簡要的表示於圖 4-9-2。

在圖 4-9-1 裡，雖然筆者僅繪了兩部室內機，但相信讀者已能看出，室內機增加時，僅室外機的呼叫按鈕必須隨著增多，室內機則除蜂鳴器外，其餘標有相同字碼的接線端子以導線並聯起來即可。

實際配線時，為方便起見，皆使用多心電纜配線。

若省略電鎖的部份，則利用室外機及室內機，可作為工廠裡，主管室與其他各科室之對講。

客人來訪
按鈕叫門

拿起話筒
查明身分

按下電鈕
自動開門

圖 4-9-2

【相關知識】

碳精式麥克風亦稱碳精式微音器，如圖 4-9-3 所示。其工作原理非常簡單，係藉聲波振動「膜片」而使兩引出線間的電阻變動。當「膜片」向內壓時，碳粒被壓縮，故接觸面積大，電阻減小，而當膜片向外彈回時，由於碳粒放鬆，接觸面積減少，電阻增大。於是電路中的電流隨著阻值的改變而發生變化，此變動的電流通過永磁式揚聲器之音圈，即能還原為聲亂碳精式麥克風具有極高的靈敏度，非其他任何麥克風所能比擬，而且體輕耐用，故電話、對講機等通信器材多採用之雜音稍大，是其缺點。

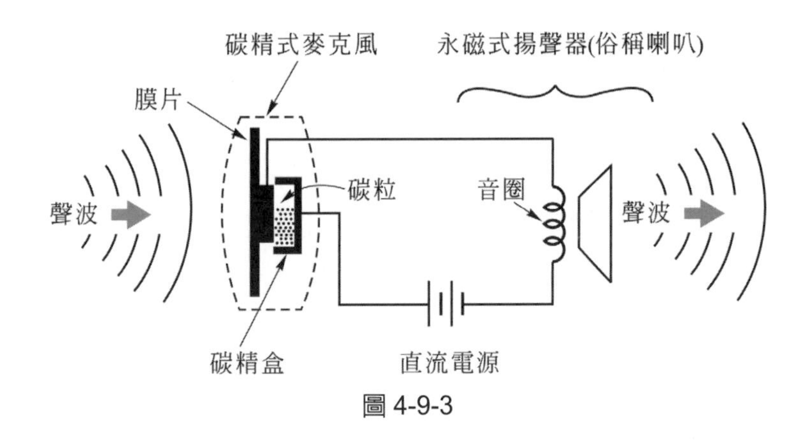

圖 4-9-3

4-9-2 電鎖對講機的測試與安裝

電鎖對講機的配線雖然較為繁雜，不過，只要依下列步驟細心的安裝，定可順利完成。

一、拆開外殼

無論是室內機、室外機或電鎖，其外殼均只以一粒螺絲鎖著。找到這粒固定螺絲，並將其拆下，即可拿開外殼。詳示於圖 4-9-4。

二、測試機件

任何機件在出廠前都作了測試，但是到了我們手中時並不能保證在運輸中絕對不會出問題，因此在安裝前有必要作一次測試，確保所用機件是良好的。以免使用了不良的機件，待配線完成後動作不正常再費個大半天，加以檢查(機件在配線後比未裝前難查)，不要忘了「預防勝於治療」。

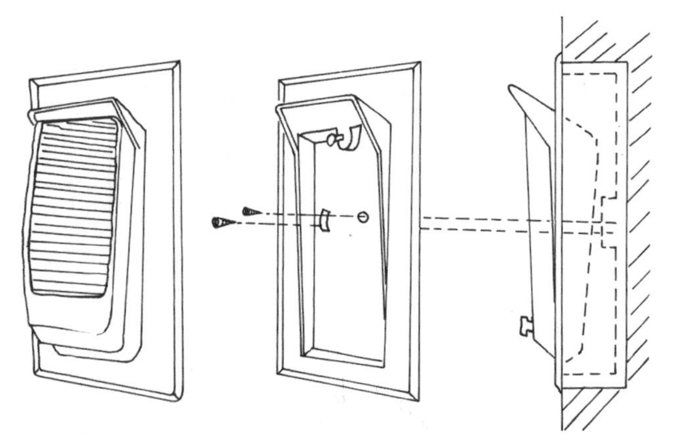

1. 逆時針旋轉，取下"固定螺絲"。
2. 將下端稍微提取。
3. 往下拉出。
以木螺絲將室外機的底盤鎖緊於預先安放在壁上的木盒。帶電路接完後裝回室外機，並將"固定螺絲"順時針旋緊。

圖 4-9-4 室外機的安裝

在作測試之前，有一點必須加以說明：除了電源供應器照著說明作測試外，其餘機件的測試皆使用三用電表的 $R \times 1$ 檔爲之。

1. 室外機部份

(1) 三用電表兩測試棒接於Ⓣ及!，此時三用電表憑有數 10Ω 的指示，否則需檢查送話器的引線是否脫落或接觸不良。其次，用嘴對著送話器間斷吹氣，三用電表的指針應會左右擺動，否則爲送話器不良。

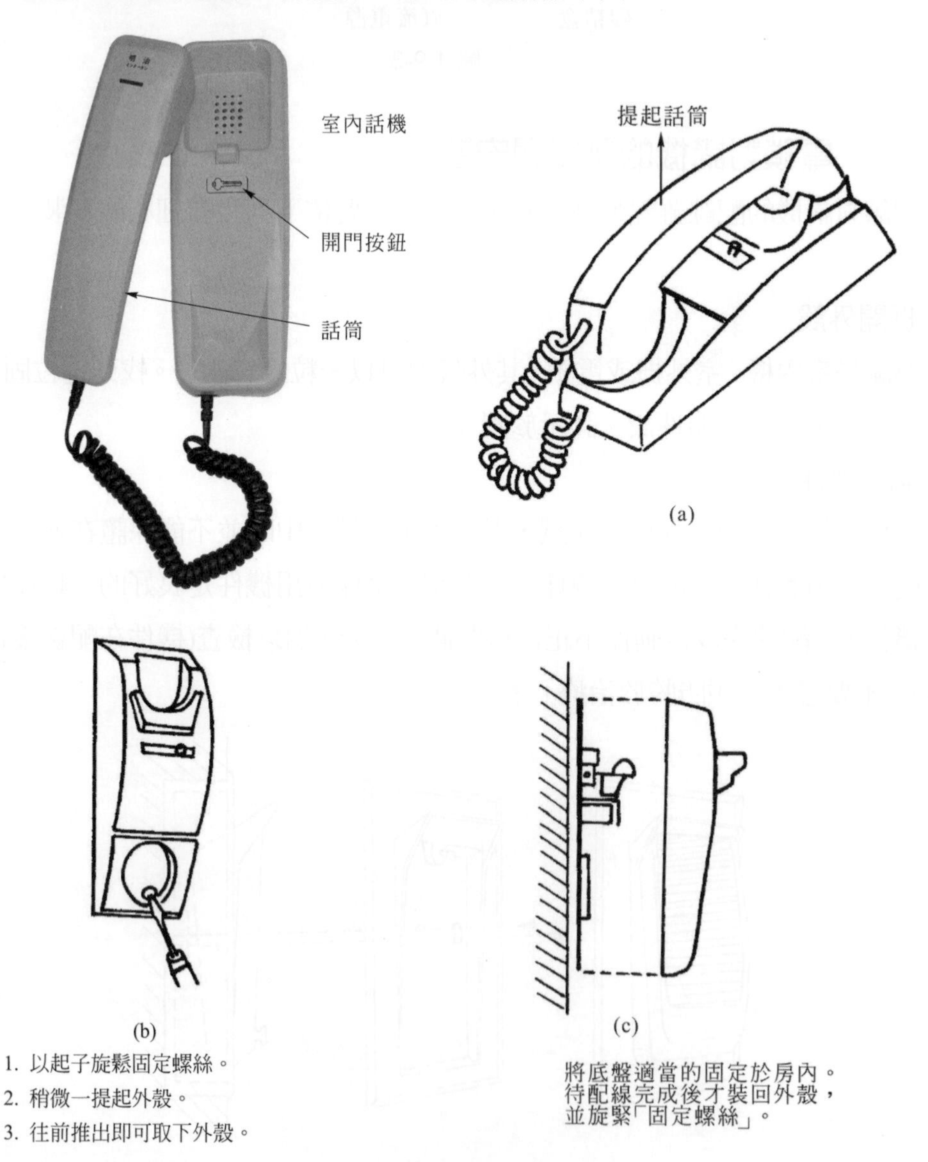
室內話機
開門按鈕
話筒
提起話筒
(a)
(b)
1. 以起子旋鬆固定螺絲。
2. 稍微一提起外殼。
3. 往前推出即可取下外殼。
(c)
將底盤適當的固定於房內。
待配線完成後才裝回外殼，
並旋緊「固定螺絲」。

圖 4-9-5 室內機的安裝

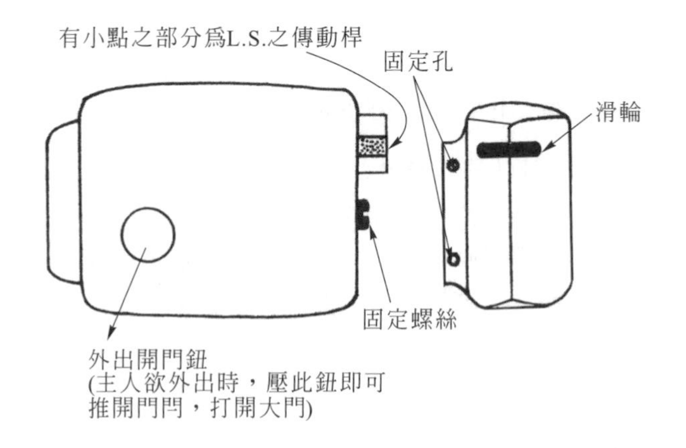

1. 取下固定螺絲，略提外殼右端，往左推出即可取下外殼。
2. 電鎖部份可用木螺絲或洋釘(俗稱"水泥釘")固定於大門的適當處。

圖 4-9-6 電鎖的安裝

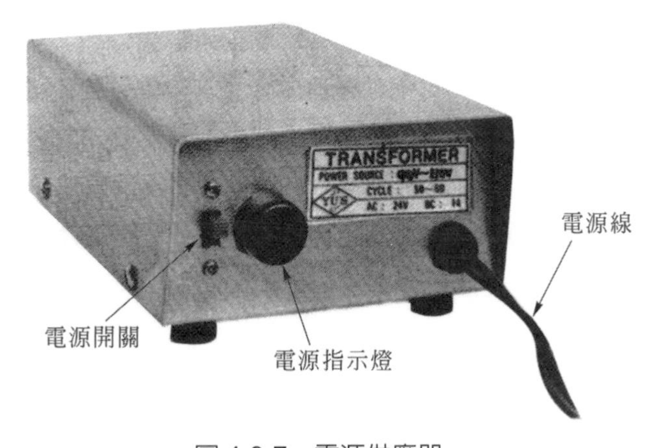

圖 4-9-7 電源供應器

(2) 三用電表的兩測試棒間斷的觸Ⓡ及!，受話器應發出喀喀聲，否則需逐一檢查 *C*、受話器及 *L* 是否有短路或斷路現象。

(3) 兩根測試棒接於Ⓐ與 BS 時，三用電表應指示 10～20Ω，否則為蜂鳴器故障。

2. 室內機部份

(1) PT 與@間應有低阻值，若三用電表指示∞，則接線斷或大門監視燈斷線。

(2) Ⓑ與@間有 10Ω 左右爲正常，若三用電表指示∞或 0Ω，則蜂鳴器故障。

(3) Ⓡ@以三用電表之兩測試棒間斷測量之，應有喀喀聲(作此測試時需確定話筒已提起)，否則需檢查 H.S.與受話器及其接線。

(4) Ⓣ@正常值有數 10Ω，若∞Ω，爲送話器之引線斷。對著話筒裡之送話器吹氣，三用電表之指計應會擺動，否則爲送話器不良。

3. 電鎖

(1) Ⓐ PT 間應爲 0Ω。三用電表的指示若爲∞，則微動開關 L.S.故障。

(2) 用手壓入 L.S.之傳動桿(參照圖 4-9-6)時，Ⓐ PT 應爲∞Ω，否則 L.S.故障。

(3) EL 與Ⓐ間應有低阻值，若三用電表指示 0Ω 或∞則需檢查吸持線圈 M 及其引線。

4. 電源供應器

(1) 兩電源線間應爲 60～80Ω 左右，若相差太大則需細查電源變壓器及其有關接線。

(2) 若上一步驟之阻值正常，則將電源供應器接上電源，並將電源開關 ON。Ⓐ@間應爲 AC 24V 左右，否則變壓器不良。!@間應爲 DC 14V 左右，若相差太大則需檢查整流二極體及濾波電容器。

三、固定機件

各機件確定良好，以木螺釘或洋釘(水泥釘)固定於適當位置。

四、配線

以多心電纜(電話電纜)照圖 4-9-8 配線即可。但有的室外機有@接線端子，此時必須如圖 4-9-9 配線。

五、通電試驗

1. 所有的配線完成後，將電源開關 ON 後，電鎖對講機應能符合下列要求。

(1) 按「呼叫按鈕」時，與各名牌相對應之室內機，其蜂鳴器應與室外機的蜂鳴器同時鳴響。

(2) 提起任一室內機的話筒，均能與室外機對。

(3) 壓按任一室內機之「開門按鈕」時，電鎖均應發出哼哼聲(此乃“吸持線圈 M”動作所致)，並可順利推開大門。

(4) 大門推開時，各室內機之「大門監視燈」均亮。

(5) 大門關好時，各室內機之「大門監視燈」熄滅。

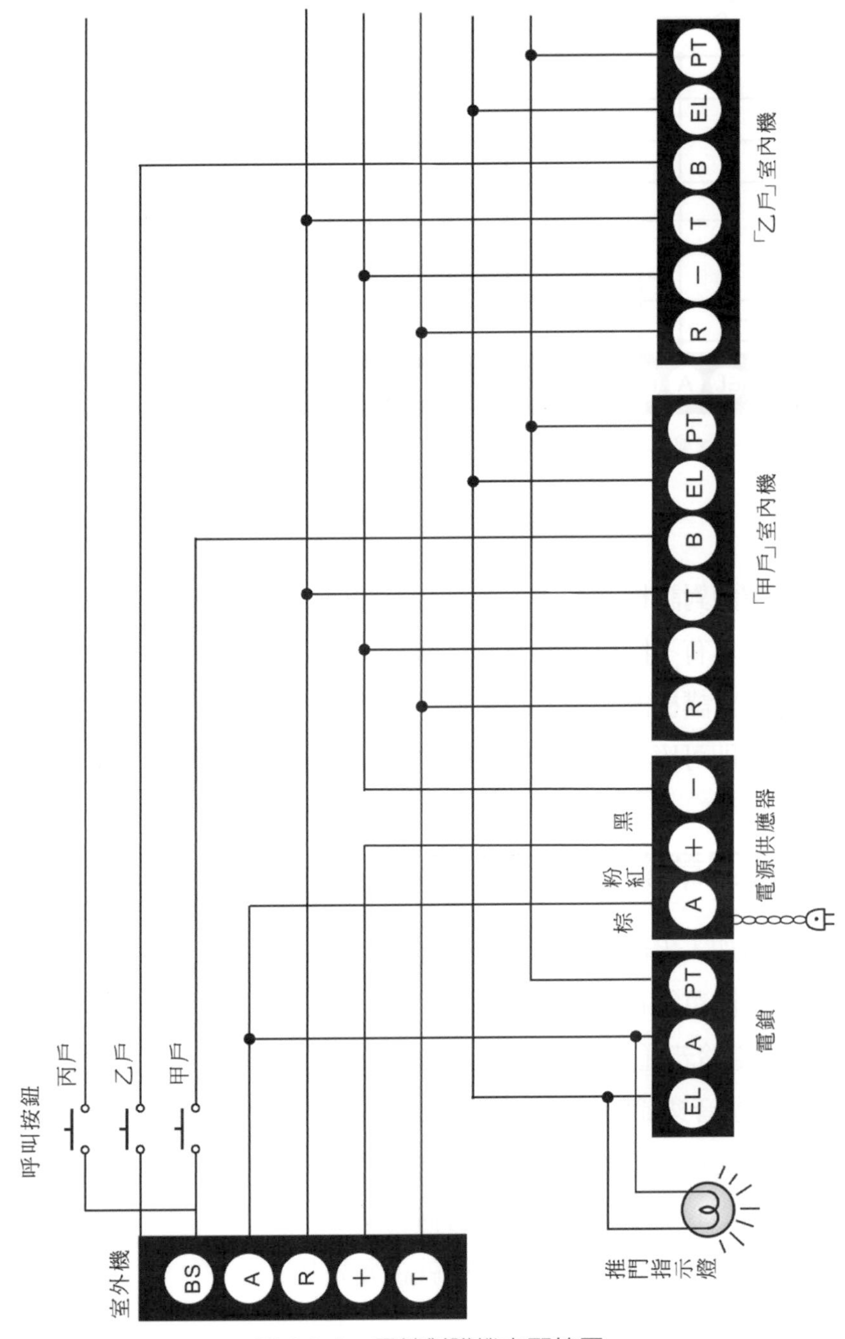

圖 4-9-8　電鎖對講機之配線圖

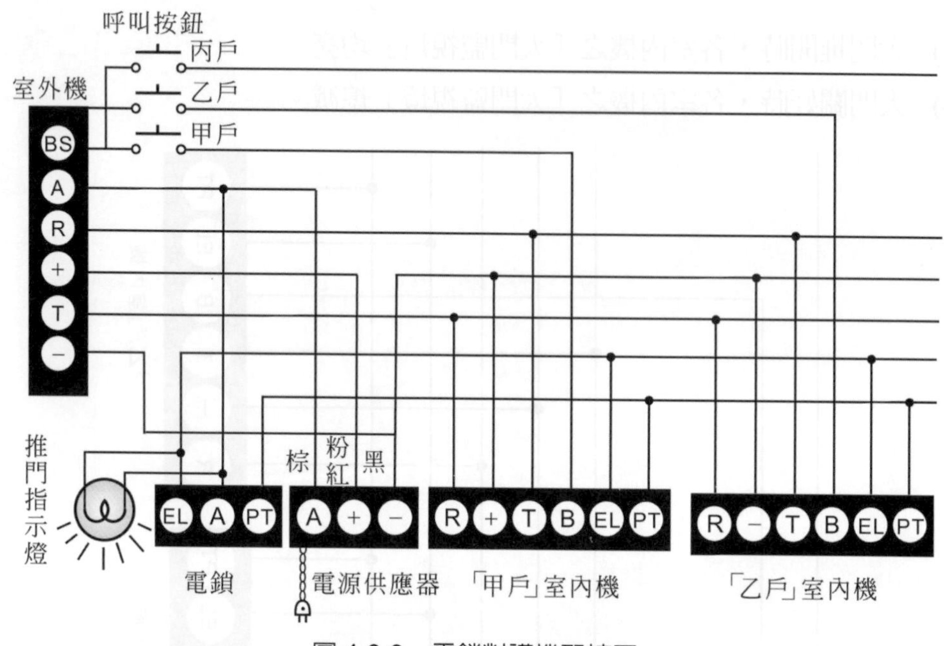

圖 4-9-9 電鎖對講機配被圖

2. 安裝後，若電鎖對講機之動作未能符合上述要求，表示配線有誤。所幸，配線所用的電纜，是具有不同色線的多心電纜，不易接錯，縱然出了紕漏檢修起來也方便多了。電鎖對講機的配線看起來似乎很繁雜，但各機件裡的零件並不多，所以一個三用電表即可應付所有可能發生的故障。

4-10 第四章實力測驗

1. 電磁式按摩器加入半波電源爲何比較強？
2. 直流電鈴和交流電鈴在構造上之最大差異爲何？
3. 110V 的交流電鈴若通以 110V 的直流電源，有何結果？
4. 蜂鳴器(電蟬)及音樂鈴的外殼有何功用？
5. 直流繼電器及交流繼電器在構造上有何差異？
6. 交流繼電器的鐵心加上蔽極線圈，有何功用？
7. 腳踏車之車燈爲什麼只連接一條電線就會發亮？
8. 試述人體增高機之動作原理。
9. 浮筒式水位自動控制器之浮筒若脫落，有何後果？

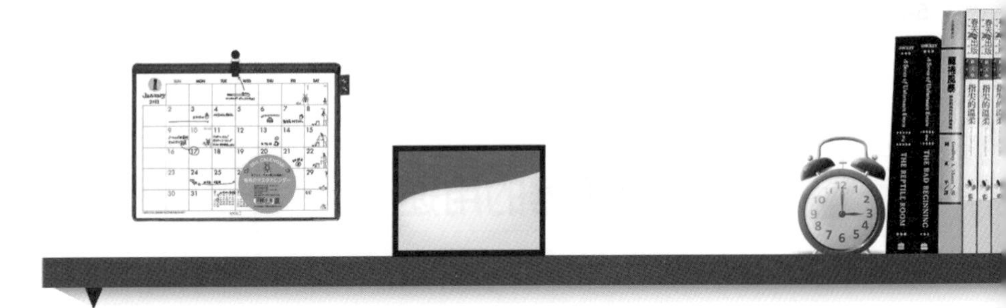

chapter 5

變壓器類電器

5-1 變壓器的用途
5-2 變壓器的原理
5-3 變壓器的應用
5-4 變壓器之設計
5-5 第五章實力測驗

5-1 變壓器的用途

變壓器乃是利用電磁感應作用將電能由一個電路轉移(傳送)到另一電路之裝置，因變更的是電壓，故稱為變壓器。簡而言之，凡基於電磁感應作用而能升降電壓之裝置，即稱之為變壓器。

電能在輸送時，以高壓為之，則傳送一定的功率時，線路上的 I^2R 損失可以大量降低；在使用上則以低壓較安全。欲配合各種場合，需求電壓之不同，則需藉變壓器來完成之。交流電之所以在今日能夠普及而廣被樂用，變壓器之功實不可沒。

變壓器除用為升壓或降壓外，尚廣泛應用於電子電路中作阻抗匹配、直流隔離、線路隔離等。

變壓器依其用途之不同，可分為：

1. 升壓變壓器：將電壓升高。
2. 降壓變壓器：將電壓降低。
3. 平壓變壓器：使電路互相隔離。
4. 匹配變壓器：使電路阻抗匹配，以獲得最大功率之轉移，兼有隔絕一次側之直流成份加入二次側電路之功。舉凡輸入、輸出變壓器，級間變壓器等皆是。

5-2 變壓器的原理

圖 5-2-1 為一簡單變壓器，其線圈 N_1 及 N_2 繞於同一鐵心上。接至交流電源的一端稱為一次側，其線圈稱為初級圈或一次側線圈(primary winding)，接至負載的一邊稱為二次側，其線圈稱為次級圈或二次側線圈(Secondary winding)。變壓器在兼顧高導磁係數與低渦流損失的條件下，鐵心多以表面經過絕緣膜處理之矽鋼片疊置而成。

一線圈內之磁通發生變動時，該線圈即有感應電勢產生，且應電勢之大小等於磁交鏈(線圈匝數與穿過該線圈磁通量之乘積)之變動率，以公式表之為 $e=\dfrac{dN\phi}{dt}$。若將兩個線圈加以耦合，則一線圈產生磁通變動時，此變動的磁通亦必使另一線圈感應而生應電勢，應電勢之大小等於該線圈磁交鏈之變動率，即 $e=\dfrac{dN\phi}{dt}=N\dfrac{d\phi}{dt}$，此為讀者們耳熟能詳的法拉第定律。由法拉第定律可明顯的看出，若磁通變動率中 $\dfrac{d\phi}{dt}$ 一定，則應電勢 e 之大小與匝數 N 成正比。

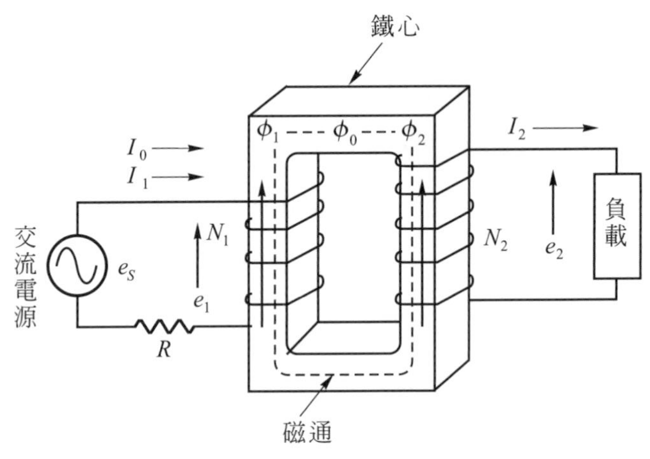

圖 5-2-1　變壓器構造

當交流電源 e_s 接入 N_1 兩端時，將有 $I_。$產生，此電流稱為激磁電流。由安培定律知 $I_。$通過 N_1 後將產生一個磁通 $\phi_。$通過 N_1 及 N_2。因施於 N_1 的電壓是一大小及正負隨時間改變的交流電，故 I_o 及 ϕ_o。亦必隨著時間而變動，由法拉第定律知 $\phi_。$通過的 N_1 及 N_2 必會感應一個與匝數成正比的應電勢。圖 5-2-1 中，因 I_o 使 N_1 感應而生的應電勢 e_1 稱為自感電勢，而 ϕ_o 切割 N_2 後感應而生的應電勢 e_2 稱為互感電勢。由法拉第定律

得　$e_1 = N_1 \dfrac{d\phi_o}{dt}$

及　$e_2 = N_2 \dfrac{d\phi_o}{dt}$

故　$\dfrac{e_1}{e_2} = \dfrac{N_1}{N_2}$　(5-2-1)

故若線圈 N_1 的電阻 R(包括線圈繞組及配電線路的電阻)忽略不計，則感應電勢 e_1 應等於電源電壓 e_s。

因感應電勢的大小與匝數成正比，故電源變壓器可根據這基本原理，在同一鐵心上繞多組不同匝數的線圈來獲得各種大小不等的電壓。其關係為

$e_1 : e_2 : e_3 : \cdots = N_1 : N_2 : N_3 : \cdots$

如圖 5-2-1 所示在二次側加上負載時，必有負載電流 I_2 產生，由楞次定律：線圈產生的應電流有阻止產生此應電流的磁力線發生變動之趨勢(特性)，可知 I_2 的產生必

促使 N_2 發生另一磁通 ϕ_2，與 ϕ_0。互相抵制(方向相反)。因此爲保持磁通的平衡，電源 e_s 除供給 I_o 外，尚需追加預算供給另一電流 I_1' 以產生與 ϕ_2 大小相等方向相反的磁通 ϕ_1，(無論有載或無載，ϕ_o 保持不變，稱爲公共磁通)，I_1' 稱爲一次負載電流。故一次側的輸入電流 I_1 等於激磁電流 I_o 與一次負載電流 I_1' 之和，即 $I_1 = I_o + I_1'$，但 I_o 遠比 I_1' 小，可略去不計，故 N_1 及 N_2 之安匝可視爲相等，即

$$N_1 I_1 = N_2 I_2$$

$$\text{或} \frac{N_1}{N_2} = \frac{I_2}{I_1} \qquad (5\text{-}2\text{-}2)$$

從(5-2-2)式知一次及二次側電流與各該線圈之匝數成反比。若略去變壓器內之功率損失，並假設功率因數爲 1，則

$$e_1 I_1 = e_2 I_2$$

$$\text{或} \frac{e_1}{e_2} = \frac{I_2}{I_1} \qquad (5\text{-}2\text{-}3)$$

比較(5-2-2)式及(5-2-3)式得

$$\frac{e_1}{e_2} = \frac{N_1}{N_2} = \frac{I_2}{I_1} \qquad (5\text{-}2\text{-}4)$$

式中 e_1 ：一次電壓，伏特。
e_2 ：二次電壓，伏特。
I_1 ：一次電流，安培。
I_2 ：二次電流，安培。
N_1 ：一次線圈(初級圈)，匝。
N_2 ：二次線圈(次級圈)，匝。

記住！變壓器的電壓與匝數成正比，電流與匝數成反比。

設 Z_2 爲二次側阻抗，Z_1 爲一次側阻抗(Z_2 換算至一次側的等效阻抗)，則可知 $e_1 = I_1 Z_1$，$e_2 = I_2 Z_2$，即

$$\frac{e_1}{e_2} = \frac{I_1 Z_1}{I_2 Z_2} \qquad (5\text{-}2\text{-}5)$$

比較(5-2-1)式及(5-2-5)式得

$$\frac{N_1}{N_2}=\frac{I_1Z_1}{I_2Z_2}$$

$$但\ \frac{N_1}{N_2}=\frac{I_2}{I_1} \qquad (5\text{-}2\text{-}2)$$

將(5-2-5)式與(5-2-2)式相乘，則

$$(\frac{N_1}{N_2})^2=\frac{Z_1}{Z_2} \qquad (5\text{-}2\text{-}6)$$

$$或\ \frac{N_1}{N_2}=\sqrt{\frac{Z_1}{Z_2}} \qquad (5\text{-}2\text{-}7)$$

阻抗與匝數的平方成正比這個關係，在輸入變壓器，輸出變壓器，級間變壓器等注重阻抗匹配之場合非常重要。

綜合(5-2-4)式及(5-2-7)式，變壓器之各種關係，我們可用下式一言蔽之，即

$$\frac{N_1}{N_2}=\frac{e_1}{e_2}=\frac{I_2}{I_1}=\sqrt{\frac{Z_1}{Z_2}}$$

5-3 變壓器的應用

5-3-1 升壓

在電壓較低的區域(電力公司配電線路的末端區域)，電視畫面將縮小，其他電器動作亦不正常，如電熱器熱量不足、電燈昏暗，甚而日光燈不能起動等。此時唯一補救之法爲設置一適當容量之自耦變壓器，調整至輸出電壓爲 AC 110V，以利各種家庭電器正常動作。如圖 5-3-1 所示。此種輸入端爲 110V，輸出端 0～130V 規格的自耦變壓器，市面上的電器材料行皆有售。

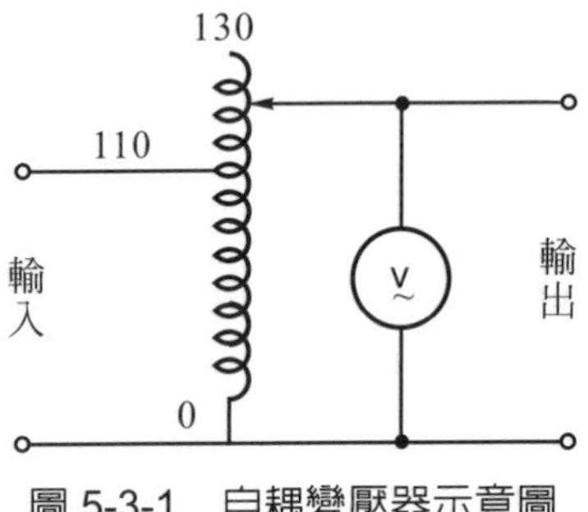

圖 5-3-1　自耦變壓器示意圖

5-3-2 直流電源供應器

最常用的家庭電源，為 110V 60Hz 的交流電，然而半導體製成的產品卻需以低壓的直流作電源，此時就得借重變壓器加以降壓再整流了。圖 5-3-2 即為直流電源供應器之一例，係使用於小型的手提電唱收音機。若將圖中之電解電容器改為 200μF 者，即成為交直流兩用電晶體收音機的電源，當然啦，不求經濟的話，採用 470μF 並無不可。

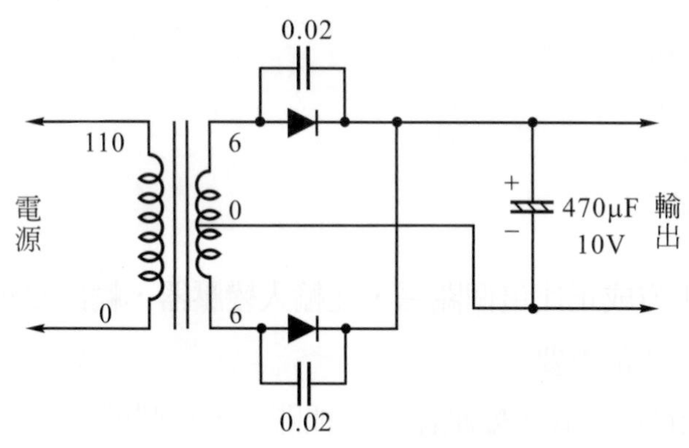

圖 5-3-2 直流電源供應器電路圖

5-3-3 電焊槍

電焊槍如圖 5-3-3 所示。係利用變壓器降低電壓後加於焊槍頭而成。因為焊槍頭之電阻極低，所以通過焊槍頭之電流甚大(高達數 10A)。在短時間內焊槍頭所生之熱量($H = 0.24I^2Rt$)即足以使錫熔化，故廣為檢修人員所樂用。

因為電焊槍二次側之電壓甚低，因此焊槍頭與線圈間若連接不緊密，則所產生之接觸電阻將使二次側電流大幅降低，以致焊槍頭所生之熱量($H = 0.24I^2Rt$)不足以使錫熔化。使用者宜特別留意，務必將焊槍頭之固定螺絲鎖緊。

焊槍頭時常在高溫下工作，且暴露於空氣中，故會逐漸氧化、腐蝕，終至熔斷，此時可購買一支新的焊槍頭換上。電焊槍在經年累月的使用下，常會出現電源線斷線或電源開關損壞之故障，使用三用電表測試，可很快的找出故障處。

電焊槍的一次側大部份是以 SWG25 號漆包線繞 600 匝而成，遇到一次側線圈燒毀者，加以重繞即可。二次側則採用 SWG9 號線繞 5～6 匝而成，尚未聞有燒毀者。

由於電焊槍係設計為間斷使用，故每焊一、兩個接點即需讓其斷電休息幾秒鐘。若長時間通電繼續使用，不讓它喘口氣，則會縮短其壽命。

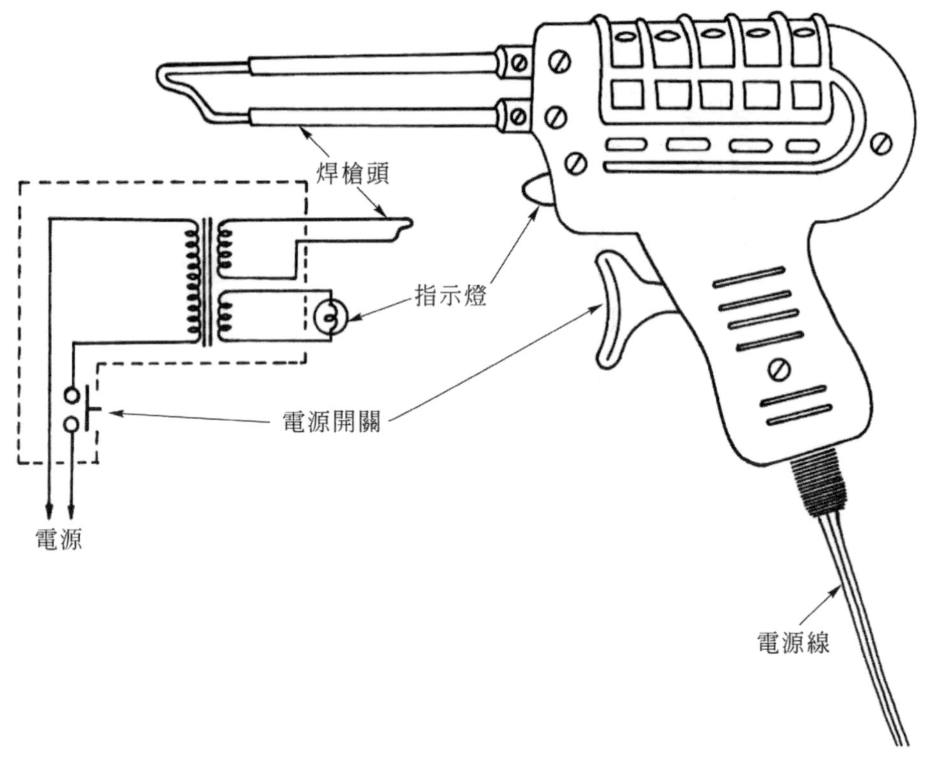

圖 5-3-3 電焊槍

5-3-4 自動充電器

電瓶俗稱蓄電池(Battery)，是汽車、摩托車之必備品，將來更是電動汽車的心臟，本器即用來使這大時代的寵物精神飽滿的打氣機。當電瓶充滿額定電壓時，自動將直流電源切斷，避免因過度的充電而損壞極板，減少電瓶壽命。

圖中 D_1 及 D_2 組成全波整流。電源變壓器用以將 110V 的電源降低至 12.6V 以應需求。SCR_1 控制著充電與否，SCR_1 導電時，電瓶即充電。SCR_2 為輔助元件，當其導電時 SCR_1 便截止，停止充電。Z.D.是一種到達某種定電壓以上才導電的“然納二極體(Zener diode)”。D_3 是 SCR_1 的閘極保護二極體。R_3 與 VR 組成一分壓電路，用以調節 Z.D.之崩潰電壓，當 Z.D.崩潰導電時，SCR_2 將被觸發而導通，R_1 與 R_2 為 SCR_2 的負載，R_1 並為 D_3 的限流電阻。C_1 用以消除雜波，以免 SCR_2 產生誤動作。

VR 的調整法為：自動充電器接上 AC 電源，並將一已充滿電壓的電瓶(約 13.2V)接於充電位置上，慢慢旋轉 VR 使 SCR_2 接通，SCR_2 導通後 VR 即不要再旋轉，將其固定之。SCR_2 是否導通，可在 R_2 兩端接三用電表(撥至 DC 10V)觀察之，指針一偏動即表示 SCR_2 已在此瞬間導通。

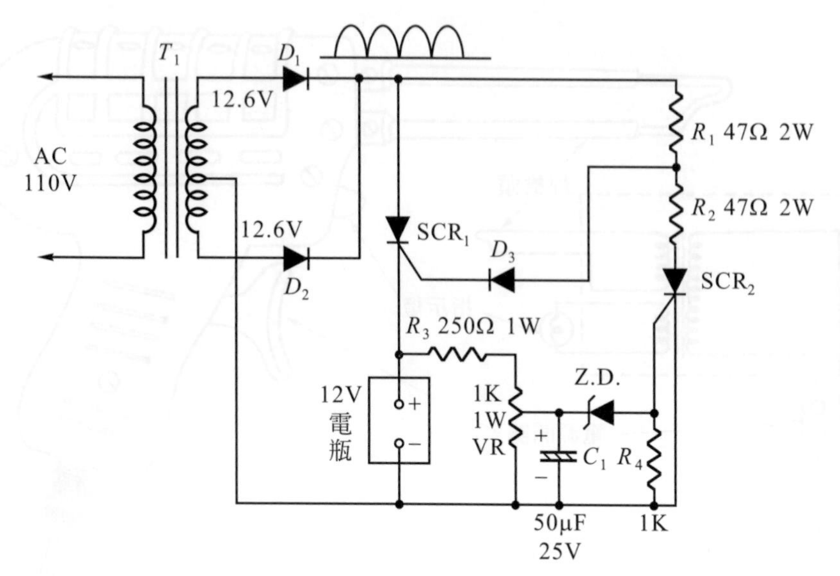

圖 5-3-4　自動充電器

代號	規格
T_1	110：12.6：12.6V 二次側額定電流 7A 之變壓器
D_1、D_2	額定電流 10A 耐壓 50V 之整流二極體
SCR_1	8A 50V 之 SCR。可用 GEC22。
SCR_2	4A 50V 之 SCR。可用 GE C106Y，C106B。
D_3	任何整流二極體
Z.D.	8V 的 Zener diode

將一欲充電的電瓶接於充電位置上，並把電源接上，此使用的精疲力竭的電瓶，其電壓必比 13.2V 低許多，C_1 兩端經由 R_3 與 VR 所得的分壓，不足以使 Z.D.導通，因此 SCR_2 截止。SCR_1 由 R_1 與 D_3 獲得閘極觸發電流而導通，使電瓶充電。電瓶的端電壓將隨著電量(時間)而增高，同時 R_3 與 VR 在 C_1 兩端的分壓亦升高，當電瓶充滿電後(13.2V)，C_1 兩端之電壓將使 Z.D.導電(原先設定)而觸發 SCR_2 導通，R_2 流過的電流使 R_1 上的壓降大增，使 D_3 的陽極較 SCR_1 之陰極電壓低(SCR_1 的陰極電位等於電瓶的正端電位)，SCR_1 不再受到觸發，當其陽極所加之電位低於陰極時(SCR_1 陽極所加之電壓爲全波整流，其瞬時值隨時間而變，但陰極之電位則等於蓄電池正端之電壓)，SCR_1 即行截止，充電停止。

若是有車階級想自製一個，別忘了把 D_1、D_2、SCR_1、SCR_2 加上散熱片。D_1 及 D_2 必須用 70mm×70mm×1.5mm 的鋁板，SCR_1 使用 100mm×100mm×2mm 的鋁板，SCR_2 使用 S0mm×50mm×2mm 的鋁板，所用散熱片，萬萬不要小於上列尺寸，可過之而不可不及。

5-4 變壓器之設計

5-4-1 小型電源變壓器之設計

小型自冷式電源變壓器，可根據電源電壓、二次側電壓、負載的容量，照下列實用簡便的步驟依序設計。

一、鐵心截面積的決定

變壓器之容量係以伏安計，容量與鐵心截面積之關係為：

$$A = \frac{\sqrt{E_P I_P}}{5.58} \text{ 平方吋} \qquad (5\text{-}4\text{-}1)$$

理想的變壓器，沒有損失，因此一次側之輸入等於二次側之輸出，亦即 $E_P I_P = E_S I_S = E_2 I_2 + E_3 I_3 + E_4 I_4 + \cdots$，然而實際的變壓器卻存在有若干損失(如鐵損、銅損等)，故一次側的輸入必須包括這些損失在內，通常小型電源變壓器之損失以 10%計，即

$$E_P I_P = (1 + 10\%)\, E_S I_S = 1.1\, E_S I_S$$
$$= 1.1\,(E_2 I_2 + E_3 I_3 + E_4 I_4 + \cdots)$$

式中 A ：鐵心截面積，吋 ^{2}。

E_P ：一次側電壓，伏特。

E_S ：二次側電壓，伏特。

I_P ：一次側電流，安培。

I_S ：二次側電流，安培。

(5-4-1)式適用於 60Hz 之市電，若應用於其他非 60Hz 地區設計，則需乘以 $\sqrt{\frac{60}{f}}$，f 為該地市電頻率。

在本省或其他 60H 才也區，鐵心之截面積可直接由圖 5-4-1 求得。其他頻率之地區則需將所查得之值乘以 $\sqrt{\dfrac{60}{f}}$ 。

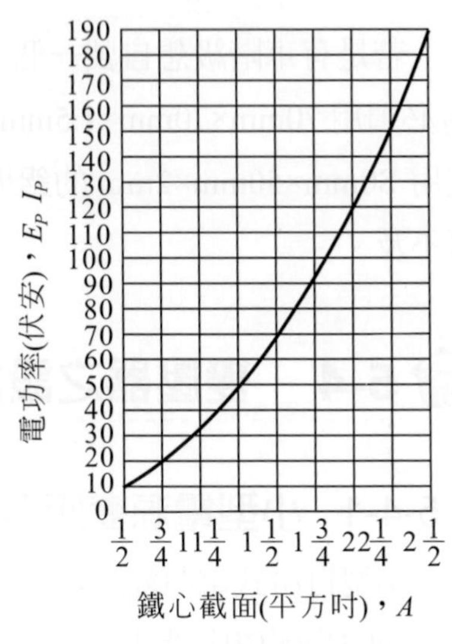

圖 5-4-1(∞Hz 地區適用)

二、鐵心型式之選擇

電源變壓器之鐵心，係以矽鋼片疊置而成，其每片之厚度常用者為 0.35 公厘及 0.5 公厘兩種。含矽量高者導磁係數高，損失小，但較脆弱且易於飽和。通常以彎折兩次左右能折斷者為宜。

小型電源變壓器所用鐵心之型式以日字型(外鐵型)居多，矽鋼片之形狀則有 EI 型及 F 型可供選用，如圖 5-4-1-1 所示。

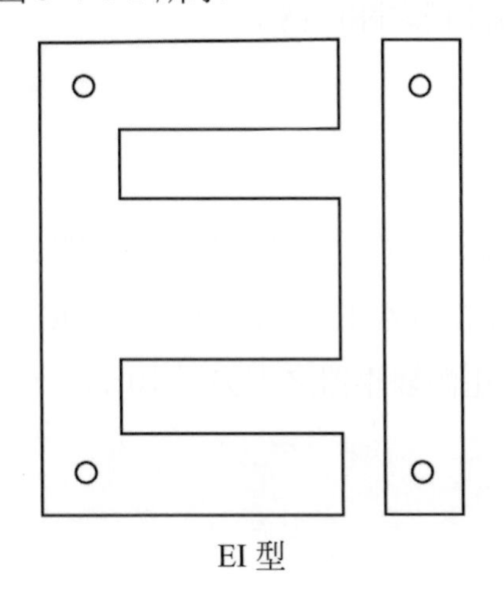

EI 型

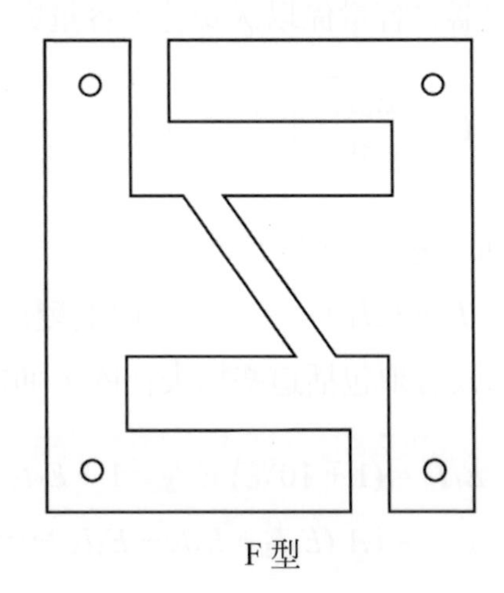

F 型

圖 5-4-1-1　矽鋼片形狀

三、線圈匝數之決定

每伏需繞之圈數和鐵心截面積的大小有關，截面積愈大，需繞的圈數愈少，截面積愈小則需繞的圈數愈多。但鐵心的截面積過大或過小均會使繞好的變壓器體積加大，(5-4-1)式即用以求得適當的鐵心截面積。那麼鐵心的截面積決定後，若將匝數繞的過少或過多又有何影響呢？變壓器線圈的匝數若不夠，則無載時之激磁電流很大，其線圈容易發燙，甚至燒毀，過多則不但浪費漆包線，且線圈之電阻增大，有載時將增大消耗功率(銅損= I^2R)，故線圈之匝數宜適中，其計算公式為：

$$每伏需繞匝數\ n=\frac{7.5}{鐵心截面積A}\ 匝／伏$$

在非 60Hz 之地區，則需將上式乘以 $\frac{60}{f}$ 。

已知線圈每伏需繞之匝數，則各線圈之電壓乘以每伏匝數(需取整數)即爲各線圈需繞之匝數，即

$$N_P=nE_P，N=nE_2，N_3=nE_3，$$
$$N_4=nE_4，\cdots$$

在電壓低而電流大的場合(例如供眞空管燈絲用的低壓繞組，其輸出電流可能高達 2 安培或以上)，雖然線圈的內阻不大，但即使只降去了 0.5 伏特，和額定電壓(供燈絲用的低壓繞組多爲 6.3 伏)比起來，還是一個可觀的數目，因此需將低電壓大電流線圈之匝數提高 10%以補償此壓降。在高電壓低電流之場合，則因壓降所佔之比率微乎其微，故可忽略之。

四、漆包線線徑之決定

唯一與漆包線包線徑粗細有關者爲電流之大小。二次側各繞組之電流 I_2、I_3、$I_4\cdots$爲既定，故只要查表 5-4-1 即可求得需用漆包線之線徑及線號。一次側可由

$$I_P=\frac{1.1E_SI_S}{E_P}=\frac{1.1(E_2I_2+E_3I_3+E_4I_4+\cdots)}{E_P}$$

求得一次側電流，然後查 5-12 頁的表 5-4-1。

五、鐵心尺寸的決定決

定了鐵心的截面積、導線的匝數及線徑大小，只可算是解決了變壓器設計的第一階段，緊接著就是要考慮，使用何種尺寸的鐵心最爲經濟。

變壓器的線圈是如圖 5-4-2(b)所示的裝在(a)圖的鐵心窗口內(窗口的面積=$A\times B$)。然而窗口中不但要容納線圈，而且需留有絕緣紙的空間，並且如圖 5-4-3 所示，各漆包線截面間的空隙亦在此窗口內佔有一席之地。因此，窗口勢必比導線的截面積大許多才行。

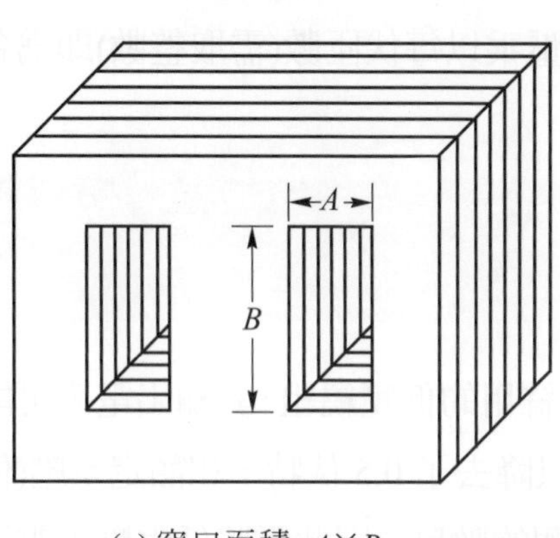

(a) 窗口面積=$A \times B$

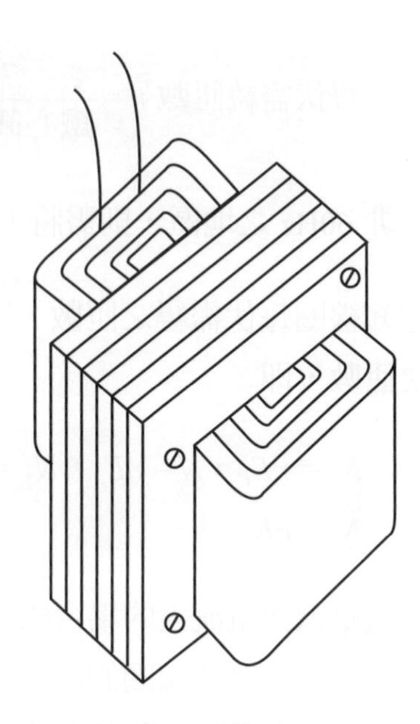
(b) 窗口面積=$A \times B$

圖 5-4-2

圖 5-4-3　各漆包線間有空隙存在

表 5-4-1　漆包線表(繞製變壓器適用)

線號 S.W.G.	容許電流 安培	線徑 mm	截面積 mm^2	線號 S.W.G.	容許電流 安培	線徑 mm	截面積 mm^2
1	60.0	7.620	45.600	22	0.523	0.7112	0.39370
2	50.8	7.010	38.600	23	0.384	0.6096	0.29190
3	42.3	6.401	32.180	24	0.323	0.5588	0.24520
4	35.9	5.893	27.270	25	0.267	0.5080	0.20270
5	30.0	5.585	22.770	26	0.216	0.4572	0.16420
6	24.6	4.877	18.680	27	0.179	0.4166	0.13630
7	20.7	4.470	15.700	28	0.146	0.3759	0.11100
8	17.1	4.064	12.970	29	0.123	0.3454	0.09372
9	13.8	3,658	10.520	30	0.103	0.3150	0.07791
10	11.0	3.251	8.302	31	0.090	0.2946	0.06818

表 5-4-1　漆包線表(繞製變壓器適用)(續)

線號 S.W.G.	容許電流 安培	線徑 mm	截面積 mm^2	線號 S.W.G.	容許電流 安培	線徑 mm	截面積 mm^2
11	9.0	2.946	6.818	32	0.078	0.2743	0.05913
12	7.2	2.642	5.481	33	0.067	0.2540	0.05067
13	5.7	2.337	4.289	34	0.056	0.2337	0.04289
14	4.3	2.032	3.243	35	0.047	0.2134	0.03575
15	3.6	1.829	2.627	36	0.039	0.1930	0.02927
16	2.7	1.626	2.075	37	0.031	0.1727	0.02343
17	2.1	1.422	1.589	38	0.024	0.1524	0.01824
18	1.5	1.219	1.167	39	0.018	0.1321	0.01370
19	1.1	1.016	0.811	40	0.015	0.1219	0.01167
20	0.87	0.915	0.657	41	0.013	0.1118	0.00981
21	0.68	0.813	0.519	42	0.011	0.1016	0.00811

導體的總截面積與窗口面積的比率，謂之窗口佔有率。繞製小型變壓器時，由於並不是每層都包上絕緣紙，而只在各組線圈間，隔以絕緣紙(例如 110V：6V 之變壓器，通常僅在 110V 的線圈全部繞完後包上一層絕緣紙就緊跟著繞 6V 的線圈，110V 的線圈中，每層間並未包以絕緣紙)，因此窗口佔有率採取 0.27 即可。由於

$$窗口佔有率=\frac{導體總截面積}{窗口面積}$$

因此所需之窗口面積以公式表之爲：

$$窗口面積=\frac{導體總截面積}{窗口面積}=\frac{N_1\theta_1+N_2\theta_2+N_3\theta_3+\cdots}{0.27}$$

式中　N_1　：第一組線圈之匝數

N_2　：第二組線圈之匝數

N_3　：第三組腰圈之匝數

⋮

θ_1　：第一組線圈所用漆包線之截面積

θ_2　：第二組線圈所用漆包線之截面積

θ_3　：第三組線圈所用漆包線之截面積

⋮

窗口面積 $a' \times b'$既已求得，當然 a'及 b'亦可得知。

鐵心最經濟的形式如圖 5-4-4。咋看之下，你可能會認爲 $2a \times b$ 就是(5-4-1)式所求得的截面積 A，其實不然，別忘了鐵心是由矽鋼片疊置而成的，而每一矽鋼片的表面上均經處理而形成一層絕緣膜(氧化膜或 Varnish 薄膜)，故實際上的截面積 A 僅約視在截面積 $2a \times b$ 的 0.9 倍，因此

$$2a \times b = \frac{A}{0.9}$$

上式中的係數 0.9 稱爲鐵心占有率，也就是實際上的截面積與由外觀上所見的視在截面積之比。

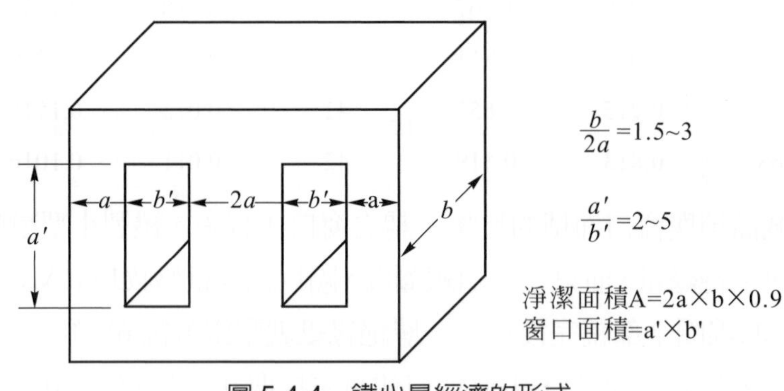

圖 5-4-4　鐵心最經濟的形式

5-4-2　小型電源變壓器重繞之設計

在許多場合，會遇到變壓器燒毀而需重繞，要繞製與原來相同規格者，只要照原來的線徑、匝數繞上即可。然而若要將這個鐵心設計成其他變壓比的變壓器以合需求，就得動手設計了。

一、鐵心截面積的決定

由於重繞時矽鋼鐵心是現成的，若利用(5-4-1)式去計算鐵心的截面積，白白地花費了寶貴的時間，豈不枉然。此時只需量出現成鐵心的視在截面積 $2a \times b$ (參照圖 5-4-4)，將其乘以 0.9 即得 A 值。(鐵心是由矽鋼片疊成的，因爲每片矽鋼片的兩面均有一甚薄之絕緣層，故全部的淨截面積僅約視在截面積的 90%你可否還記得？)

$$A = 2a \times b \times 0.9$$

二、線圈匝數的決定

將所得之淨截面積 A 代入下式即可求得各組線圈之匝數。即

$$N=\frac{7.5E}{A}\times\frac{60}{f}\text{ 匝}$$

N　：該組線圈之匝數，匝。
A　：鐵心之淨截面積，吋^2。
f　：電源頻率，赫 Hz。
E　：該組線圈之額定電壓，伏特。

三、漆包線線徑之決定

窗口面積雖然爲 $a'\times b'$ (見圖 5-4-4)，但是實際可容納導體的面積去口僅有 Q_C。

$$Q_C=a'\times b'\times 0.27\ \text{cm}^2$$

係數 0.27 是窗口佔有率。通常都認爲一次側的安匝數等於二次側的安匝數，故一次側的導線總截面積爲 $\frac{1}{2}Q_C$，二次側亦然，則

$$\theta_1=\frac{\frac{1}{2}Q_C}{N_1}\times 100\ \text{mm}^2$$

$$\theta_2=\frac{\frac{1}{2}Q_C}{N_2}\times 100\ \text{mm}^2$$

式中　θ_1　：初級圈漆包線截面積，mm^2。
N_1　：初級圈匝數，匝。
θ_2　：次級圈漆包終截面積，mm^2。
N_2　：次級圈匝數，匝。

自表 5-4-1 可查出 θ_1 及 θ_2 所對應的漆包線線號、線徑、可通過的安全電流值。

由上述當知鐵心既定，變壓器的最大容量(伏安數)也已被限制了。鐵心的截面積、窗口面積越小，變壓器的容量也越小。

例一

有一用於真空管收音機的輸出變壓器(6AQS 用，5k：4Ω)，其線圈已燒毀，今欲利用其鐵心改繞成一個 110V：6V 的小型電源變壓器，經量得其視在截面積為 $\frac{9}{16}$ 吋^2，窗口面積為 3 cm^2，試設計之。

解 (1) 鐵心之淨截面積為

$$A=\frac{9}{16}\times 0.9=0.5\ (\text{吋}^2)$$

(2) 一、二次側應繞圈數

$$N_1=\frac{7.5\times 110}{0.5}=1650\ (\text{匝})$$

$$N_2=\frac{7.5\times 6}{0.5}=90\ (\text{匝})$$

(3) 實際容納導線之窗口面積

$$Q_C=3\times 0.27=0.81\ (\text{cm}^2)$$

(4) 一、二次側導線截面積

$$\theta_1=\frac{\frac{1}{2}\times 0.81}{1650}\times 100=0.0246\ (\text{mm}^2)$$

$$\theta_2=\frac{\frac{1}{2}\times 0.81}{90}\times 100=0.45\ (\text{mm}^2)$$

(5) 漆包線的選用

$\theta_1=0.0246$ mm^2，由表查得應選用 36 號的漆包線

$\theta_2=0.45$ mm^2，由表查得應選用 22 號的漆包線

(6) 變壓器的規格

一次側以 SWG 36 號繞 1650 匝

二次側以 SWG 22 號繞 90 匝

此 110V：6V，二次側可供應 0.52 安培之電源變壓器，筆者繞製了一個，使用於電子控制回路中，還頗為好用哩。

5-4-3 輸出變壓器(OPT)之設計

本節所設計之輸出變壓器是專用於眞空管電路者。在裝置擴大機時，雖然有甚多市售品可購用，但此種變壓器乃供一般電路之用，特殊線路即無現貨可購，需由裝置者自行設計，而且在擴大機的修理中輸出變壓器常有斷線或燒毀的情形，原來的正確匝數往往無法數出，需由修理者根據線路設計，自行設計、繞製，故輸出變壓器之設計亦爲裝修擴大機者必備之知識。

電源變壓器常工作於特定的 60 Hz 或 50 Hz，且其電能得自電力公司的電力系統，內阻極小，輸出變壓器則不但要工作於全部音頻範圍，而且其電能來源的內阻爲眞空管的屏阻(高達數 kΩ 乃是常事)，因此其設計公式與電源變壓器之設計公式有頗多相異之處。

按照下列一～六步驟求得鐵心截面積、導線線徑之大小及所需之匝數後，在製作之前需詳閱七、八、九中的 三個要領。由於輸出變壓器關係到音質的好壞，千萬大意不得。

一、鐵心截面積之決定

$$A = 0.27 \times \sqrt{P} \text{ 平方吋}$$

A　：鐵心截面積，吋^2。

P　：輸出功率，瓦特。

遇到燒毀重繞之輸出變壓器，量其視在截面積，乘以鐵心佔有率 0.9 即得 A。

二、求初級圈兩端所承受之音頻電壓

$$V = \sqrt{P \times R_L} \text{ 伏特}$$

V　：音頻電壓，伏特。

R_L　：單管放大時爲功率管屏極負荷電阻。推挽放大時爲功率管的屏極至屏極負荷電阻，可由“眞空管特性手冊”查出。歐姆。

三、決定初級圈之匝數

$$\text{初級圈匝數} = \frac{7}{A} \text{ 匝}$$

四、決定次級圈之匝數

$$初次圈之匝數比=\sqrt{\frac{R_L}{揚聲器音圈總阻(歐姆)}}$$

$$次級圈匝數=\frac{初級圈匝數}{初次級圈之匝數比}匝$$

五、決定初級圈所用漆包線線徑之大小

1. 單管放大輸出或小電力輸出之擴音機：在“眞空管特性手冊”上找出功率管在無訊號輸入時之屏流，然後查表 5-4-1。
2. 推挽放大：甲類(又稱 A 類)或甲乙$_1$類(又稱 AB$_1$ 類)，照無訊號輸入時之屏流值六折計算。甲乙$_2$類(AB$_2$ 類)或乙類(B 類)放大，則以最大屏流與最小屏流之平均值爲準。然後查表 5-4-1。

六、決定次級圈所用漆包線線徑之大小

1. $次級圈電流輸出功率=\sqrt{\frac{輸出功率(瓦特)}{揚聲器音圈總阻(歐姆)}}安培$
2. 查表 5-4-1 找出所需之漆包線。

七、矽鋼片的疊置

1. 單管放大用輸出變壓器

單管的功率放大級爲 A 類放大(甲類放大)，其工作點運用於 E_g-I_p 特性曲線的直線部份之中點，輸出變壓器之初級圈經常有直流通過，因此鐵心之 E 型片與 I 型片需各置一側，其間留一小間隙，夾以絕緣紙，以防鐵心飽和。輸出功率小者，則可將分置於兩側之 E 型片和 I 型片靠在一起，其間不必夾以絕緣紙。

間隙之大小可由下式算出：

$$間隙= 0.000003 \times 初級圈匝數(吋)$$

2. 推挽放大用輸出變壓器

因爲在推挽放大器裡，兩個功率管的直流屏流，在輸出變壓器初級圈裡所產生之磁力線互相抵消，沒有磁通飽和的危機，所以可將矽鋼片交叉相疊成鐵心。

八、繞線的要領

1. 單管放大用輸出變壓器

先繞初級圈，等所繞之匝數爲初級圈應繞匝數之半時，繞上次級圈(若需數個中間抽頭以供配合揚聲器，需在繞製時一面抽出)，次級圈全繞完後，再將所剩的半數初級圈繞在次級圈上，如此，則次級圈好像三明治一樣被夾在初級圈中間，可使初次級間得到較完美的耦合。

2. 推挽放大用輸出變壓器

用在推挽放大器的輸出變壓器，初級圈需使用雙線並繞的方法，將兩組初級圈一起繞(每組線圈之安匝數各爲第 3 步驟所求得匝數之半)。它的好處不僅是圈數一致，磁感應量以及線間電容等各參數也一致，這對推挽輸出來說是很重要的。若不用雙線並繞法，成績便要大打折扣。

次級圈之繞法則與單管輸出變壓器一樣，夾於初級圈的中間。

線圈繞製完成後，如圖 5-4-5(a)、(b)將一組初級圈之線頭與另一組初級圈之線尾連接起來做中間抽頭 B，其餘兩個線端即爲 P，接屏極。

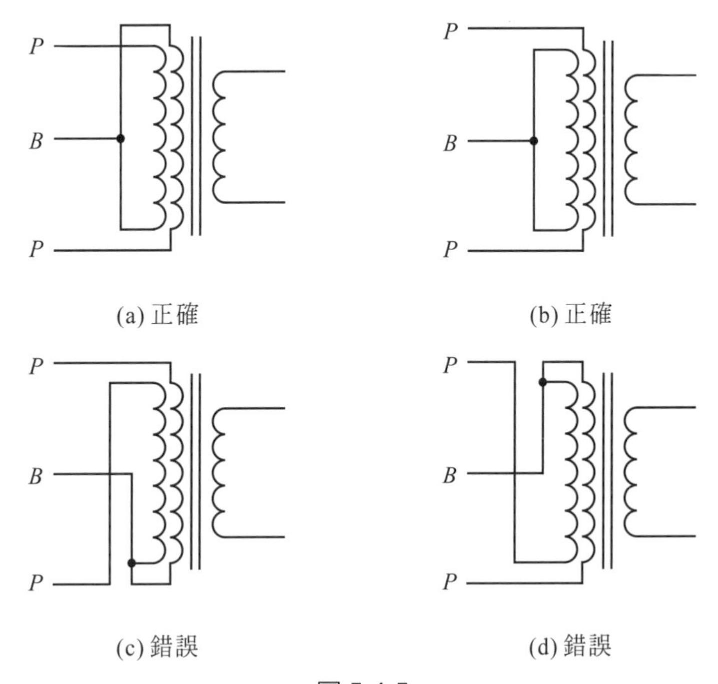

圖 5-4-5

注意！你若將兩組初級圈的線尾接在一起，如(c)圖，或把兩組初級圈的線頭接在一起如(d)圖所示做為 *B*，將是嚴重的錯誤。如比繞製成的推挽輸出變壓器，接於電路時，雖然兩功率管的放大工作正常，但流經變壓器初級圈之屏流所生之磁通，保持在相同方向，當有訊號輸入時，經推挽放大後在初級圈產生之訊號(磁力線)相互抵消，在次級上出現的將是嚴重失眞的訊號。

九、次級圈阻抗的標註

次級圈的終頭應標註 0Ω，線尾及各抽頭則各標上阻値。使用時將 0Ω 的一端接地，則初次級圈間等於加上一層靜電隔離，可使揚聲器之聲音更靜。

5-5 第五章實力測驗

1. 若將 1.5V 的乾電池 4 個串聯接於變壓器之 6V 線圈，然後在變壓器的 110V 線圈接上一個 110V 60W 的燈泡，是否能點亮燈泡？何故？
2. 試說明電焊槍和電烙鐵各有何優劣。
3. 有一山上人家，因處於配電線路之末端，故電源電壓甚低，僅有 70V，以致電視畫面縮小，無法觀看，日光燈亦無法使用。設消耗功率共爲 200VA，試代爲設計一變壓器將電壓提高至 110V。
4. 試述自動充電器之動作原理。

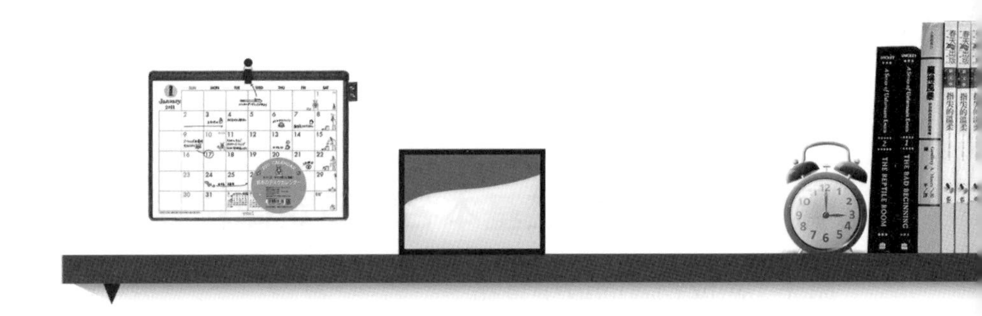

附錄

附錄一　電工基本名詞及定律釋要

附錄二　半導體元件的認識

附錄三　日光燈特性實驗

附錄四　電器常用符號

附錄一　電工基本名詞及定律釋要

原子：組成物質的最小質點。

原子核：原子的中心質點。

質子：組成原子的荷正電荷的最小質點。

電子：組成原子的荷負電荷的最小質點。

離子：失去或獲得電子的原子。

自由電子：被外力所迫而脫離自己的軌道，而向另一個一定的軌道運動的電子。

穩定電子：不容易被迫脫離自己的軌道，而牢固地保持在原來原子核周圍的電子。亦稱爲束縛電子。

電力：由電而作功的一種力量。

電荷：物質帶電的現象。

感應電荷：由感應作用而呈帶電的電荷。

電量：電荷的數量。

靜電感應：帶電體靠近不帶電體，使不帶電體亦感應而呈帶電的現象。

靜電：帶電體中不移動的電子。

電流：沿著導體移動的電子群。

電流密度：流經導體單位截面積中的電流。

直流電：方向固定，不變的電流。

交流電：方向、強度(大小)作週期性變化的電流。

脈動直流：方向一定而強度變更的電流。

週期：交流電經過一週 360 電工角度的時間。

頻率：交流在每秒鐘內的週期。

充電：使物體由電的效應而變爲帶電體的現象。

放電：帶電體失去其所帶的電之現象。

電動勢：使電流流動的勢能。亦簡稱電勢。

電位差：電路二點間電動勢能力大小之差。

電壓：電動勢勢能的壓力。亦稱爲電位。

端電壓：帶電元件兩端的電壓。

電壓降：電流通過電路，因克服阻力而降落的電壓。

單相交流：僅有一個交變的電流。

三相交流：三個頻率相同而彼此相隔 120°相角的單相交流規律性組合而成的電流。

開路：使電流中斷而不能流通的電路。亦稱爲斷路。

短路：電路中導體因故而互相接觸的故障現象。

網路：較複雜的電路。亦稱網絡。

電功率：電流在單位時間(每秒)內所做的功。

有功功率：交流電路內消耗在電阻部份的電功率。

無功功率：交流電路內因相位差而有部份電流往返在電路裡不作功的功率。

視在功率：交流電路中電壓與電流值的乘積。

功率因數：有功功率與視在功率的比值。

交流瞬時值：交流在一週中，任何瞬間的數值。

交流最大值：交流在一週中，各正負方向的最大時的數值。

交流有效值：與直流電有相同熱效應的交流電數值。亦稱均方根值。

越前：一現象比另一現象在時間上稍快的差異。

滯後：一現象比另一現象在時間上稍慢的差異。

電磁鐵：由電磁作用而呈磁性的物質。

勵磁：鋼鐵由電磁作用而磁化爲磁鐵的現象。

磁滯：電磁鐵的鋼蕊或鐵心的勵磁比磁化力滯後的現象。

電磁感應：導體和磁場彼此運動時，能使導體中感應產生電動勢的現象。

感應電流：由電磁感應所得的電流。

互感應：在二電路中，一個電路從另一個電路的變化磁場中感應產生電動勢或電流的現象。

自感應：導體因內部所流通電流的方向或強度之瞬間變化，而使導體本身感應產生電動勢的現象。

渦流：整塊導體和磁場彼此運動時，使整塊導體內產生漩渦狀感應電流的現象。

電抗：交流電路中除電阻以外的另一種阻止電流流通的阻力。

電容抗：交流電路中因電容作用而反抗電流流通的阻力。亦簡稱容抗。

電感抗：交流電路中因自感應的反電勢作用，而反抗電流流通的阻力。亦簡稱感抗。

電阻抗：電阻、容抗、感抗混合的總阻力。亦簡稱阻抗。

線圈：凡導體環繞成圈者均謂之線圈。線圈又稱爲線捲。

繞組：多數線圈的組合。

匝：導線繞成線圈時，每一圈謂之一匝。

負載：吸收功率，並將其變成另一種形式的能量之電路元件。

空載：電機沒有負載之謂。

滿載：達到電機的額定負載。

過載：超過電機的額定負載。

克希荷夫定律：(1) 克希荷夫電流定律：流入電路中任何一點的電流之和，總是等於由該點流出到電路中其他各部份的電流之和。

(2) 克希荷夫電壓定律：沿一定方向的閉合電路內，所有電動勢的和總是等於該電路內各電壓降的和。

楞次定律：在電磁感應中，應電流所生之磁力線恆反對產生此應電流的磁力線之變動。

附錄二　半導體元件的認識

由於本書中，有許多電路用到半導體元件，因此，筆者試圖在這少少的數頁附錄中，以最簡要的方法，讓初學的讀者對半導體元件有個認識。但願本附錄能不負所望。

一、二極體(diode)

二極體是一種兩根引線的零件，其線路符號如圖 1 所示，符號上的箭頭方向是代表電流容易通過的方向。由於在線路上所用的地方不同，它被冠以檢波二極體、整流子(整流二極體)、稽納二極體等種種不同的名稱。各種常見的二極體如圖 2 所示。外殼上的一圈環相當於線路符號上的一短劃；不過，在裝置電路前還是如圖 1-4-10 所示用三用電表測量一下較保險。

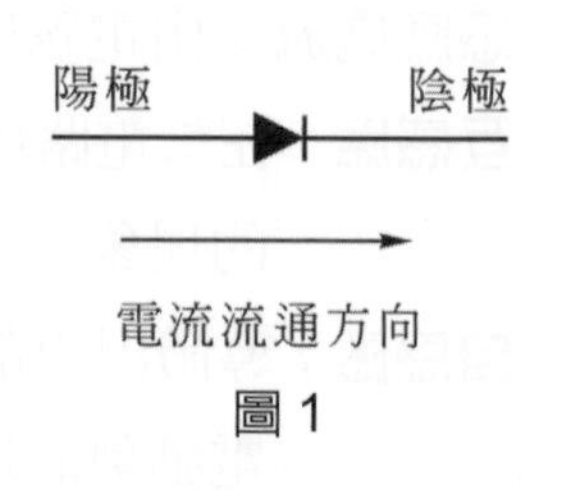

圖 1

二極體的主要特徵爲它具有“單向導電”的特性。即理想上，電流可以從二極管的一端流向另一端，卻不能由另一端以相反的方向流過來。但在實際上，電流是也可以從相反的方向流過來的，只是流動的程度非常微小，實用上可以忽略。這個反方向流通的微小電流，稱爲二極體的漏電電流。

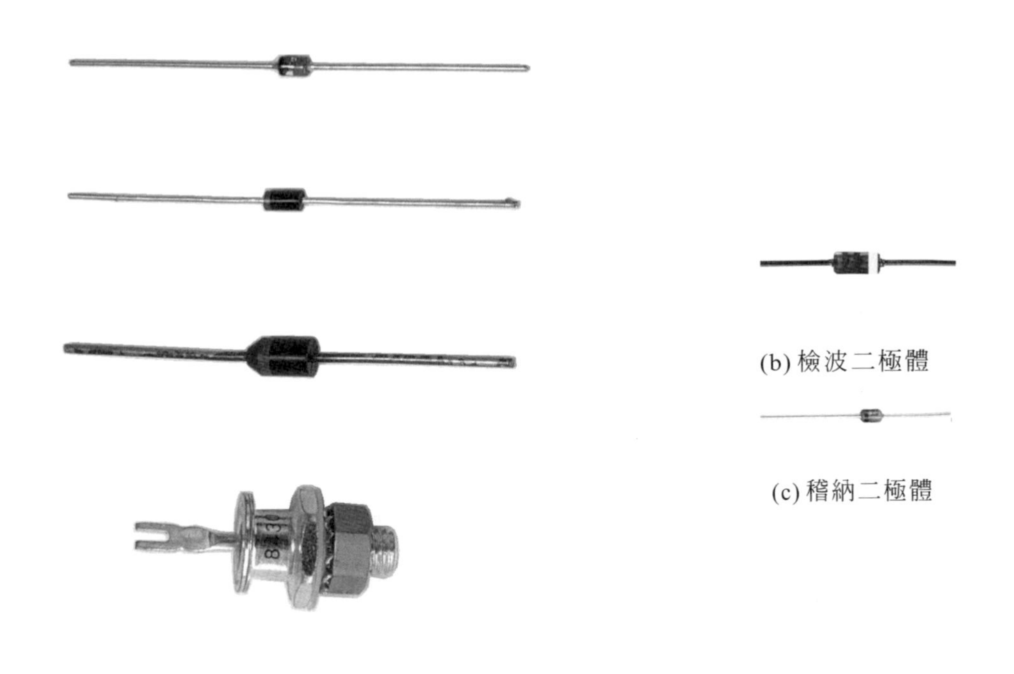

(b) 檢波二極體

(c) 稽納二極體

(a) 整流子(整流二極體)

圖 2　各種常見的二極體

將外加電壓之正極加於二極體的陽極，負極加於二極體的陰極，此時二極體可以導電而使電流流通，如圖 3(a) 所示，此種使二極呈現極低阻力而能讓電流通過的外加電壓方式，稱爲順向偏壓。若將外加電壓之正極接於二極體的陰極，而將負極接於二極體的陽極，二極體就不會導電，而阻止電流流通，如圖 3(b) 所示，此種使二極體的兩引線間呈現極高電阻的外加電壓方式，稱爲逆向偏壓。當二極體加上逆向偏壓時，由於阻力很大，電流無法通過，因此出現在二極體兩端的電壓(逆向電壓)幾乎等於外加電壓。若把這逆向電壓逐漸增加以達於某值，二極體就無法承受，而可能被破壞。二極體所能承受的峰值逆向電壓 PIV 值，便是在略低於這逆向擊穿電壓點上。故在使用一枚二極體時，一旦工作於超越其 PIV 值，二極體就有損毀的危險；這是必須加以避免的。

在選擇一枚二極體的代換時，最主要是考慮它“所能承受的最大正向電流及 PIV 值”。偏壓二極體的代換則需選用與原來同質料(矽或鍺)的偏壓二極管。

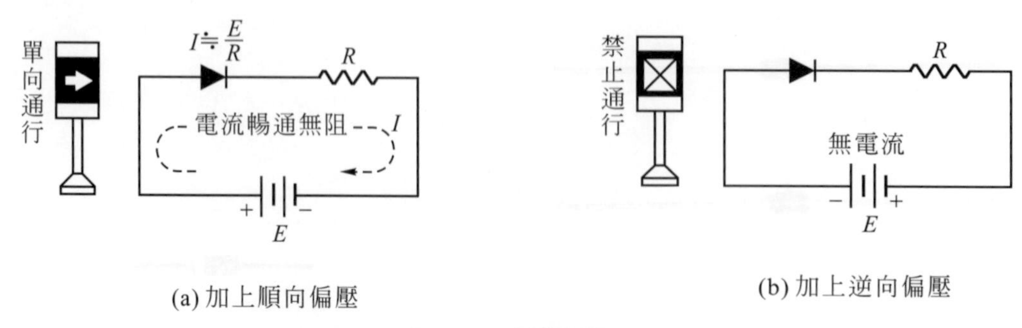

(a) 加上順向偏壓

(b) 加上逆向偏壓

圖 3　二極體偏壓

二、稽納二極體(Zener diode)

二極體處於逆向偏壓時，若電壓超過逆向峰值電壓則二極體將受到破壞，這是因爲二極體被迫從相反的方向通過大電流所致；在兩端的電位差既高之下又要通過大電流，二極體便得承受很大的功率，這大功率所產生的熱量便足以令二極體損毀。若能夠在擊穿電壓下限制通過二極體的電流，便能夠使二極體安全地工作於擊穿電壓。

我們再詳細地研究一下二極體的逆向特性。我們由圖 4 二極體特性曲線的第三象限可發現在達到崩潰電壓(擊穿電壓)以前，實際上可認爲二極體並無導流，但當電壓達到崩潰電壓後，每一微小的電壓增量就產生非常大的電流增量。在實際上當電壓超過崩潰電壓後，就認爲二極體兩端的電壓保持於一定了(等於擊穿電壓的電壓值)。特別設計來專門加上逆向偏壓使用，以作爲穩壓作用之二極體，稱爲稽納二極體 Zener diode 或穩壓二極體。較常見的 Zener diode 如圖 5(a)所示，外形與整流子相似，其線路符號如圖 5(c)。

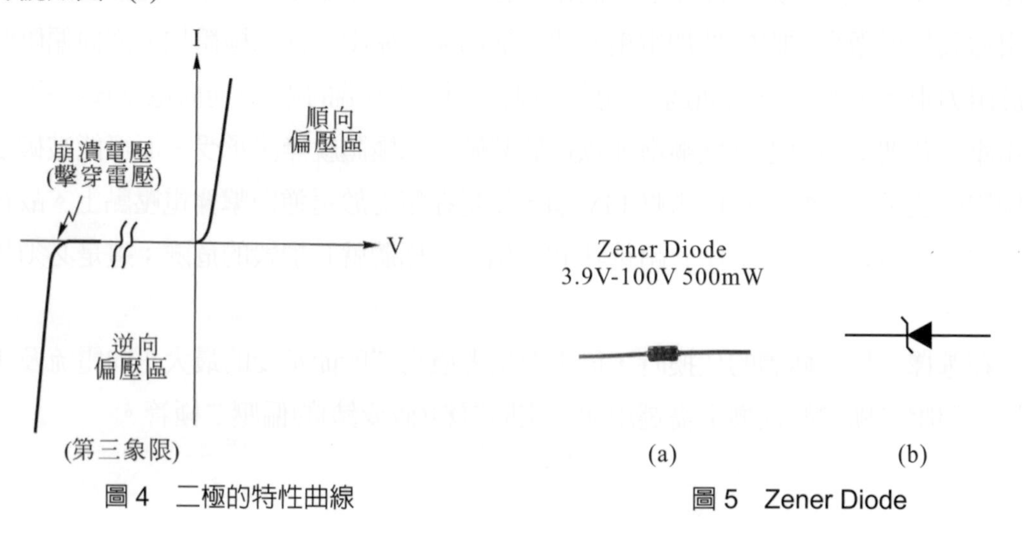

圖 4　二極的特性曲線

圖 5　Zener Diode

二極體的崩潰電壓，在製造上可以隨意控制，故 Zener diode 的崩潰電壓 V_z 從數伏特以至上百伏特都是有的。Zener diode 一般上有起電壓穩定及作爲取得一個參考電壓源，兩種作用。

在線路上或特性表上所註明的數據，除了標稱稽納電壓(Zener diode 的崩潰電壓稱爲稽納電壓)V_z 外，還有它所能承受的最大功率 P_z。從這兩項數據，我們可以知道稽納二極體所能容許通過的最大電流 I_z，因：$P_z = I_z \times V_z$ 故而，一枚 10V 500mW 的 Zener diode，它的最大稽納電流是 50 mA。(在實際上，我們爲使 Zener diode 能很安全的工作，都使其工作在 $0.8I_z$ 以內)。

當使用 Zener diode 做穩壓作用時，通常都串聯一枚降壓電阻後才接至電源，如圖 6 所示。(電源電壓需高於 Zener diode 的崩潰雷壓 V_z)。

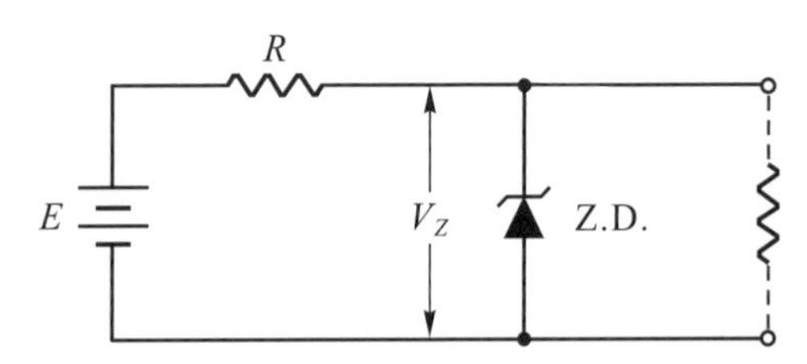

圖 6　稽納二極體的基本應用(E 必須大於 V_Z 始能起穩壓作用)

三、電晶體(Transistor)

一般所稱之“電晶體”，嚴格的來講，應該稱爲“雙極電晶體”才正確。電晶體主要可分爲 *PNP* 與 *NPN* 兩類。採用 *PNP* 的線路通常是正極接地，採用 *NPN* 的線路則大部份是負極接地。舊式的電晶體幾乎全部是鍺質的，但目前，爲了穩定性、低洩漏電流等優點，已大部份採用了矽質電晶體。

電晶體共有三根引線，其中一爲基極(Base，簡寫爲 *B* 極)，一爲集極(Collector，簡寫爲 *C* 極)，另一爲射極(Emitter，簡寫爲 *E* 極)。*PNP* 型電晶體的線路符號及各電極上的電壓極性如圖 7(a)所示。集極上所以要用兩個負號來示出，是表示它較基極還負，而基極已經是較射極略爲負。*NPN* 電晶體的工作是完全相同的，只是各電極上的電壓極性完全與 *PNP* 相反，如圖 7(b)；在線路符號中，唯一用以區別是 *PNP* 或 *NPN* 者，爲射極箭頭的方向，箭頭向外者爲 *NPN*，箭頭向裡者爲 *PNP*。

要使電晶體能順利工作，必須在基極和射極間施以順向偏壓，同時在基極與集極間加上逆向偏壓，如圖 8 所示。

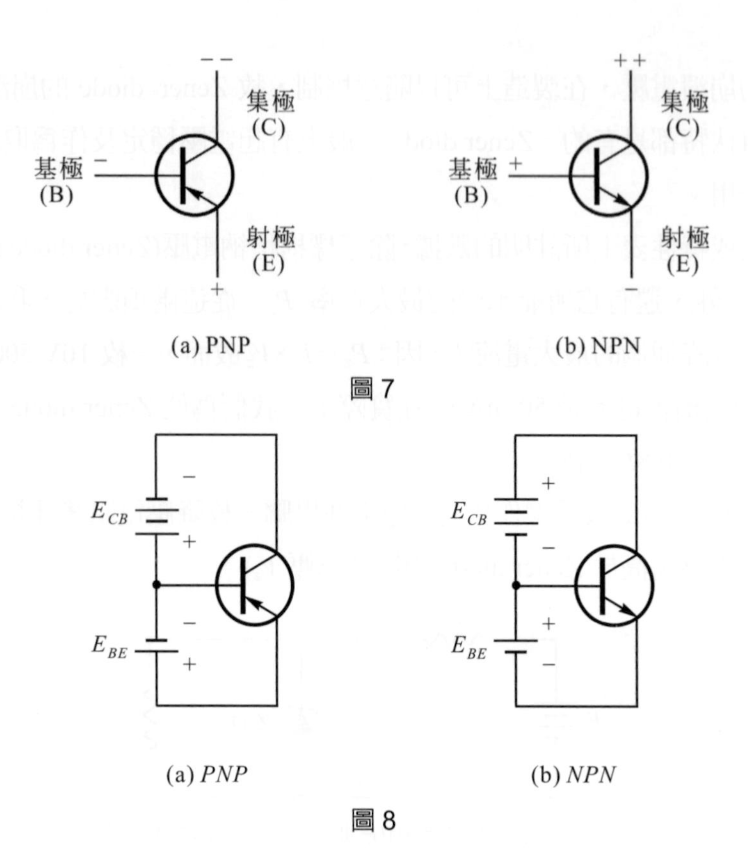

(a) PNP (b) NPN

圖 7

(a) *PNP* (b) *NPN*

圖 8

然而在實際運用上，都只使用一組電源，而利用電阻取得適當的分壓(某些特殊電路會出現使用兩組電源的情形)；圖 9 即為最基本的電晶體電路。在此回路中，當流有基極電流 I_B 時，將有與 I_B 成正比例的集極電流 I_C 流通，I_C 與 I_B 之比稱為(共射極)電流放大率，以 h_{FE} 或 β 表之，即

$$I_C = \beta \times I_B \tag{1}$$

β 的數值在一般的情形下，約為數 10 以致數 100。

I_E 稱為射極電流，三種電流間之關係為

$$I_E = I_B + I_C，I_C = I_E - I_B \tag{2}$$

由(1)式我們可看出，I_C 僅受 I_B 控制，且為 I_B 之 β 倍，I_B 愈大則 I_C 亦愈大。在 $I_E =$ 0 的情況下，我們稱電晶體處於“截止”狀態下。在 $\beta I_B \geq \frac{V_{CC}}{R_C}$ 的情況下，I_C 將因為

R_C的關係無法再隨 I_B 之增大而增大(由於 R_C 的存在，I_C 最大只能等於 $\frac{V_{CC}}{R_C}$)，此時，我們稱電晶體處於"飽和"狀態。飽和時，電晶體集－射間之壓降極低。

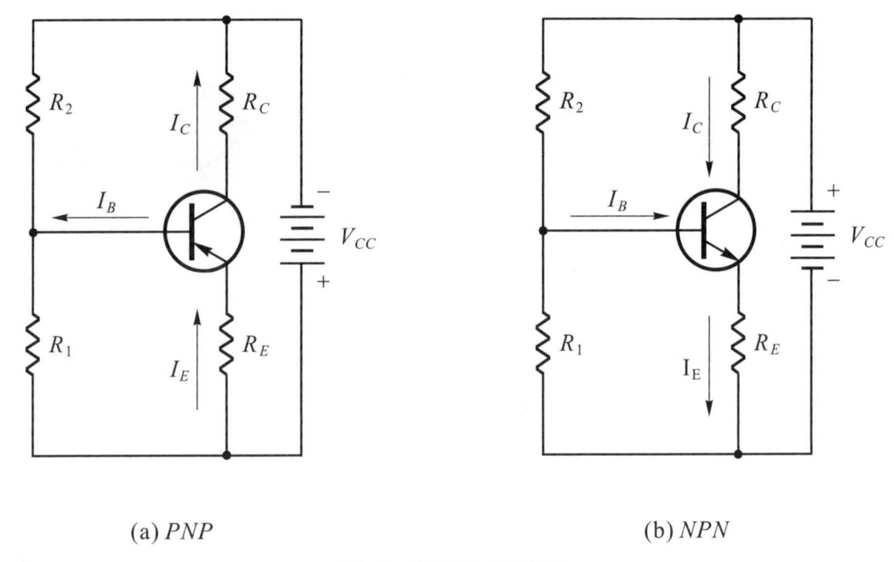

圖 9　電晶體電路圖

電晶體放大電路常用之各極間電壓符號表示如下：

V_{CC}：電源電壓。

V_{CE}：C 極與 E 極間電壓。

V_{BE}：B 極與 E 極間電壓。亦稱爲電晶體的"偏壓"。

V_B：基極對地間之電壓。亦以 V_{BG} 表之。

V_E：射極對地間之電壓。亦以 V_{EG} 表之。

V_C：集極對地間之電壓。亦以 V_{CG} 表之。

在正常的情況下，電晶體的順向偏壓 V_{BE} 必須大於某一定值才會導電，以鍺質電晶體來說，約 0.2V，矽質電晶體則約爲 0.7V。

電晶體的外形是多樣化的，圖 10 只顯示了一些較爲常見的電晶體外形。我們不可能把每一種外形的三根引線到底哪根才是 E？B？或 C？牢牢記住，但在使用一枚電晶體製作電路時，最要緊的卻是先弄清楚哪根引線是 E，哪根引線是 B，哪根引線是 C，這豈不是……？不要緊的，回頭看看圖 1-4-12 的說明，它能使你輕鬆愉快的分辨出每根引線到底是哪一極。

不同編號的電晶體，要作準確的代換，最好參考專門爲此而編的“晶體管代換手冊”。在一般的換用上，應考慮到最大集極電流、最大集射間電壓 V_{CEO}、最大功率耗散 P_D 及 h_{FE} 等幾方面。高頻電路則尙需考慮電晶體的頻率響應 f_T。

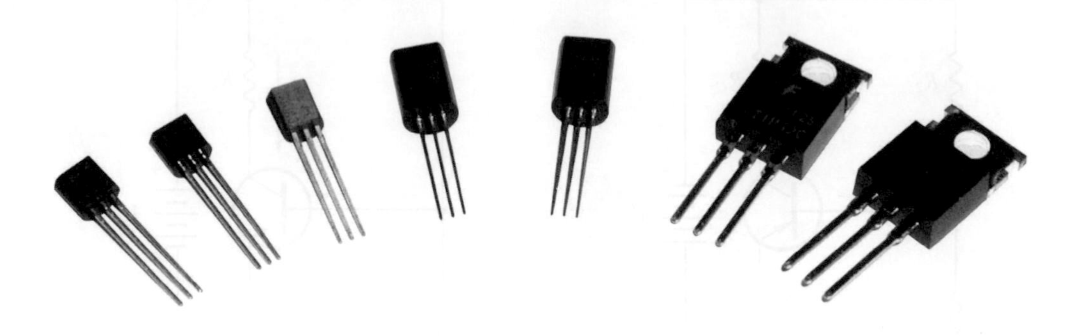

圖 10 電晶體外觀圖

四、直流矽控管(SCR)

SCR 乃 Silicon Controlled Rectifier 之簡稱，故亦稱爲矽控整流器。SCR 是一種高效率的電力控制元件，若正確的使用，其特性幾乎不會發生變化，而可半永久使用，因此，在半導體元件中佔有重要的地位。詳細研究 SCR 的特性，將有助於我們探討工業控制元件的另一隻黑馬——TRIAC。

SCR 的外形及符號如圖 11 所示。SCR 這東西主要是用來作爲一只半導體開關，以控制到達負載去的電壓。SCR 除了與二極體同樣有陽極(*A*)及陰極(*K*)外，尙有第三根引線——閘極(*G*)。

現在我們先儘量以圖解的方式來說明 SCR 的基本特性，稍後再談一些使用上的實用知識。

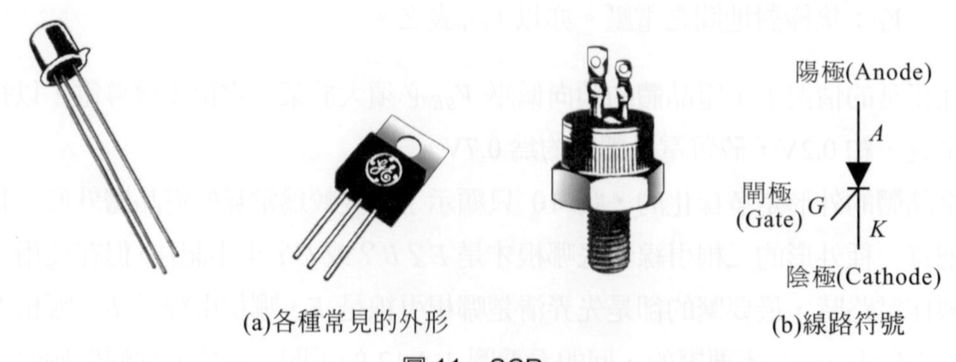

(a)各種常見的外形 (b)線路符號

圖 11 SCR

普通二極體在順向偏壓下(陽極比陰極的電位還正)即可導通，但 SCR 在順向偏壓下，導不導電還得看閘極的臉色，如圖 12 所示。I_G是使 SCR 導電之閘極電流，通常稱之爲觸發電流。在 SCR 加上 I_G，我們即說 SCR 受到”觸發”(trigger)。

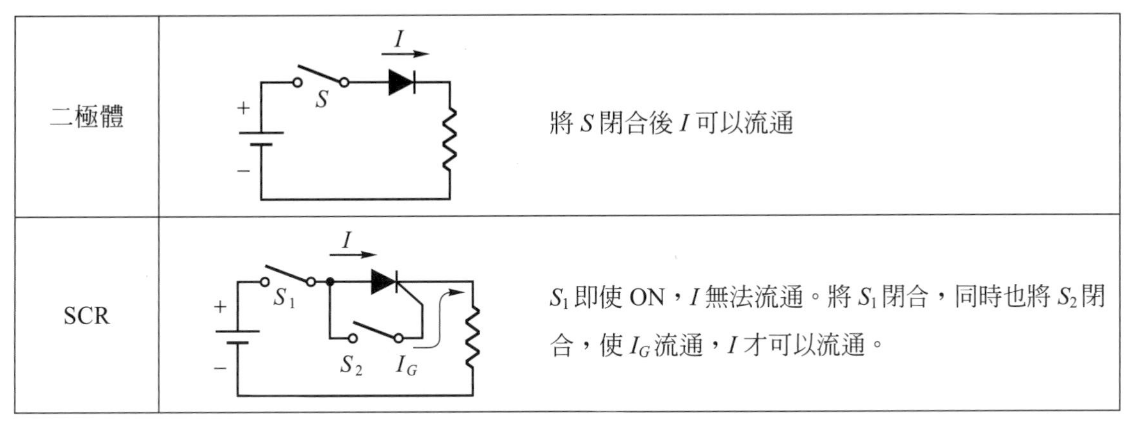

二極體		將 S 閉合後 I 可以流通
SCR		S_1 即使 ON，I 無法流通。將 S_1 閉合，同時也將 S_2 閉合，使 I_G 流通，I 才可以流通。

圖 12　二極體與 SCR 的比較

圖 13 所示爲 SCR 使用於直流電源時之基本動作。圖 14 則爲 A-K 間加逆向電壓時之動作情形，此時無論閘極是否加上 I_G，SCR 均不導通；SCR 在使用上應避免此種情況之出現。

由圖 13 之說明，顯而易見的，SCR 使用於直流電源時，閘極只具有使其開始導通的能力，但是沒有令其不導電的能力，SCR 導通後便會一直維持著導通狀態，欲使其恢復斷路(turn off)狀態，則需設法使通過 SCR 的電流降至零(嚴格的說法應是降至“保持電流”以下)，其方法不外下列三種：

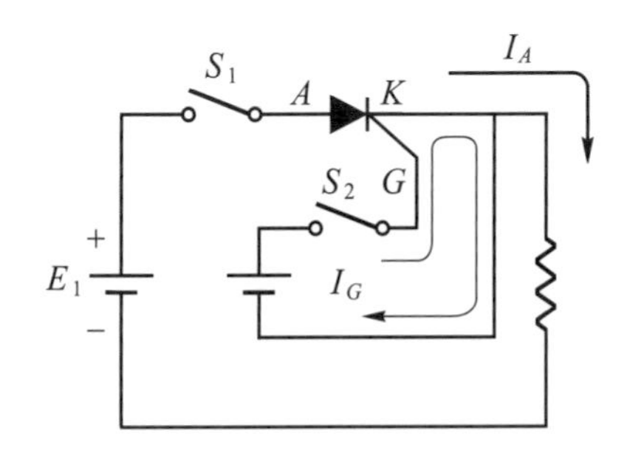

1. 將 S_1 閉合 I_A 也無法流動。
2. 再將 S_2 閉合，使 I_G 流動時，I_A 才開始流動。
3. 此時若將 S_2 OFF 使 I_G 停止流動，但 I_A 還是繼續流著。
4. 將 S_1 OFF，則 I_A 停止流動。
5. 再將 S_1 閉合時 I_A 還是停止不流動。
6. 再將 S_2 ON 時與 2～5 同。

圖 13　SCR 之直流基本動作

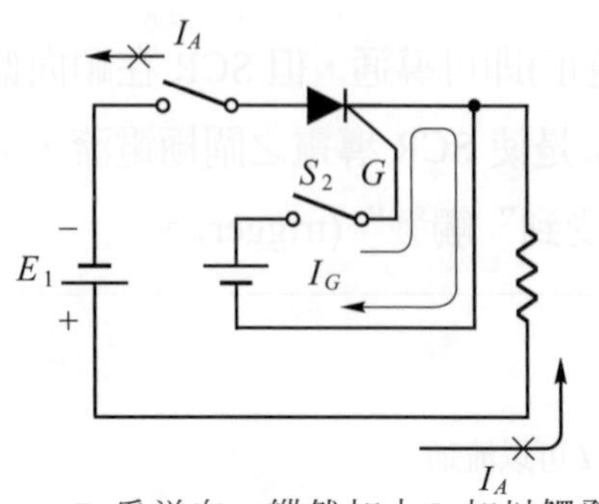

E_1為逆向，縱然加上I_G加以觸發也無法使I_A流動。

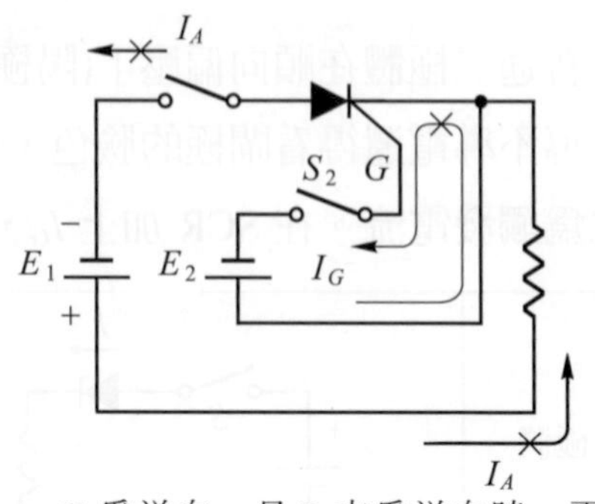

E_1為逆向，且E_2亦為逆向時，更別想I_A會流動了。

圖 14　SCR 加上逆向偏壓之情況(但 E_1 小於 SCR 之逆向耐壓)

1. 切斷電源，使其無工作電壓。
2. 將陽極與陰極短路，使陽極與陰極間無電位差存在。
3. 在陽極(A)與陰極(K)間加上逆向電壓。

當 SCR 使用於交流電源時，交流電壓是一週內正負變換一次，順向電壓時，將 SCR 觸發使其導通，逆向時，它自己又可以斷路，因此 SCR 使用於交流電源時最易加以控制。

SCR 的特性曲線如圖 15 所示。

圖 15 告訴我們很多事實：

1. 在 SCR 的陽極比陰極電壓正(高)的情況下(稱為順向偏壓或正向偏壓)，閘極加上觸發電流便可使 SCR 導通，而且，I_G愈大，則 SCR 發生轉態(Break over)而導通所需的電壓 V_{AK}便愈低。亦即，適度的加大 I_G可使 SCR 易於導通。
2. 在正向偏壓區，即使不加以觸發($I_G = 0$)，只要所加的電壓超過順向阻止電壓，則 SCR 亦會發生轉態而進入導電狀態。但這是不正確的使用法，需避免之。
3. SCR 導通後，其內阻甚小，壓降很低，I_A之值僅由外加負載限制。(SCR 導通後，其特性與二極體相似，可參閱圖 3(a))。
4. 只要 SCR 通過的電流小於“保持電流”I_H，SCR 將轉變為斷路狀態。
5. 所加逆向電壓低於逆向耐壓時，通過 SCR 的逆向電流甚小，不過，一旦所加的逆向電壓超過 SCR 的逆向耐壓而未將通過 SCR 的逆向電流限制於極低值，則 SCR 將立即損壞。使用時不可不慎。

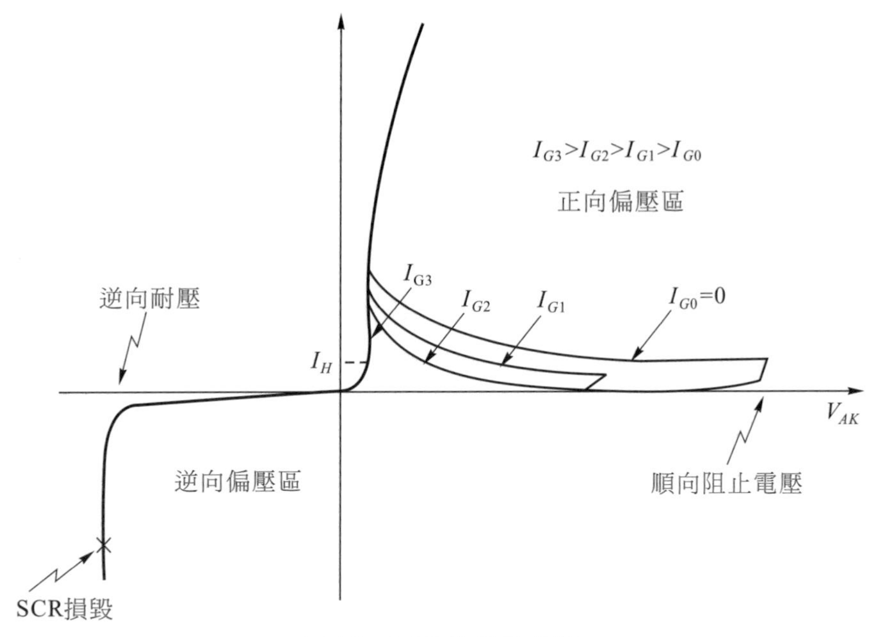

圖 15　SCR 的特性曲線

在應用 SCR 裝製電路時，首要之務爲找出各引線爲何極(A？K？G？)，進而判斷其好壞，圖 16 及圖 17 將對你有甚大的幫助，願你珍惜之。

圖 16 爲本省最常見也最易購得的 SCR 之外型，何腳爲 A？何腳爲 K？哪根引線是 G？請初學者牢記之。

1. 右邊缺一角處爲 SCR 之閘極 G。
2. 此型爲 1～4A 級 SCR 之封裝。

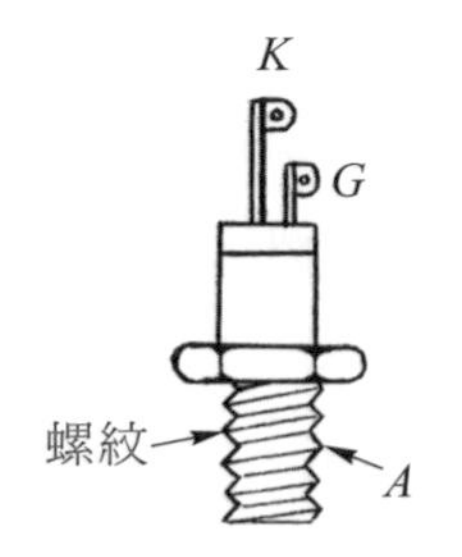

螺柱型爲數 A 以上之標準型，因有螺紋，故可直接固定於散熱板，而無需藉助於其他螺絲。

圖 16　常見 SCR 之外型

現將圖 17 說明如下：

1. 將三用電表置於 $R\times1$ 檔，使用紅棒接 A，黑棒接 K(不要忘了，在圖 1-4-7，你已學得的“紅棒恰爲三用電表內乾電池之負極，黑棒則爲三用電表內乾電池之正極”。)，恰爲逆向連接，電阻應爲無限大。
2. 紅棒接 K，黑棒接 A，此時雖爲順向，但閘極 G 未受觸發，電阻亦應爲無限大。
3. 黑棒接 G，紅棒接 K，則 GK 爲順向，電阻應甚小(60Ω 以內)。
4. 紅棒接 G，黑棒接 K，此時 GK 間爲逆向電阻應較 3. 所測得者大很多(大容量之 SCR)或無限大(小容量之 SCR)。

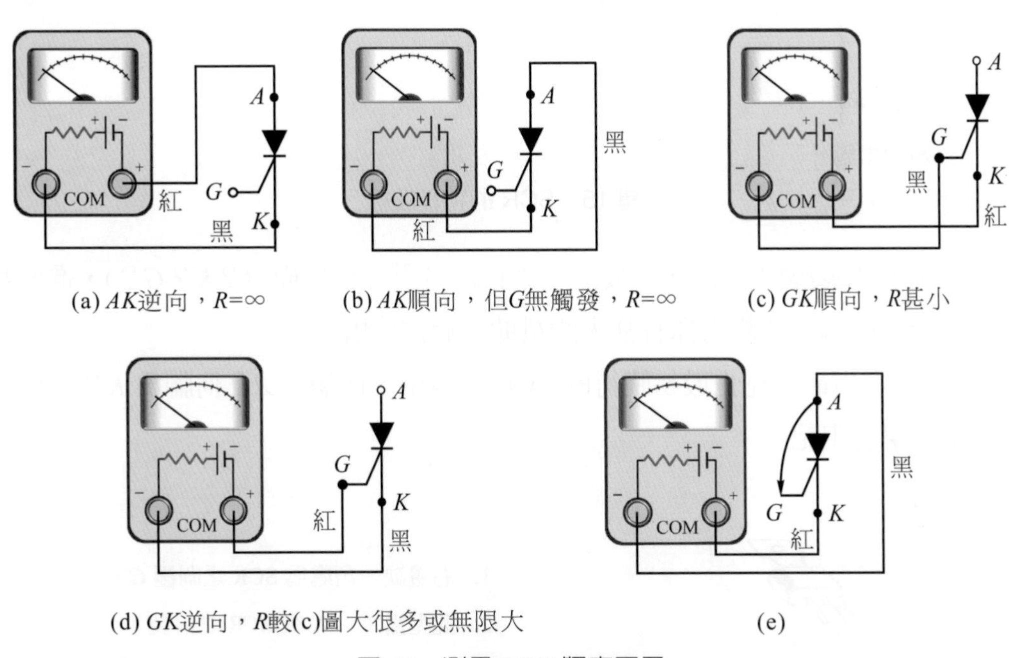

圖 17 測量 SCR 順序圖示

5 將三用電表置於 $R\times1$ 檔，黑棒接 A，紅棒接 K(此時 AK 間爲順向)，並用一導線將 A 及 G 相觸後，電阻應由無限大降至 20Ω 左右，即刻將導線移去，因這時 SCR 已導電，故電阻應保持在該値。此時若將紅或黑測棒移去一枝，再行接觸，則 AK 間之電阻應回復至無限大。所測 SCR 如經上述步驟測試，均過關，表示該 SCR 爲良品。若將 AG 接觸後電阻變小，但 G 之導線移去後，電阻又回到無限大，此乃因該 SCR 之保持電流 I_H 比三用電表內所能供給之電流爲大，並非表示該 SCR 已不堪使用。

SCR 良否之判定法已如上述。現在讓我們來認識一下，SCR 在實用上所必須具備之基本知識：

1. 不可將 SCR 使用於超過順向阻止電壓之電路中。
2. 所加逆向電壓若超過 SCR 的“逆向耐壓”將使 SCR 損毀，即使是瞬間而已也不可以，千萬要小心。
3. SCR 一經導通後，其 AK 間之壓降雖然僅 1～2V，但此 1～2V 之壓降與 I_A(通過 SCR 之電流)之乘積，將使 SCR 產生不小的熱量，因此，1A 以上之 SCR 必須安裝散熱片方可使用(SCR 如果不使用散熱片，則其使用範圍可能連額定電流的 $\frac{1}{10}$ 也無法達到，如果充分地考慮其散熱方法，往往可以使用到額定電流。)。
   散熱片之大小可參照下表使用之(以使用 1.6～2mm 厚之鋁板爲例)：

SCR 之額定電流	散熱片之大小
1～3A	5cm 見方以上
5A	7～10cm 見方以上
10A	10～15cm 見方以上

4. 使用散熱片時，大部份 SCR 之陽極均與外殼連接著，如果不予絕緣的話，則散熱片將加有陽極電壓(即電源電壓)，所以散熱片應與地線絕緣，同時應小心以免受到電擊。
5. 有些人在試行運用裝置好的電路時，往往怕 SCR 損壞，而僅加以極輕的負荷試行運轉，但是 SCR 裝置在輕負荷狀態下運用，動作便不會正常，以致不知道毛病出在哪裡？於此，懇切的希望讀者不要忘了“在極度輕負荷狀態下，SCR 是無法正常動作的”(SCR 有規定的保持電流值，小於此值之小電流不能保持其導通。)。
6. 通常觸發電流只要達到主電流 I_A 的 $\frac{1}{1000}$ 即可使 SCR 導通。閘極爲 SCR 最脆弱的部份，故觸發時必須注意其電力程度；SCR 閘極所加之電壓 V_{GK} 必須高於 0.5V，但 V_{GK} 最大不可超過 5V。

五、交流矽控管(TRIAC)

圖 18 所示爲 TRIAC 之基礎圖，其作用相當於兩個 SCR 互相逆向並聯。使用方法與 SCR 大致相同。

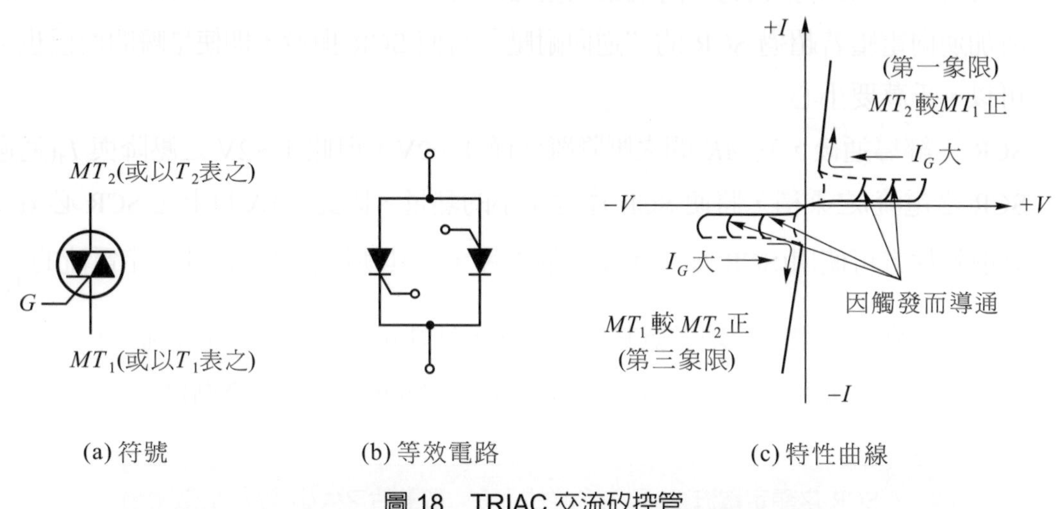

(a) 符號　(b) 等效電路　(c) 特性曲線

圖 18　TRIAC 交流矽控管

最近，工業界正朝著家庭電器用品半導體化邁進，舉凡電扇、果汁機、電動工具等，均廣泛地使用半導體開關元件，而在廉價的前提下，TRIAC 之受注目是顯而易見的。

TRIAC 在交流正負兩半週內均可控制而使其導通，因此沒有特定之陽極，而將三個電極分極分別稱爲第一陽極(MT_1)、第二陽極(MT_2)及閘極(G)，TRIAC 與 SCR 不同的是閘極信號，不論是正或負，都可使 TRIAC 受到觸發。當 MT_2 爲正，MT_1 爲負，而閘極信號不論是較 MT_1 爲正或負，均可使截止之 TRIAC 觸發而導通。同時，當 MT_2 爲負，MT_2 爲正時，閘極信號不論是較 MT_1 爲正或負時亦可使截止之 TRIAC 觸發而導通。故其運用情況有四種。

TRIAC 之特性有如兩個 SCR“頭與腳，腳與頭”並聯在一起。雖然在某些場合，也將兩個 SCR 組成交流之應用，但不及 TRIAC 之使用來的乾淨俐落。

圖 18(c)爲 TRIAC 之特性曲線，由於 TRIAC 在交流之正負半週均可控制其導電，故其 V-I 特性曲線在第一及第三象限。

假若在閘極上之觸發信號給於適當的相位控制，則可控制 TRIAC 之導通角，進而控制負載電流、功率之大小。TRIAC 於調光、調速等各方面的應用，你都將在本書中見到。至於 TRIAC 之良否判斷法，及常見的 TRIAC 外形實體圖、各接腳間之關係，則請見圖 1-4-16 之說明。

六、觸發二極體(DIAC)

DIAC 爲一種具有兩根引線的交流開關，用以產生脈波，觸發 SCR、TRIAC、SSS 等。圖 19(a)爲其符號，(b)爲其 *V-I* 特性曲線，(c)則爲其最基本的應用電路。

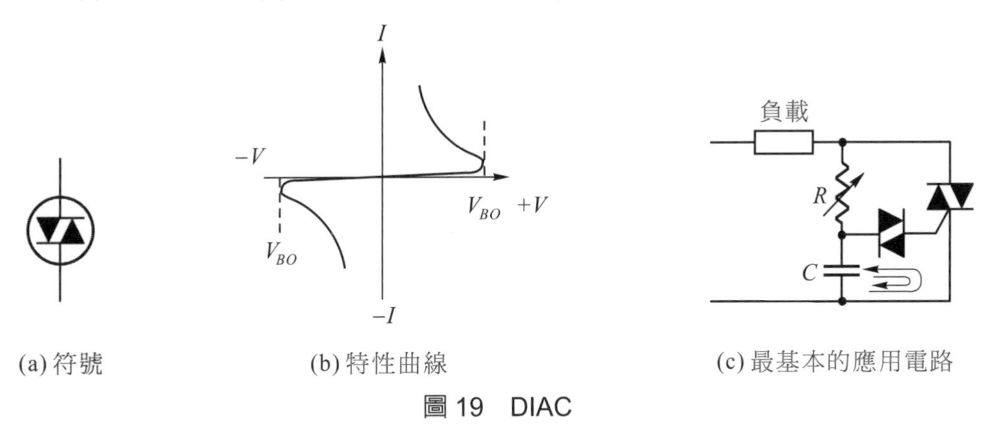

(a) 符號　　(b) 特性曲線　　(c) 最基本的應用電路

圖 19　DIAC

DIAC 之外表看似普通二極體(見圖 20)，但其內部本質卻似電晶體的構造，只是基極不予接出而已(因此之故，美國 G.E.公司以未畫出基極的電晶體符號　　表示 DIAC)。其兩端之電壓在轉態電壓 V_{BO} 以上時(不論哪端較正)便馬上急劇導通，兩引線間成爲幾乎短路的狀態。價廉及線路簡單爲 DIAC 的最大優點。由於 DIAC 是雙方向皆能導通的半導體元件，最適用於交流電路，因此被廣泛地應用在與 TRIAC 組合的電路中。

圖 20　DIAC 的外形與普通二極體相似

最常用的 DIAC 有 DB-3 和 MPT-28，其轉態電壓約在 30V 左右。

附錄三　日光燈特性實驗

本書 3-6 節中已詳述了日光燈的構造、動作原理、特性及其故障檢修。然而要對日光燈的特性有更深入的認識並且永誌不忘，則有賴讀者親自動手作實驗。本實驗即針對此目的而設的，相信能使您在此方面有所收獲。

20W 日光燈之特性實驗

一、材料

1. 閘刀開關(雙刀單投)×1
2. 20W 日光燈用安定器×1

3. 20W 日光燈管×1
4. 起動器：1P 或 2P×1
   4P ×1
5. 交流電壓表(AC 150V) ×1
6. 自耦變壓器 110V：0～130V×1
7. 三用電表×1

二、線路圖

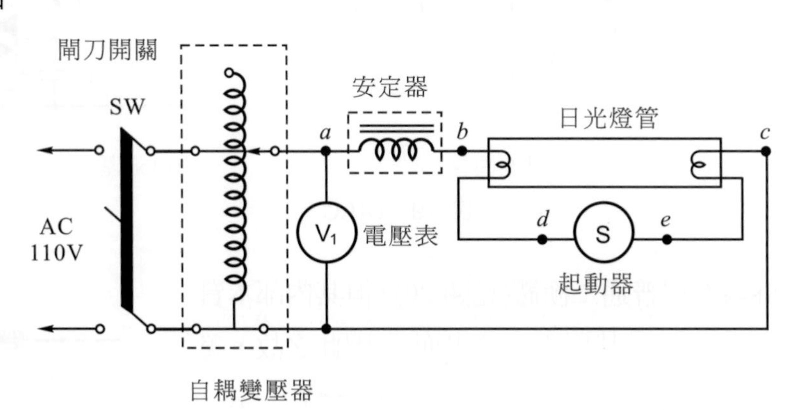

三、實驗步驟

1. 照圖接線。起動器使用 1P 或 2P 者。
2. 將自耦變壓器逆時針旋轉到底。
3. 把 SW 閉合。
4. 旋動自耦變壓器，使電壓表 V_1 之指示值慢慢升高，直至日光燈起動發亮。
5. 記下此時之電壓表指示值。V_1 = ________ V。此電壓即爲 20W 日光燈的起動電壓。
6. 旋動自耦變壓器使 $V_1 = 110V$。
7. 用三用電表量取燈管兩端之電壓 V_{bc}，V_{bc} = ________ V。並用三用電表量取安定器兩端之電壓 V_{ab}，V_{ab} = ________ V。
8. 打開閘刀開關 SW。
9. 將起動器換用 4P 者。
10. 把 SW 閉合。
11. 有何現象發生？

12. 取掉 4P 的起動器，以三用電表量 V_{de}，V_{de} = ________ V。然後以一條兩端剝皮的絕緣導線將 *d-e* 兩點短時間(約 3 秒)短路，注意燈管有何現象產生。拿掉該導線使 *d-e* 間回復斷路狀態，此時有何現象發生？
13. 慢慢旋動自耦變壓器，使 V_1 降低，直至日光燈熄滅。此時之 V_1 = ________ V。此電壓即爲 20W 日光燈之消燈電壓。
14. 您若有興趣的話，可仿以上步驟作 10W 日光燈之特性實驗。
15. 結束本實驗，練習作下列的問題。它能幫助您抓住重點。只要您已細心的作完本實驗，則這些問題絕對難不倒您。

四、問題

1. 當電源電壓低於幾伏特時，日光燈即無法起動發亮？
2. 日光燈起動後，爲什麼起動器不會不斷地動作？
3. 日光燈在使用時爲什麼安定器會發燙？
4. 若把 20W 的日光燈錯用 4P 的起動器，有何結果發生？
5. 在檢修日光燈時，若您懷疑起動器故障，則您如何判斷之？

40W 日光燈之特性實驗

一、材料

1. 40W 日光燈用安定器×1
2. 40W 日光燈管×1
3. 起動器：1P 或 2P×1

   4P ×1
4. 自耦變壓器 110V：0～130V ×1
5. 交流電壓表(AC 150V) ×1
6. 三用電表 ×1
7. 閘刀開關(雙刀單投) ×1

二、線路圖

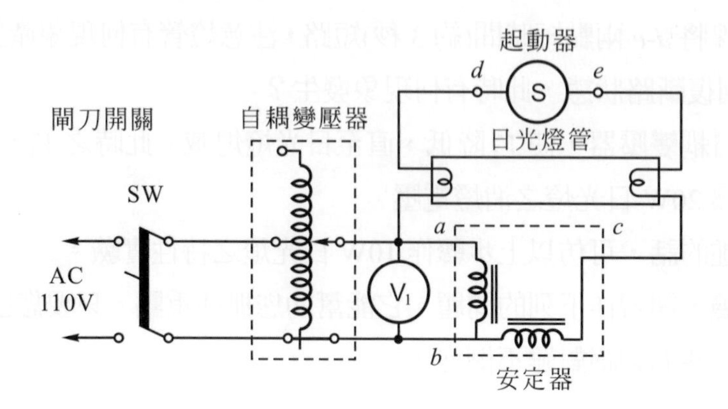

三、實驗步驟

1. 照圖接線。起動器使用 4P 者。
2. 將自耦變壓器逆時針旋轉到底。
3. 把閘刀開關 SW 閉合。
4. 旋轉自耦變壓器，使電壓表 V_1 之指示值慢慢升高，直至日光燈起動發亮。
5. 記下此時之電壓表指示值。V_1 = ________ V。此電壓即爲 40W 日光燈的起動電壓。
6. 慢慢旋動自耦變壓器使 V_1 緩慢上升至 110V。在此過程中燈管的亮度有何變化？
7. 慢慢旋動自耦變壓器，使 V_1 降低，直至日光燈熄滅。此時之 V_1 = ________ V。此電壓即爲 40W 日光燈之消燈電壓。
8. 打開 SW。
9. 取掉起動器。
10. 閉合 SW，並將 V_1 提高至 110V，然後量取安定器各線間電壓。

    V_{ab} = ________ V，V_{bc} = ________ V，V_{ac} = ________ V。
11. 裝上 4P 的起動器使日光燈起動發亮。量取此時安定器各線間之電壓。

    V_{ab} = ________ V，V_{bc} = ________ V，V_{ac} = ________ V。
12. 打開 SW，並取掉起動器。
13. 將起動器換用 1P 或 2P 者。
14. 閉合 SW，看燈管及起動器有何現象發生。然後打開 SW，結束本實驗。(注意！試驗時間不可過長，否則 1P 或 2P 的起動器會損壞)。
15. 回答下面的問題。

四、問題

1. 比較步驟 10 和 11 中 V_{ac} 有何變化。此問題已告訴您，爲什麼日光燈起動發亮後，起動器即不會不斷地動作。
2. 欲改變日光燈的亮度有何方法？
3. 若把 40W 日光燈錯用 1P 或 2P 的起動器，是否能正常動作？若不能，則呈現何種不正常現象？
4. 當電源電壓低於幾伏特時，日光燈即無法起動？40W 日光燈與 20W 日光燈之起動電壓是否大約相等？

附錄四　電器常用符號

符號	名稱	符號	名稱
	發光二極體 (LED)	L	電感器
	稽納二極體 (zener diode)	C	電容器
	交流二極體 (DIAC)	D	二極體
	閘流體(SCR)	NPN　PNP	電晶體
	交流閘流體 (TRIAC)		橋式整流器
R	電阻器	A	直流安培計

(續前表)

符號	名稱	符號	名稱
V	直流伏特計		避雷針
A~	交流安培計		可變電阻器
V~	交流伏特計		可變電容器
WH	瓦時計	G	直流發電機
VARH	乏時計	M	直流電動機
PF	功率因數計		線圈
GL	指示燈		刀形開關
G	發電機		電鈴
M	電動機		電燈動力混合配電盤
H	電熱器		電燈總配電盤
	電風扇		電燈分電盤
A C	冷氣機		電力總配電盤
	整流器		電力分電盤
	電池組	M	人孔
	電阻器	H	手孔
	避雷器		電壓源

(續前表)

符號	名稱	符號	名稱
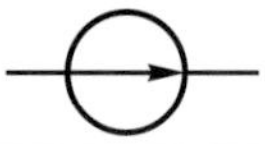	電流源	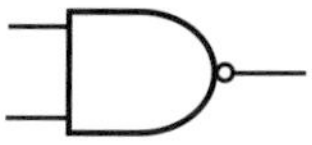	NAND gate
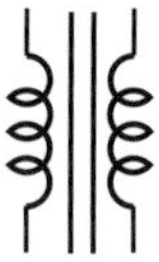	變壓器	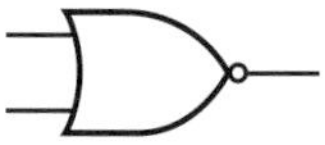	NOR gate
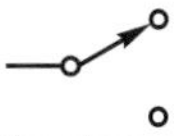	開關		白熾燈
	接地		壁燈
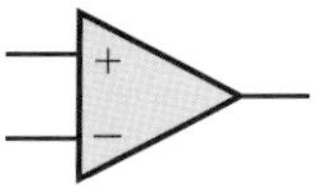 + −	運算放大器		出口燈
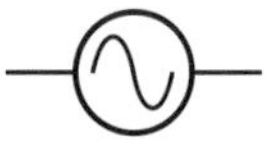	交流電源		緊急照明燈
	保險絲	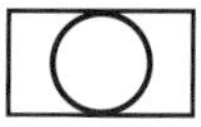	日光燈
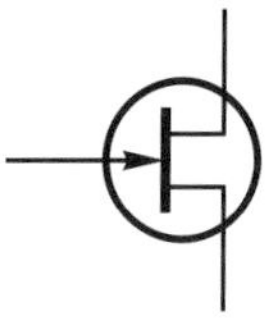	場效電晶體		日燈燈
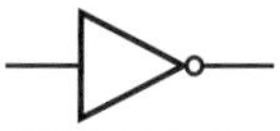	反相器	 J	接線盒
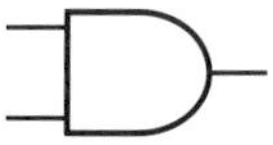	AND gate	 W	瓦特計
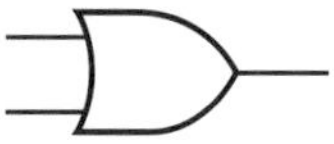	OR gate	 F	頻率計

國家圖書館出版品預行編目資料

實用家庭電器修護 / 蔡朝洋, 陳嘉良編著. --五版. -- 新北市：全華圖書, 2013.09-
面； 公分
ISBN 978-957-21-9091-3(上冊：平裝)

1.CST: 家庭電器 2.CST: 機器維修

448.4 102013528

實用家庭電器修護(上)

作者 / 蔡朝洋、陳嘉良
發行人 / 陳本源
執行編輯 / 葉書瑋
出版者 / 全華圖書股份有限公司
郵政帳號 / 0100836-1 號
印刷者 / 宏懋打字印刷股份有限公司
圖書編號 / 0016004
五版六刷 / 2023 年 08 月
定價 / 新台幣 340 元
ISBN / 978-957-21-9091-3
全華圖書 / www.chwa.com.tw
全華網路書店 Open Tech / www.opentech.com.tw
若您對本書有任何問題，歡迎來信指導 book@chwa.com.tw

臺北總公司(北區營業處)
地址：23671 新北市土城區忠義路 21 號
電話：(02) 2262-5666
傳真：(02) 6637-3695、6637-3696

南區營業處
地址：80769 高雄市三民區應安街 12 號
電話：(07) 381-1377
傳真：(07) 862-5562

中區營業處
地址：40256 臺中市南區樹義一巷 26 號
電話：(04) 2261-8485
傳真：(04) 3600-9806(高中職)
(04) 3601-8600(大專)

讀者回函卡

填寫日期：　　/　　/

姓名：＿＿＿＿　生日：西元＿＿年＿＿月＿＿日　性別：□男 □女

電話：（　）＿＿＿＿　傳真：（　）＿＿＿＿　手機：＿＿＿＿

e-mail：（必填）

註：數字零，請用 Φ 表示，數字 1 與英文 L 請另註明並書寫端正，謝謝。

通訊處：□□□□□

學歷：□博士 □碩士 □大學 □專科 □高中・職

職業：□工程師 □教師 □學生 □軍・公 □其他

學校 / 公司：＿＿＿＿　科系 / 部門：＿＿＿＿

・需求書類：

□ A. 電子 □ B. 電機 □ C. 計算機工程 □ D. 資訊 □ E. 機械 □ F. 汽車 □ I. 工管 □ J. 土木

□ K. 化工 □ L. 設計 □ M. 商管 □ N. 日文 □ O. 美容 □ P. 休閒 □ Q. 餐飲 □ B. 其他

・本次購買圖書為：＿＿＿＿　書號：＿＿＿＿

・您對本書的評價：

封面設計：□非常滿意 □滿意 □尚可 □需改善，請說明

內容表達：□非常滿意 □滿意 □尚可 □需改善，請說明

版面編排：□非常滿意 □滿意 □尚可 □需改善，請說明

印刷品質：□非常滿意 □滿意 □尚可 □需改善，請說明

書籍定價：□非常滿意 □滿意 □尚可 □需改善，請說明

整體評價：請說明

・您在何處購買本書？

□書局 □網路書店 □書展 □團購 □其他

・您購買本書的原因？（可複選）

□個人需要 □幫公司採購 □親友推薦 □老師指定之課本 □其他

・您希望全華以何種方式提供出版訊息及特惠活動？

□電子報 □ DM □廣告（媒體名稱＿＿＿＿）

・您是否上過全華網路書店？（www.opentech.com.tw）

□是 □否 您的建議

・您希望全華出版那方面書籍？

・您希望全華加強那些服務？

～感謝您提供寶貴意見，全華將秉持服務的熱忱，出版更多好書，以饗讀者。

全華網路書店 http://www.opentech.com.tw　客服信箱 service@chwa.com.tw

2011.03 修訂

親愛的讀者：

感謝您對全華圖書的支持與愛護，雖然我們很慎重的處理每一本書，但恐仍有疏漏之處，若您發現本書有任何錯誤，請填寫於勘誤表內寄回，我們將於再版時修正，您的批評與指教是我們進步的原動力，謝謝！

全華圖書　敬上

勘誤表

書號		書名		作者	
頁數	行數	錯誤或不當之詞句		建議修改之詞句	

我有話要說：（其它之批評與建議，如封面、編排、內容、印刷品質等・・・）